光明城
LUMINOCITY

U0324980

看见我们的未来

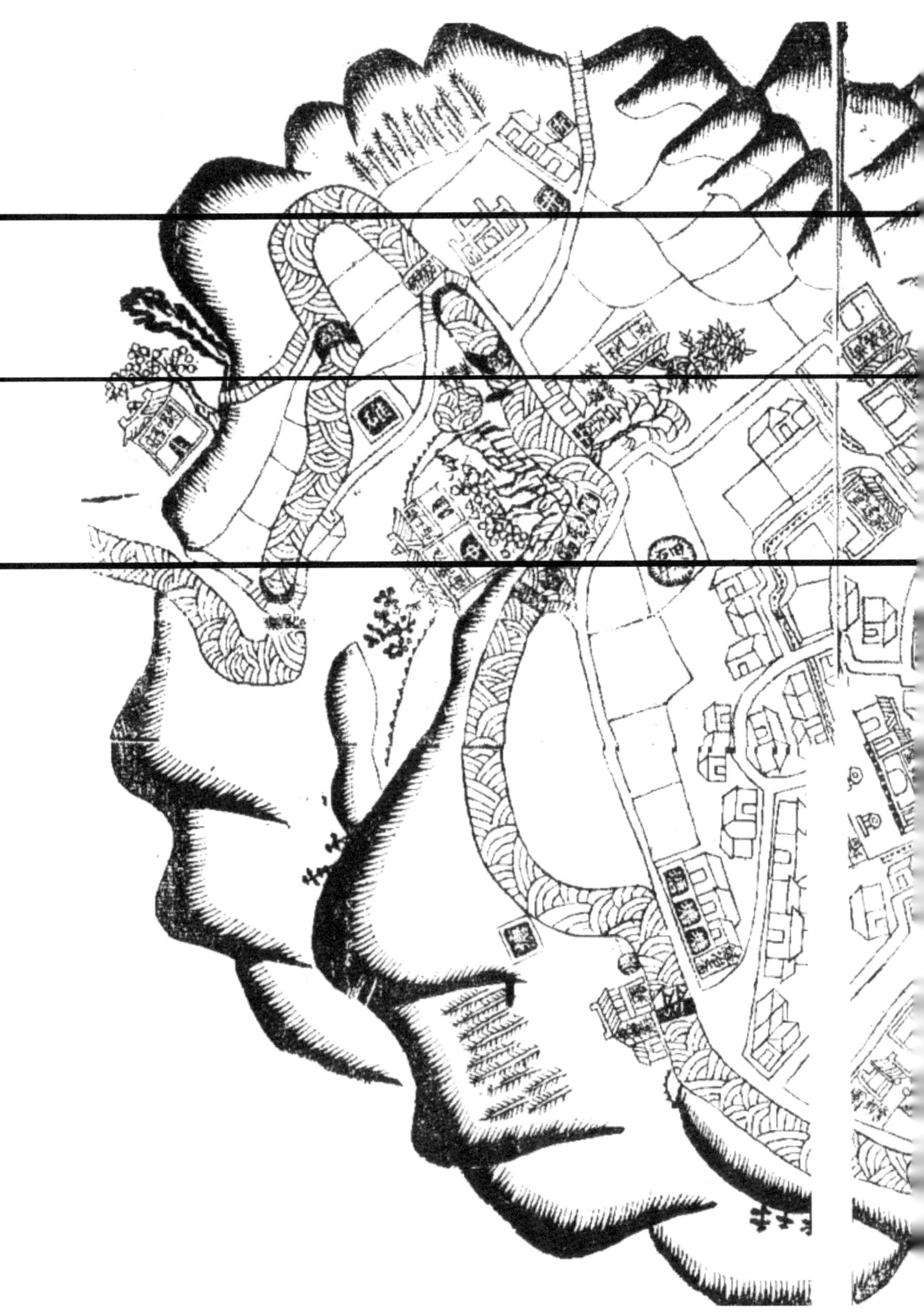

从华集

多维视角与多重价值中的中国遗产保护

沈旸 等 著

上海·同济大学出版社
TONGJI UNIVERSITY PRESS

目录

方法视野

建造信息

军事运作

事件途径

城市问题

文化景观

利用操作

方法视野

国际建筑遗产保护思想的演进及其本土化

《建筑师》194期「建筑遗产保护理论与实践专栏」前言

基金资助：国家自然科学基金青年项目（51508361）；主持：陈曦。原文刊载：沈旸，陈曦《国际建筑遗产保护思想的演进及其本土化》，《建筑师》2018年8月（总第194期）。

国际建筑遗产保护理论在经历了200多年的发展后，再次进入了新纪元。国际古迹遗址理事会（ICOMOS）第六次科学委员会会议（2011，佛罗伦萨）将“保护及修复的理论与哲学”分会场主题定为“遗产保护的范式转移：改变的包容与界限”（Paradigm Shift in Heritage Protection? Tolerance for Change, Limits of Change），即传达出明显的信号：近现代发展并成熟的国际保护思想在当代发生了重要的转变，这些转变的突出特征集中体现在“保护对象语义的多元”和“保护语境的转换”等方面。前者指有“意义”（significance）、值得保护的对象在逐渐扩充；后者指遗产与社会、文化的关系更加紧密，甚至可以说“保护”成了一项社会进程，“保护”就是一种文化。

理论的演变不是突然的，而是螺旋上升的过程，对历史的解读可以为今天之变化找到文化根源。同样，对当代国际建筑遗产保护思想发展新趋势进行系统整理，不仅有利于推动国内保护理论的发展，建构建筑遗产保护学科的理论基础，更是为了应对当前中国建筑遗产保护最迫切的问题，即如何批判地吸收当代纷繁复杂的国际保护理论，同时在中国的实践中给予反馈，形成具有地域特点和适应性的本土化保护思想。这些领域的开拓与探索将为国内建筑遗产保护的策略选择提供案例参考，为国内兴起的各种保护思潮提供评判依据，为探索“符合国情的文物保护利用之路”作出理论铺垫。

本次主题相关文章聚焦于建筑遗产保护思想在当代的发展趋势，选取在保护理论方面具有代表性的国家，邀请深谙各国保护理论及实践的学者讨论该国在遗产保护理论领域的新发展，尤其是20世纪80年代之后的变化。每篇文章的视角各有侧重，折射出各个国家在保护理论哲学背景方面的差异，并在阐释各自国家遗产保护动因的同时，共同建构起国际遗产保护思想的演变路径：《英国历史建成环境保护——一段在实践中往复的历史》关注了保护法规制度的发展，预告了我们将会遇到的遗产保护学科的自治问题；《从战后重建到预防性保护——比利时建筑遗产保护之路》通过回溯国际保护思想的过去，讨论了与国际保护理论并行且相互缠绕交织的本土保护理论；《后现代图景下的批判性保护——美国当代建成遗产保护动向》强调了保护与社会发展的结合，并暗示了保护思想更加激进的未来；《日本建成遗产保护方法的发展》侧重于木构建筑本体修缮历程的研究，其保护史展现了东亚木构建筑保护似曾相识的成长历程。

建筑遗产保护思想在“舶来”与“本土”的碰撞中，也会开拓出新的领域。如何将国外的理论在地域化的语境中进行转译和比较研究，从而讨论中国本土化建筑遗产保护思想的走向，也是本专栏文章的重要关注点，旨在通过对这些遗产保护实践的分析，考量国际的保护思想如何融入“异乡”的实践，并对中国本土化保护理论体系的最终形成给予补充：《20 世纪中国文物建筑保护思想的发展》将传统思想与当代观念、本土文化与外来思想的碰撞交织当作一种独特的文化现象进行讨论，已关乎中国建筑遗产保护的哲学思考；《瓦伦蒂诺的小天使——意大利修复设计方法及中国视角》指出在中国建筑语境中，记忆、真实性、历史遗产等观念与欧洲并不完全相同，意大利的相关理论和方法在建筑、景观以及城市设计等方面，或许都会找到新的探索和发展路径；《一场二十多年的“实验”——世界文化遗产柬埔寨吴哥古迹国际保护修复比较研究》回顾了吴哥古迹（Angkor Monuments）的保护修复历史，展现了在国际舞台上竞技的不同国家各自的建筑遗产修复目的、理念和策略、技术方法及文化影响等。

当然，建筑遗产保护作为当代的显学，在获得关注的同时，依然有太多尚未明晰的脉络，正如本专栏作者之一肖恩博士在文中所言：“这是一段具有反复性的历史，因为当下和趋势同时与过去和未来密不可分。”这也是本专栏希望带给读者的思考。

附：组稿目录

1 英国历史建成环境保护——一段在实践中往复的历史

[英] 肖恩·奥雷利 文；江孟繁、陈曦 译；潘一婷 校

2 从战后重建到预防性保护——比利时建筑遗产保护之路

吴美萍

3 后现代图景下的批判性保护——美国当代建成遗产保护动向

张鹏、陈曦

4 日本建成遗产保护方法的发展

[西] 亚历杭德罗·马丁内斯 文；石晏蕊 译；温静、陈曦 校

5 20 世纪中国文物建筑保护思想的发展

吕舟

6 一场二十多年的“实验”——
世界文化遗产柬埔寨吴哥古迹国际保护修复比较研究

伍沙

7 瓦伦蒂诺的小天使——意大利修复设计方法及中国视角

[意] 马可·德诺西欧、董亦楠、姜蕾、梁晓旭

何以壮美

《建筑学报》601期「特集 故宫建筑研究性保护实践」前言

原文刊载：沈旸《特集 故宫建筑研究型保护实践》，《建筑学报》2018年10月（总第601期）。

从中国的建筑遗产保护事业起步之日起，注重研究就是题中应有之义，也是重要的传统之一，尤其在大部分早期的保护实践中，研究不是服务于保护的配角，而是与保护同样重要，有时甚至比保护本身更受重视的主角。

令人遗憾的是，时至今日，中国的建筑遗产保护已逐渐脱离了这样的传统。长此以往，如何守护好我们的建筑遗产？如何传承好建筑遗产的价值？又如何能够真正做好中国建筑设计？

温故方能知新，只有对历史存有敬畏地持续研究，才是对当代的珍惜和对未来的启迪。至于要看到并读懂先人的卓越智慧，则需要我们细心地发现、耐心地品读杰出的中国建筑遗产。

本期选刊了以故宫为研究对象的7篇文章，虽然视角各有侧重，但无论是规划布局，还是形制样式，都是在基于研究的中国建筑遗产保护理念指导下展开的。如此，我们才会更加理解中国传统文化对中国建筑的深远影响，才会更加理解“一张白纸”对于中国建筑室内空间营造的文化意义；也才会更加理解建筑遗产保护工作不仅仅是实物的保护，更重要的是价值的认知、评估和传承；甚至会更加理解遗产保护和建筑设计是如此地并行不悖、相互支撑，建筑遗产保护的根本，毫无疑问还是建筑。

故宫已开展的研究性建筑遗产保护实践，不仅是接续传统的一种方式，更是一种责任和态度。今年的国际古迹遗址日主题是“遗产事业 继往开来”（Heritage for Generations），谨以此献给故宫的下一个六百年，并作为对未来中国建筑遗产保护事业的期许。

附：组稿目录

存续与新生

《建筑师》207期「建筑再利用理论与实践专栏」前言

基金资助：国家自然科学基金重点项目（52038007），主持：孔宇航；国家社会科学基金研究专项项目（20vmz008），主持：张彤。原文刊载：沈旸、吴美萍《存续与新生》，《建筑师》2020年10月（总第207期）。

2018年11月，欧洲建筑师委员会（Architects' Council of Europe）在荷兰莱瓦顿市（Leeuwarden）组织召开了“建筑遗产的适应性再利用和转型”（Adaptive Re-Use and Transition of the Built Heritage）国际会议。作为2018年欧洲文化遗产年的重要事件，该会议通过了《建筑遗产的适应性再利用宣言》，即《莱瓦顿宣言》。宣言明确了建筑遗产再利用对于文化、社会、环境和经济等领域的积极意义，推进了基于灵活性、公民参与、多学科合作、财政可行性等诸多因素的智能化流程，并呼吁遗产与当代建筑之间的有效对话。作为建筑遗产再利用方面的重要国际文件，《莱瓦顿宣言》基于历史、立足当下又着眼未来的概括性总结值得关注。

纵观历史，建筑再利用古来有之，但多为出于经济和功能之实需。直到19世纪，现代保护运动兴起，人们才开始从遗产保护的角度思考建筑再利用的问题。19世纪中叶，法国建筑师维奥莱-勒-迪克（Eugène Emmanuel Viollet-le-Duc，1814—1879）提出“保存建筑的最好办法是为它找到一个功能，然后通过修复以满足新功能所需要的所有条件”；20世纪初，奥地利学者阿洛伊斯·里格尔（Aloïs Riegl，1858—1905）将使用价值纳入其提出的文物古迹价值评估体系。维奥莱-勒-迪克和里格尔皆为欧洲现代遗产保护理论的重要奠基人，其观点均成为后来欧美学者研究建筑再利用问题的理论基础。

在建筑学领域，自19世纪末开始的现代主义思潮引发了建筑实践和教育的巨大改革，着重于追求独特和创新；其后第二次世界大战带来的巨大破坏，为现代建筑建造和建筑遗产保护带来了契机，新建建筑活动遍布欧美国家，遗产保护理论和实践也迅速发展。自 20 世纪 70 年代开始，欧美国家由于经济发展的压力，以及对环保节能、可持续性和循环经济学的提倡，其新建建筑活动剧减，使得建筑师将其关注点逐渐从新建筑设计转向既存建筑改造设计，也使得建筑遗产保护界将其关注点逐渐从标准严格的保护和修缮转向再利用和适应性改造。

在此背景下，建筑再利用被作为专题研究，建筑学领域学者从建筑类型、建造技术、建筑策略和室内设计等方向展开研究，建筑遗产保护领域学者则提出了适应性再利用、可持续性再利用和共同演变式再利用的不同概念。与此同时，欧美的一些高校开始在建筑学本硕教育和遗产保护专业硕士教育中开设关于建筑再利用的专业课程，近几年，更有高校专门开设了“建筑遗产的适应性再利用”专业硕士项目。这些内容在《1970 年以后欧美建筑再利用的学术发展概览》一文中均有介绍。

时至今日，建筑再利用已经成为一门涉及建筑学和遗产保护学的交叉学科，其成功开展需要综合建筑学、遗产保护学、人类学、经济学、环境工程学等多学科的专业知识。正如《建筑遗产再利用的共同演变策略》一文指出的，过去在探讨建筑遗产再利用问题时往往太过注重“基于设计的研究”，缺乏对建筑遗产本体的基础性认知。文章还认为，不应该仅仅将建筑再利用看作对复杂环境和使用需求的一种适应性改变，而应该以一种辩证的思维来看待保护和再利用过程中的所有选择，强调关注建筑遗产的未来价值，鼓励将当下对使用需求的关注转变到对保护和改造的长期评估上。

在具体项目中，建筑再利用的成功实践需要结合不同类型建筑遗产特色及其社会需求等进行综合考虑。《欧洲教堂建筑的适应性再利用研究：对遗产转型的批判性评价》一文回顾了欧洲针对冗余教堂建筑的使用、维护、财务、所有权分配和遗产保护等问题而提出的多种适应性再利用方式，探讨了不断变化的教堂建筑遗产的价值及其可能在未来发挥的作用，从而为教堂建筑适应性再利用的全新决策模式提供参考；《革新计划：海平面上升背景下可视化技术在沿海遗产保护领域中的应用》一文探讨了沿海建筑遗产的先锋性适应性措施和再利用方式，就此类遗产面临的困境指出了既有遗产保护概念的局限性，着重论证了可视化技术在沿海建筑遗产更新和对应保护对策的制定进程中所发挥的作用。

立足当下，建筑再利用可以作为建筑遗产保护的一个重要战略，也可以作为建筑设计的一个重要领域，尽管建筑设计和遗产保护的目标不同，但二者均能为建筑再利用提供特定的专业知识营养。《改造 / 重塑——再利用的策略》一文从室内设计师的角度提出了理解建筑、设计和室内空间的三个情境（临近性、居住性和个体性），以及激活这些情境的策略，包括“干预”（intervention）、“置入”（insertion）、“装置”（installation）、“重组”（reprogramming）等不同策略如何解决对现场发现的物质的再利用、如何在新环境中使用建筑以及如何表现特定的空间特征等问题；《中国“20世纪遗产”保护再利用中的“前策划”与“后评估”：以建筑师介入的视角》则从建筑设计师的角度探讨了如何构建适应中国当下需求的20世纪遗产保护利用流程、操作方法和决策系统，提出了遗产再利用项目策划流程，以及将后评估手段作为优化方案和验证实施效果的工具，并将其与建筑遗产价值实现紧密衔接的全过程。

基于往昔的研究分析，能帮助认清建筑再利用的历史演变和当今定位。《分解建筑：聚集、回忆和整体性的恢复》介绍了历史上建筑改造的代表做法，指出改造并不仅仅是实现简单的功能 / 使用上的变化，而是通过对集体记忆、身份认同、传统、历史和文化等主题的阐释，将改造后的建筑与过去建立联系，并最终实现既存建筑的可持续；《遗产的适应性再利用：从佛兰德斯地区谈起》则从历史角度对适应性再利用这一现象进行定位，介绍了当代欧洲的相关政策，着重介绍了比利时佛兰德斯地区目前的相关政策和不同类型建筑遗产再利用的项目实践。

反观当下，中国也已经到了增量建设大幅度减缓的阶段，基于建设“文化自信”和“留住乡愁”的时代需求，建筑遗产的保护和传承日益受到关注，建筑师及相关行业工作人员也将面临更多的建筑遗产保护和再利用问题。而我国建筑教育自20世纪初开展以来，从早期受世界范围内的现代主义建筑思潮影响到改革开放之后应国内高速城市化进程的时代需求，其教学一直注重现代建筑设计理论和方法，鲜有涉及建筑遗产保护和再利用的专业课程，加上目前国内建筑遗产专业教育尚未普及，也亟需考虑通过本科专业课程或者专业硕士项目来完成建筑再利用的专业性训练，培养此方面的专业人才。

基于此，本专栏特邀来自国内外高校长期从事建筑再利用研究和实践的学者，介绍相关的学术思考和实践经验，以期为更好地理解建筑再利用问题和开展相关研究、教学、项目实践提供些许参考。

附：组稿目录

18

从华集

1 1970年以后欧美建筑再利用的学术发展概览

吴美萍

2 建筑遗产再利用的共同演变策略

[意]斯特法诺·戴拉·托雷 文；马冬青 译；吴美萍 校

3 改造/重塑——再利用的策略

[英]格雷姆·布鲁克 文；谢冰、苏清商 译；沈旸 校

4 分解建筑：聚集、回忆和整体性的恢复

[英]莎莉·斯通 文；郎烨程、刘仁皓 译；苏清商 校

5 遗产的适应性再利用：从佛兰德斯地区谈起

[比]比耶·普莱沃茨 文；李玲娇 译；刘仁皓、苏清商 校

6 欧洲教堂建筑的适应性再利用研究：对遗产转型的批判性评价

[比]高曼士 文；王雨墨、朱柏宁 译

7 革新计划：海平面上升背景下可视化技术在沿海遗产保护领域中的应用

[美]莉莉安妮·黄 文；王雨墨 译；吴美萍 校

8 中国"20世纪遗产"保护再利用中的"前策划"与"后评估"：以建筑师介入的视角

蒋楠、沈旸

建造信息

明长城的建造技术特征与建造信息保护：以夯土长城为例

基金资助：国家自然科学基金青年项目（51308100），主持：沈旸；高等学校博士学科点专项科研基金资助课题（20120092120004），主持：沈旸。原文刊载：沈旸、相睿、常军富《明代夯土长城的建造技术特征及其保护——以大同镇段为例》，《建筑学报》2018年第2期（总第593期）；周小棣、沈旸、常军富《长城的建造技术特征与建造信息保护》，《建筑学报》2011年10月（学术论文专刊06）。录入本书有增删。

“建造信息”一词是指文化遗产在建筑材料、建造技术（包括结构、构造和施工工艺）及使用功能方面体现出的与建造有关的信息。建造信息包含时间和空间两方面的特征，它是历史的，也是地域的，是文化遗产自身价值的一部分，反映了文化遗产在历史、科学，乃至艺术上的成就。

国际古迹遗址理事会《建筑遗产分析、保护和结构修复原则》（2003）中指出：“建筑遗产的价值不仅体现在其表面，而且还体现在其所有构成作为所处时代特有建筑技术的独特产物的完整性。”[1]《关于原真性的奈良文件》（《奈良宣言》，1994）指出：“要基于遗产的价值保护各种形式和各历史时期的文化遗产。人们理解这些价值的能力部分地依赖与这些价值有关的信息源的可信性与真实性。”而“原真性的判别会与各种大量信息源中有价值的部分有关联”，这些信息源包括以下几方面：外形和设计；材料和实体；用途和功能；传统、技术和管理体制；位置和背景环境；语言和其他形式的非物质遗产；精神和感觉；其他内外因素。[2]奈良文件中关于真实性的阐述为之后相关法规和宪章奠定了基础，并成为关于文物真实性的共识，文件中的“材料和实体”即与本文所提的建造信息有直接关系。

如此，建造信息在构成文化遗产自身价值的同时，也是其真实性和完整性的一个

1　转引自：国际文化遗产保护文件选编 [M]．北京：文物出版社，2007：243-244.

2　该段内容出自《关于原真性的奈良文件》，转引自：张松．城市文化遗产保护国际宪章与国内法规选编 [M]．上海：同济大学出版社，2007：93.

重要组成部分，失去了这些，对文化遗产的价值判断就会产生差错，其真实性和完整性也会有严重缺失。具体到文化遗产的保护方面，我国文物界也早已形成了对原材料、原结构、原形制和原工艺的重视，《曲阜宣言》（2005）指出："文物古建筑的保护不仅要保护文物本身，还要保护传统材料和传统技术。离开了传统材料、传统工艺、传统做法这些最基本的东西，就谈不上文物保护。"[1]

总之，"建造信息"一词早已为文化遗产领域所提及，并引起了一定重视，但在具体的保护领域，尤其是长城保护领域，目前对建造信息的重视尚未落到实处。长城是中国乃至世界上少有的一种跨越广阔地域的带状实体建筑，它在建造方面的最大特征就是因地制宜，随着周围环境的变化而采用的不同建造技术是其独特性所在，也是长城的重要文物属性。只有对这些建造特征进行全面、深刻的认识，才能充分把握长城建造的精髓。

根据罗哲文先生的概括，中国的长城保护自 1949 年以后经历了五次高潮，分别是：1952 年国家文物局对长城维修的重视，1979 年国务院对长城保护的重新重视，1984 年"爱我中华，修我长城"活动的开展，1987 年长城被列入世界文化遗产名录，以及 2006 年《长城保护条例》的颁布实施[2]。2017 年 2 月正式发布实施的《国家文物事业发展"十三五"规划》中列出了 12 项重大文物保护工程，长城保护计划位居其首，预示着长城保护第六次高潮的到来。

但是，纵观目前所取得的成就，长城研究领域多集中在长城的建置情况和长城周边的环境方面，对本体的测绘和记录较为局部；保护方面或着重于宏观工作，或着重于现代修缮技术，这些于长城保护而言至关重要，但对建造方面的不重视和不深入，致使对长城的价值判断、修缮措施和展示方式等趋于照搬、雷同，探讨的内容趋于泛泛而无法深入；修缮措施偏于现代而脱离历史，而普遍存在的旨在恢复外观的导向和措施也直接导致保护后的长城越发丧失了原本的建造信息，其形象变得简单化和脸谱化，各段长城在建造方面的地域独特性渐渐消失，长城的遗产价值在真实性和完整性方面没能得到完全展现。

具体而言，对建造信息的重视程度不够导致在长城保护中出现的问题主要体现在两个方面：

（1）认为文物自身的建造技术太过陈旧和烦琐，远远落后于现代施工技术，因此，

1　关于中国特色文物古建筑保护维修理论与实践的共识——曲阜宣言 [J]. 古建园林技术，2005（4）：5.
2　文爱平. 新中国成立 60 年来的长城保护工作 [J]. 北京规划建设，2009（6）：81-83.

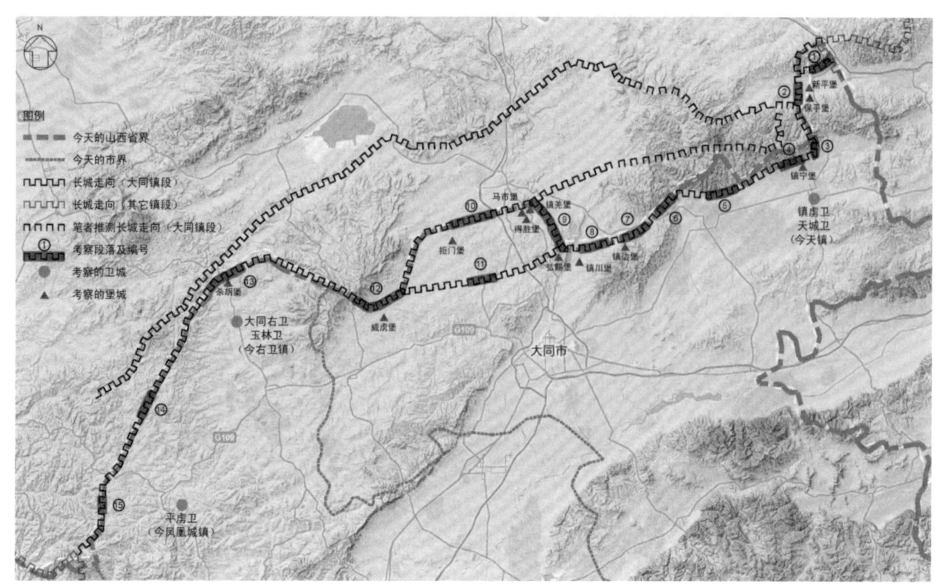

图 1　大同镇段长城考察段落

在文物修缮中多采用新材料和新技术来代替传统技术。尽管现代修缮技术的日渐成熟保证了这种修缮方式的科学性和有效性，但文物却不可避免地成为一个徒有原状外表的现代产物，自身的内部特质丧失殆尽。对此，《建筑遗产分析、保护和结构修复原则》特意强调："特别是仅为维持外观而去除内部构件并不符合保护标准。"[1]

（2）没有对文物的建造特征认识清楚，对一些特殊做法不重视或完全忽略，导致这些做法被现代修缮做法破坏或遮盖，这其实是对文物的另一种破坏。

事实上，当对长城进行深入调查时，就会发现长城的材料、结构和构造是长城独特价值的重要组成部分，也是长城丰富性的重要体现，尤其是往往被人们忽视的夯土长城。本文即以明代夯土长城的代表——大同镇段[图1]为考察对象，[2]不仅发现了许多之前被忽略的特殊做法，通过对这些做法的总结，发现了长城蕴含的丰富的建造信息，而且经由对其建造特征的分析和建造技术的总结，进行夯土长城保护策略和方法的探讨。

1　转引自：国际文化遗产保护文件选编．243-244．

2　调查段落自东向西分别为：大同市天镇县的平远头—二十墩段、新平堡—黄家湾段、瓦窑口—李二口—薛三墩段、白羊口—榆林口段；大同市阳高县的许家园—虎头山段、守口堡—十九梁段、长城乡—镇边堡段；新荣县的元墩—镇川口—镇川堡段、弘赐堡—镇羌堡段、拒墙口—拒门堡段、新荣镇段；左云县的徐达窑—八台子段；右玉县的二十五湾—杀胡口—四台沟段；平鲁县的七墩—新墩段、寺怀段。为了精确和方便研究，调查采用 GPS 定位和编号相结合的方式，对城墙、敌台、烽火台和马面进行命名，也方便与文物部门采用的编号系统进行对接。编号结合了各类型字母代号和数字序号，城墙、敌台、烽火台和马面分别用大写字母 C、D、F、M 指代，数字序号为三位数，按考察先后顺序分配。

表1　大同镇段夯土遗存的材料统计

构筑物类型	细粒土	砂砾	碎石	块石	砖	瓦	植物枝条
城墙	100%	100%	38.2%	32.7%	0	0	25.5%
敌台	100%	80.1%	25.0%	29.4%	7.4%	0	25%
烽火台	100%	84.5%	32.1%	36.9%	1.2%	0	33.4%
堡墙、马面和角台	全部	大部分	较少	较少	较少	极少	较多

1 取材

大同镇段的夯土材料包括细粒土、砂砾、碎石、块石、砖、瓦、植物枝条等七种表1。其中，城墙、敌台和烽火台的夯土材料各成分比例基本一致，均为细粒土和砂砾占主体，碎石、块石和植物枝条各占约三分之一，砖瓦的使用非常少。相对而言，敌台夯土中出现较多砖块，说明一些敌台原为包砖，烽火台夯土中出现较多植物枝条，但鉴于三者相差不大，且调查所见可能和实际情况有差距，能否据此认为烽火台更多地铺设植物枝条还有待进一步验证。堡城构筑物的夯土材料和前三者相比，最明显的特征是瓦的使用和植物枝条存在迹象较多，前者与堡城内存在大量居住房屋有关，而后者则表明植物枝条广泛用于堡城的夯筑。

大同镇段尤其是沿今天山西省界一线，均位于黄土分布区内图2，该地区“黄土母质分布极广，海拔 1700 公尺以下的山地、丘陵、盆地均为黄土所覆盖”[1]。对调查中随机收集的三个样品进行 X 射线衍射试验的分析结果表2 表明：尽管三个样品的选取位置相距较远，但矿物成分基本一致，均有典型的黄土特征[2]，由此初步判断，所用夯土材料均为长城沿线及附近所取自然土，未有石灰等其他添加物。

1　大同市国土资源 [M]．大同：大同市计划委员会，1987：37.

2　“中国黄土的矿物成分包括各种碎屑矿物、黏土矿物和碳酸盐类矿物，……其中，碎屑矿物占 80%~90%，主要由石英、长石和云母等轻矿物，辉石、角闪石、绿帘石和磁铁矿等重矿物组成；黏土矿物含量占 10%~20%，通常包括伊利石、蒙脱石、高岭石、拜来石、水铝英石等；碳酸盐矿物含量可达 20%~30%，常见的主要有方解石。”参见：王兰民等．黄土动力学 [M]．北京：地震出版社，2003：3.

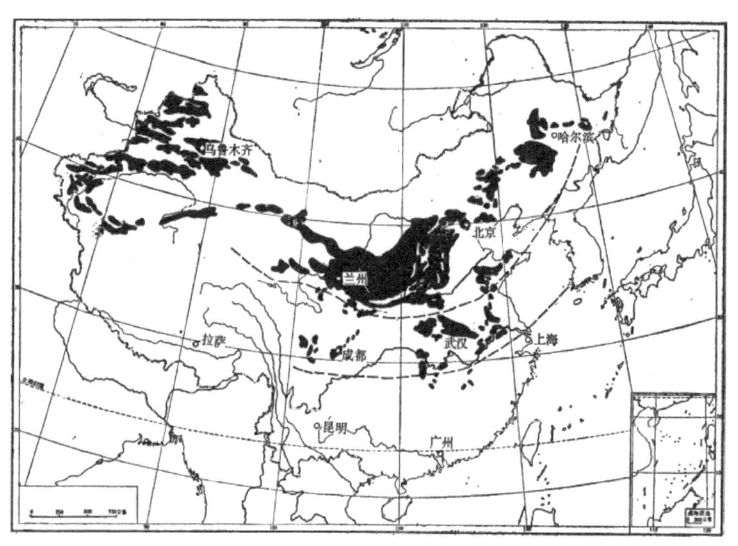

图 2　中国黄土分布示意
引自：刘东生，等．黄土与环境 [M]．北京：科学出版社，1985：17，图 2

又根据现状调查，夯土材料构成与所处环境之间的确存在着密切关系，主要基于以下三方面。

（1）就近取材的基本原则。夯土内部的杂质含量与周围环境中的一样，碎石和块石的使用也和周围石多土少有关。如天镇平远头附近的 F001—F005，夯土几乎全为细粒土，这和周围的优质土壤相符，而左云八台子村附近的 F176—F179 则含有很多砂砾和碎石，一如周围山坡环境。但一些地段的夯土中砂砾和碎石的含量比周围土体要少，证明对原土进行了筛滤或从别处取土，如城墙 D030—D032 沟壑处暴露的山坡断面显示该地区土壤中有大量的砾石和碎石，但是上部墙体所用夯土中却只含有少量的砂砾和碎石。

（2）与附近土壤的贫沃程度和运输材料的难易程度有关。一般海拔越高，土壤越贫瘠，砂砾和石头越多，从山下运送土壤的难度越大，墙体材料因之含有越多的砂砾碎石和块石，这一现象在地势变化较大的地方尤为显著。如天镇李二口附近的爬坡段长城，即 D057—D060 所在段落，山脚处土壤丰富，墙体含砂砾等较少，土质较纯；山腰处的墙体开始掺杂一些砂砾、碎石，再往上走，墙体夯土中所含的杂质越来越多，夯层间开始密集铺砌砂砾碎石和块石，位于这一段的敌台也显示了同样的变化特征[表3]。再以烽火台为例，在同区域内，含砂砾和砖石较多者所处海拔高度普遍比没有杂质或只有少量杂质者要高，从另一个角度证明了烽火台建造时受海拔高度不同造成的土壤贫沃差异和运送材料难易程度的影响。

表 2　夯土样品矿物成分 X 射线衍射试验分析结果

样品编号	样品 001		样品 002		样品 003	
取样位置	敌台 D014 南侧下部（大同市天镇县平远堡附近）		敌台 D036 南侧洞内侧壁（大同市天镇县白羊口村附近）		烽火台 F122 西侧下部（大同市新荣区附近）	
分析结果	物相	含量	物相	含量	物相	含量
	伊利石	很少量	伊利石	很少量	伊利石	很少量
	绿泥石	很少量	绿泥石	很少量	绿泥石	很少量
	六方堇青石	很少量	六方堇青石	很少量	六方堇青石	很少量
	方解石	少量	微斜长石	很少量	微斜长石	很少量
	微斜长石	少量	方解石	少量	方解石	少量
	钠长石	少量	钠长石	少量	钠长石	少量
	石英	大量	石英	大量	石英	大量

注　本表仅用下列词语描述样品中物相含量的多寡：全部、主要、大量、数量相当、少量、很少量和无。分析结果根据南京大学现代分析中心叶宇达老师提供数据整理，试验数据和衍射谱图略。

表 3　敌台 D057—D060 材料变化

D060	D059	D058	D057
1176 米	1220 米	1271 米	1342 米

D060　细粒土，基本无砂粒；D059　细粒土中掺杂少量砂粒；D058　细粒土中掺杂一些砂粒；D057　细粒土中掺杂大量砂砾，靠近夯层间含砂量最多，间夹砌大量块石，内部夹砌的块石要多于外部，敌台顶部也散落着许多块石。

（3）取材兼顾防守需要。如 D026—D027 之间及附近的城墙外侧紧邻一深沟[图3]，深沟沿城墙呈条状分布，且宽度大致相同，应该不是自然形成，而是当时修筑长城时取土所挖。在修墙的同时也挖就了一条墙外壕沟，可谓一举两得。

图 3 墙体 D026—D027 局部断面（自北向南摄）

2 工具

目前尚未发现明代遗存下来的夯土工具，而长城附近一些民居直到 20 世纪 80 年代仍在使用夯土建造房屋和围墙，但工具也没有遗存下来。对夯土工具的探讨，只能依赖夯土的夯窝直径、夯层厚度和遗存印迹等作出一些推测。

在现存的战国和秦汉长城中明显可以看到夯窝的遗存，且夯窝较小，而明长城的夯窝直径明显变大。景爱先生认为:夯窝直径的明显变大是由“打夯工具的改进所致”，战国和秦汉长城基本靠荆条夯或细木夯，宋以后出现了两人提举的木夯。[1] 大同镇段几乎所有夯土遗存的夯层都十分平整，很难分辨夯窝的轮廓，只在墙体走向李二口段和敌台 D016 上发现了明显的夯窝痕迹[表4]，证明夯筑时用的是单人提举的木夯或石夯[图4]。其他一些夯土遗存可能也使用了类似木夯，但现存的大多数夯层平整的夯土遗存可能并非如此，使用的应该是底面积更大的多人提举的木夯或石夯。

夯筑时的模板同样无遗存，从西北地区现存的夯打方式[图5] 推测，大同镇段的夯筑很可能是用端头的支架控制墙体的高度、底阔和顶阔，然后在支架上固定相互平行的原木或木板，再在里面填土夯打。古人在版筑时，常用穿棍或绳索拉结两侧模板[2]，在一版夯筑完成后绳索即留于夯土中[图6]。

---

1 景爱，苗天娥．剖析长城夯土版筑的技术方法 [J]．中国文物科学研究，2008（2）：51-56.

2 张玉石．中国古代版筑技术研究 [J]．中原文物，2004（2）：59-70.

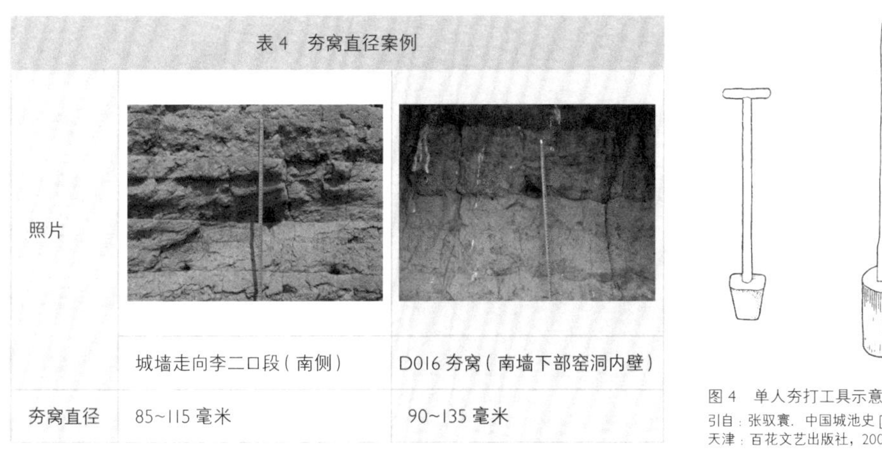

表 4　夯窝直径案例

照片	城墙走向李二口段（南侧）	D016 夯窝（南墙下部窑洞内壁）
夯窝直径	85~115 毫米	90~135 毫米

图 4　单人夯打工具示意
引自：张驭寰．中国城池史 [M]．天津：百花文艺出版社，2003：579

图 5　中国西北地区当代夯土筑墙现场
引自：华夏子．明长城考实 [M]．北京：档案出版社，1988：53

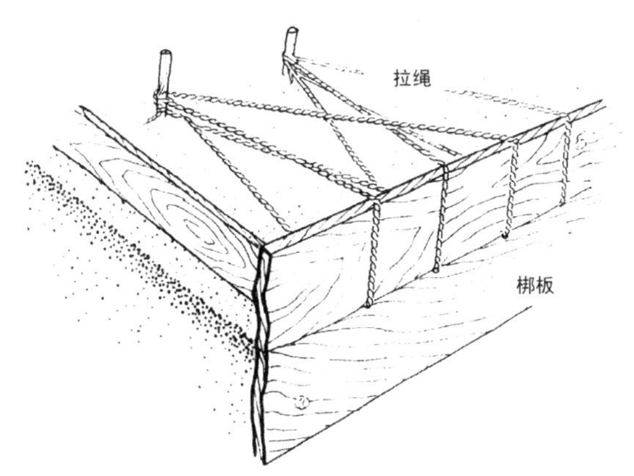

图 6　绳索拉结式城墙夯筑做法示意
引自：张驭寰．中国城池史 [M]．天津：百花文艺出版社，2003：583

调查中发现的夯土墙体和墩台有植物枝条和孔洞遗存的并不多，虽然一些受到外侧泥土的遮挡无法识别，但一些坍塌断面证明的确有许多夯土遗存没有使用植物枝条。且据遗存孔洞的直径判断，原有植物枝条直径很细，恐不能承受夯筑时土对模板的撑胀力量，据此推测夯筑时主要采用两侧斜撑和端头束缚来固定模板。铺设的植物枝条则主要是用来起内部拉筋的作用，“在部分地区，城墙筑造中已局部采用在墙体内铺设木构网或绳构网的配筋技术，以增强城墙坚固性”。[1]

1　张玉石．中国古代版筑技术研究．69．

表 5　基础做法统计			
基础挖深	基础构造	构筑物类型	典型案例
无下挖，简单平整	无特殊做法	墙体、敌台、烽火台	墙体 D027—D028、墙体 D110—D111
下挖较少	无特殊做法	墙体	墙体 D152 南侧
无下挖，简单平整	掺杂碎石、块石	墙体	墙体 D030—D031、墙体 D031—D032
无下挖，简单平整	以围城台基找平	有护台围墙的敌台、烽火台	敌台 D014、烽火台 F037
基础下挖较多	砌筑块石、条石	包砖敌台，包砖堡墙、马面和角台	敌台 D149、镇边堡西南角台
基础深挖	打木桩，铺多层条石	墙体（过河城桥）	兔毛河桥

注　本表认定的基础挖深，是在默认明代至今地形变化不大的前提下而言，鉴于目前的条件是不可避免的，这不会对本文的结论带来颠覆性影响。

3 建造

基础做法

主要包括两个方面，一是基础挖深，二是基础部位的构造措施[表 5、表 6]。相对于一般的夯土墙体、敌台和烽火台，包砖敌台、堡墙、马面和角台的基础做法要复杂和坚实许多；而地质情况较差、军事地位重要的过河城桥，其基础做法最为复杂。亦即，各类构筑物的基础做法与其军事重要性和地基状况密切相关。

夯层厚度

夯层厚度并不是一个固定值，而是在一个范围内波动。以得胜堡东墙某个部位为例[图 7]，从地面以上第三个夯层往上的夯层厚度依次为 195、140、165、190、160、195、170、185、190……（单位：毫米）对于同一个夯层，其厚度在不同位置点也不尽一致。尽管墙体和堡城的夯层厚度波动范围较大，而敌台和烽火台则相对集中，但

表 6　显示基础做法的夯土墙体断面案例

落	墙体 D061—D062	墙体 D076—D077	墙体 D155—D156	墙体 D236 南侧
墙体断面全景				
基础交界处		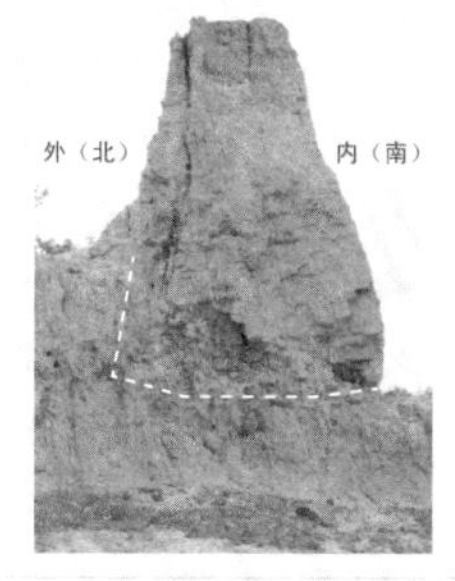		

注　图中所示虚线为夯土部分与下部基础之间的交界线。

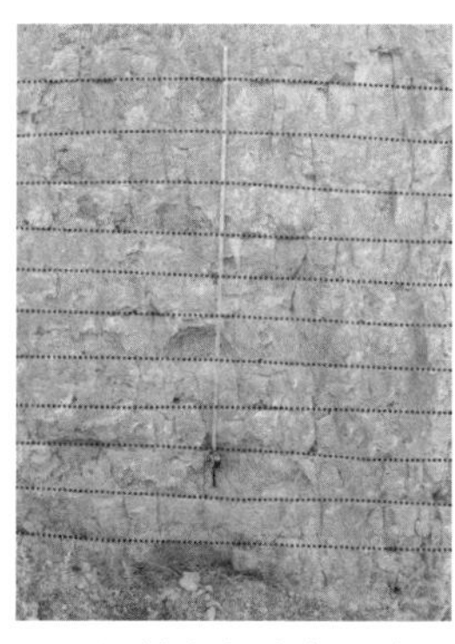

图 7　得胜堡东墙下部夯层厚度（虚线所示为夯层线）

各类型的主要夯层厚度均在 150~250 毫米范围内，即明代的 5~8 寸[图 8]。具体而言，敌台的夯层厚度要普遍小于烽火台的夯层厚度，而在同样的夯打次数和能量作用下，较薄的夯层厚度更容易压实并获得最大干密度，可见敌台的强度一般要高于烽火台的强度，也符合明代对敌台的重视程度要大于烽火台的情况。

在墙体、敌台、烽火台和堡墙中，均有厚薄相间的夯层案例，且以敌台最多，墙体次之。这种现象主要出现于夯土体表层，到了内部则合二为一，说明这些夯土体内部每夯筑一层，表层要夯筑两层。且表面的孔洞阵列均位于薄夯层上方，由此推测，夯筑时先在内部填土夯筑，夯筑的同时或稍后开始对外围进行夯筑，外围先夯筑一层较厚的夯层，再接着夯筑一层较薄的夯层与内部夯层持平。这样做可以保证外围夯土的密实度和强度高于内部，增强夯土体抵抗风化等外力破坏的能力。

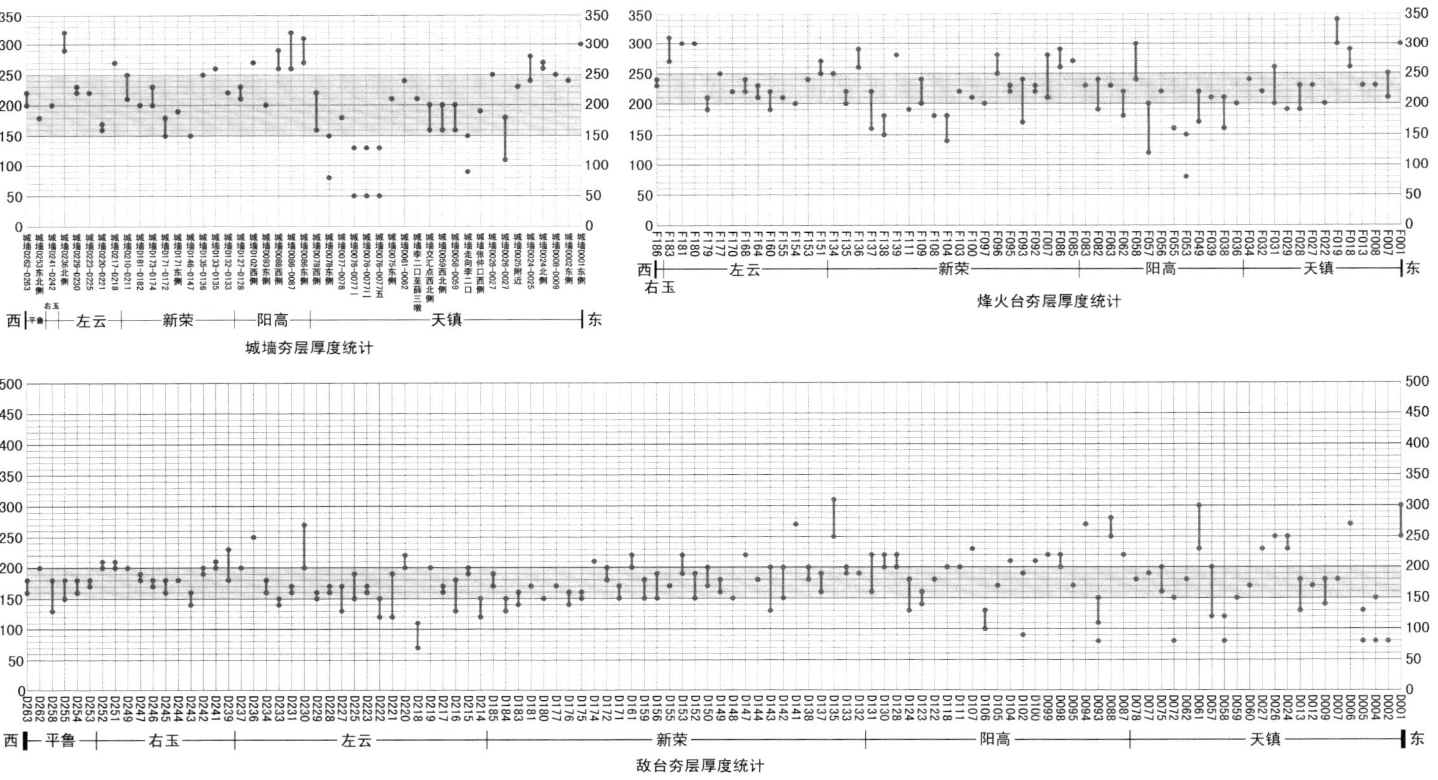

图 8　夯层厚度统计（厚度单位：毫米）

夯层构造

可以分为纯细粒土类、掺杂类和铺砌类三大类，后两类又可各分为少量和大量两个亚类表7。其中，以掺杂类尤其是少量掺杂类占大多数，纯细粒土类和铺砌类占少数。在实际建造中，不同地段夯土遗存的夯层构造并不完全一致，所处地形和土壤环境是主要影响因素附表，如大量掺杂类和大量铺砌类主要出现在土壤贫瘠、土质较差的地方；建造时期不同带来的影响次之，如弘赐堡和紧邻的长城墙体、敌台和烽火台一样，均掺杂了大量砂砾，威虏堡瓮城堡墙和附近长城墙体、敌台的夯土中均掺杂大量砂砾和碎石，等等。同时，堡城的夯土遗存由于存在较多不同时期的帮筑做法，更多地表现出后期帮筑部分的夯层构造和早期夯土体的不同之处。这种不同多表现为后期相对前期的改进，如拒门堡，早期是大量掺杂类，夯土中掺杂大量砂砾，易受雨水等侵蚀，帮筑部分则改为铺砌类，夯层间集中铺砌砂砾，夯层明显致密，提高了抗蚀能力。

从今天的土力学角度看，这几类夯层构造各有其优缺点[1]：少量掺杂类是一种较为稳固的夯层构造，大量掺杂类大都缘于周围土质较差、强度较低且容易遭受破坏，铺砌类相对于大量掺杂类，涉及对原土的筛选，更能体现主观能动性，可以改善大量掺杂类的一些缺点，但也存在一些结构隐患。需要指出的是，此处分析仅基于一般的土力学常识，要深入探讨各类夯土构造的力学特征，须经过科学取样和力学试验。

铺设枝条

如果说细粒土和砂砾、碎石等一起混合而成为“黏土混凝土”[2]的话，那么铺设于其中的植物枝条就如同混凝土中的钢筋，起着连结和加强作用。综合各类型夯土遗存的植物枝条特征统计，夯土中铺设的植物枝条普遍较细，直径大都在30毫米以内；夯土体中植物枝条主要呈水平铺设状态，只有少数案例为竖向铺设；水平铺设的植物枝条主要位于夯层间，即每一个夯层的底部，位于夯层中的占少数，即植物枝条的铺设一般是在夯筑新夯层前放置在其下面夯层的顶部，其水平间距一般为200~600毫米图9、图10，不过，在大量掺杂类夯土构造中较少铺设植物枝条。

1　参阅：尚建丽．传统夯土民居生态建筑材料体系的优化研究 [D]．西安：西安建筑科技大学，2005.

2　尚建丽．传统夯土民居生态建筑材料体系的优化研究．69.

表 7　夯层构造类型统计及占比

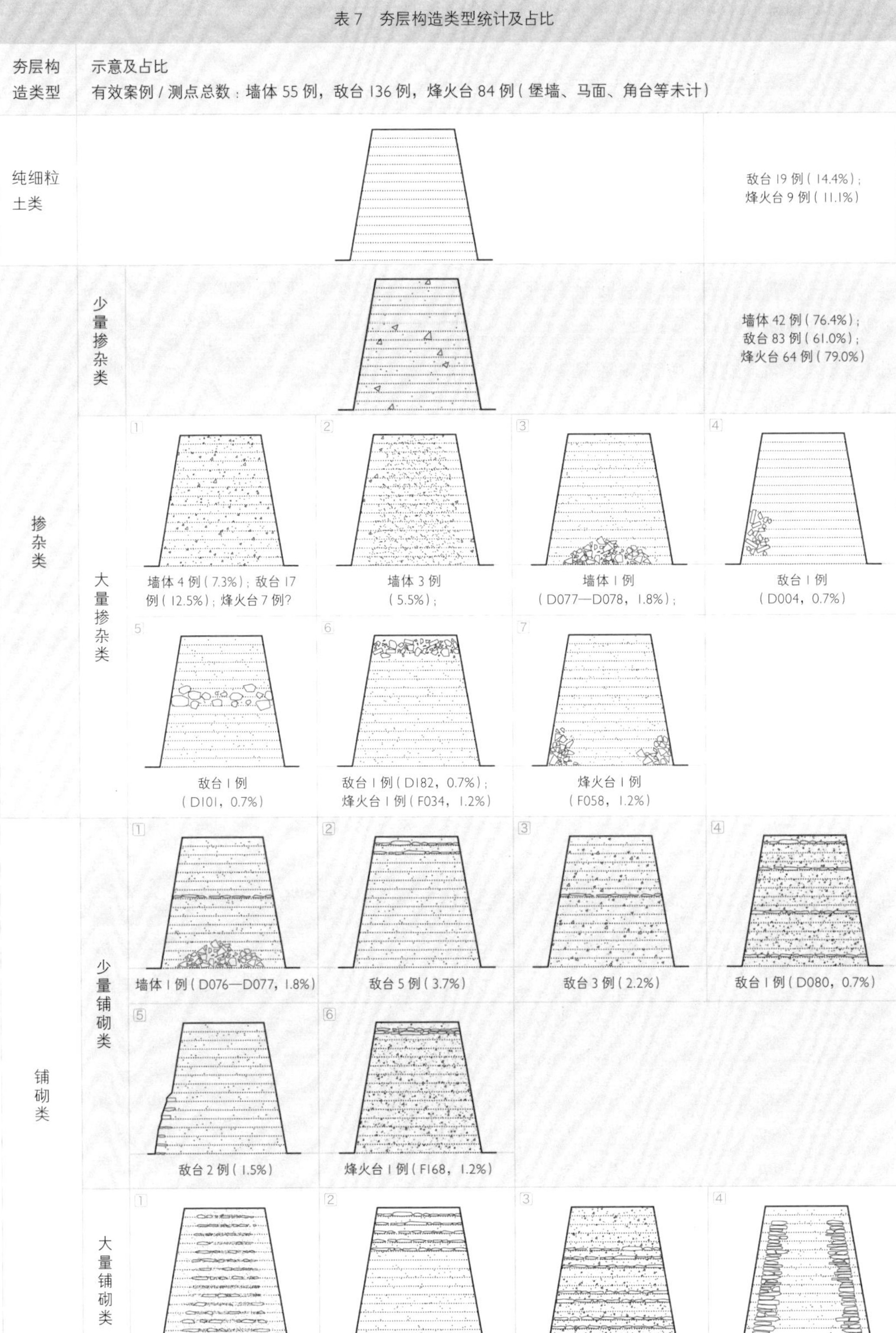

夯层构造类型		示意及占比 有效案例 / 测点总数：墙体 55 例，敌台 136 例，烽火台 84 例（堡墙、马面、角台等未计）			
纯细粒土类					敌台 19 例（14.4%）； 烽火台 9 例（11.1%）
掺杂类	少量掺杂类				墙体 42 例（76.4%）； 敌台 83 例（61.0%）； 烽火台 64 例（79.0%）
	大量掺杂类	1 墙体 4 例（7.3%）；敌台 17 例（12.5%）；烽火台 7 例?	2 墙体 3 例（5.5%）；	3 墙体 1 例（D077—D078，1.8%）；	4 敌台 1 例（D004，0.7%）
		5 敌台 1 例（D101，0.7%）	6 敌台 1 例（D182，0.7%）； 烽火台 1 例（F034，1.2%）	7 烽火台 1 例（F058，1.2%）	
铺砌类	少量铺砌类	1 墙体 1 例（D076—D077，1.8%）	2 敌台 5 例（3.7%）	3 敌台 3 例（2.2%）	4 敌台 1 例（D080，0.7%）
		5 敌台 2 例（1.5%）	6 烽火台 1 例（F168，1.2%）		
	大量铺砌类	1 墙体 3 例（5.5%）；敌台 2 例（1.5%）	2 墙体 1 例（D088，1.8%）	3 敌台 1 例（D104，0.7%）	4 烽火台 1 例（F029，1.2%）

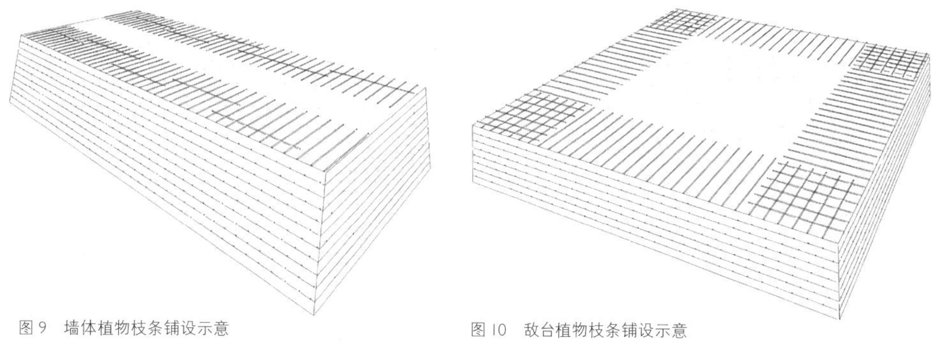

图 9　墙体植物枝条铺设示意

图 10　敌台植物枝条铺设示意

外部构造

将大同镇段各类型夯土遗存的外部构造做法案例进行汇总，可归结为三种：

帮筑：这种做法在堡墙上较为多见[表8]，敌台和烽火台也有一些个案。之所以多发生于堡墙，一方面是因为堡墙保存相对完整，帮筑做法易于识别；另一方面是因为这些堡墙在历史上修补较多。调查中没有发现长城墙体的帮筑做法，但据历史记载，一些段落的城墙经过了夯土帮筑，可能因为保存状况不好而没有显现出来。帮筑均为在原土体外面直接夯筑，有明显接缝，无搭接措施，帮筑部分和原土体在夯土材料及夯层厚度方面存在一些区别。现存的帮筑做法几乎均为夯土体外围的帮筑，只有烽火台 F038 较为特殊，是在包石烽火台外面帮筑一层夯土墙体。

竖向凹槽和嵌砌砖块：竖向凹槽均出现在原状包筑砖石的夯土体表面，如敌台和堡城，现外包砖石墙体已被人为拆除挪用，只剩下夯土体和凹槽，一些凹槽内还保留着砖砌体。凹槽做法有两种：一是在帮筑的同时包筑外墙，凹槽不仅规整而且深阔；二是在已有夯土体（原夯土体或帮筑部分）表面临时挖出凹槽，包筑晚于夯土体的建造，这类凹槽较为浅狭。鉴于这种做法在该段长城土筑包砖构筑物上的普遍性，可以确定，墙上挖竖向凹槽嵌砌砖块是大同镇段加强包砖和内部夯土体之间相互咬合和联结的一种基本构造措施[图11]。除敌台和堡城外，在大同右卫（今右卫镇）城墙上也有这种竖向凹槽做法。资料显示，在一些内地城池上也存在类似的旨在加强外包墙体和

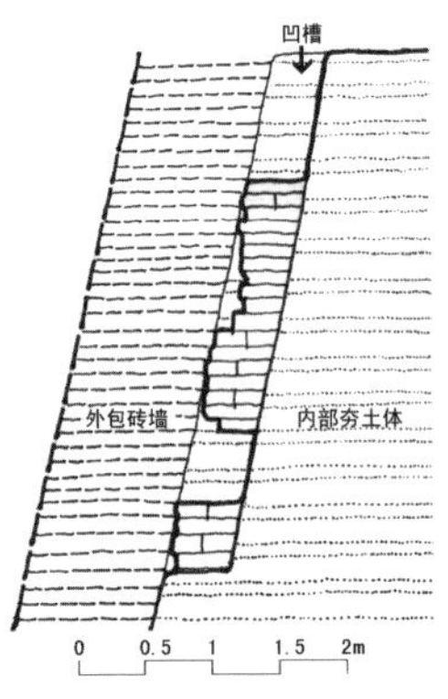

A——敌台全景（自南向北摄）
B——敌台南面上部凹槽

图 11　敌台 D072 表面竖向凹槽与嵌砌砖块做法示意

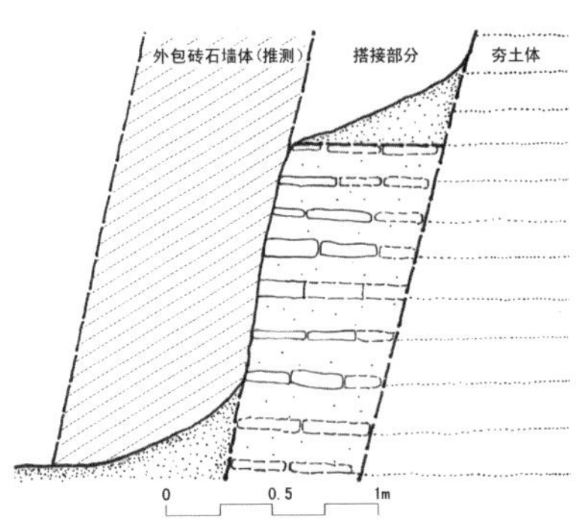

A——D190东侧（自东向西摄）
B——D190东面下部

图 12　敌台 D263 表层铺砌砖石做法示意

内部夯土体之间联结的措施，如明山西洪洞县城墙[1]，虽然具体做法尚不清楚，但“钉石贯入土城”的做法可谓与上述凹槽与嵌砌砖块的做法异曲同工。

与外包砖石墙体搭接采用的铺砌砖石：主要见于外包砖石的敌台和堡城等构筑物的帮筑夯土体上，这种做法与上述铺砌类夯层构造相似，但仅位于原夯土体外部帮筑部分，其主要目的是加强外包砖石墙体同帮筑部分的搭接，而帮筑部分又对原墙体具有亲和性和黏结力，不仅加厚和加高了墙体、角台和马面，而且通过这些构造措施充当了内部夯土体和外包砖石墙体之间联结的媒介[图 12]，这种做法也见于明长城山西镇段的老牛湾堡堡墙。

1　“先土筑，原高一丈六尺，今增一丈一尺，共二丈七尺，女墙六尺，共高三丈三尺，原厚八尺，今增一丈二尺，厚二丈，城基入土七尺，累顽石五六层，方用大石作基五尺，砌砖叠七行，细灰灌之，每丈钉石六条，贯入土城，若钉撅然，盖粘连一片石矣。”出自：刘应时．砖城记 [M]// 孙奂仑，修；韩垌，等纂．洪洞县志十八卷．据民国六年排印本影印．台北：成文出版社．转引自：相睿．明代山西城池建设研究 [D]．南京：东南大学，2009：41．

表 8　堡墙帮筑痕迹案例

名	镇川堡	拒门堡	杀胡堡	
片	镇川堡西墙（靠近西南角台）	拒门堡北墙局部（自西向东摄）	杀胡堡西墙 1	杀胡堡西墙 2
明	镇川堡西墙 （靠近西南角台）	拒门堡北墙局部 （自西向东摄）	中关西墙局部断面 （自北向南摄）	中关西墙局部断面 （靠近中关西北角，自堡内摄）
筑部与原体异之处	帮筑部分位于墙外，与原墙体之间有明显分界线，未发现搭接措施。夯土材料无区别，但帮筑部分夯层较薄，原堡墙夯层较厚。	帮筑部分位于墙外，与原墙体之间有明显分界线，未发现搭接措施。原夯土中均匀掺杂较多砂粒，而帮筑部分是在夯层间集中铺砌砂粒。帮筑部分夯层较薄，原堡墙夯层较厚。	帮筑部分位于墙内，与原墙体之间有明显分界线，且原墙体内侧表面十分光滑，未发现搭接措施。夯土材料无区别。原墙体夯层厚度厚薄不一，帮筑部分夯层普遍较厚。	

4 保护

病害成因

大同镇段现状可以说是早已满目疮痍，许多地段的墙体已湮没殆尽，烽火台和敌台虽然仍有矗立，也仅限于位于长城沿线或高山之上者，那些位于长城和堡城、卫所、镇城之间传递烽火的腹里墩台早已所剩无几，历史上该段长城经历了多次维修和重建也都说明了夯土长城的损坏速度之快。根据已有研究[1]和实地调查，本文将夯土长城的破坏状况归纳如下[表9]：

1　参考赵海英等人关于我国西北地区夯土长城等土遗址所受病害的一系列文章，如：赵海英，李最雄，韩文峰，等. 甘肃境内长城遗址主要病害及保护研究 [J]. 文物保护与考古科学，2009，19（1）：28-32；赵海英，魏厚振，胡波. 夯土长城的主要病害 [A]// 第二届全国岩土与工程学术大会论文集 [C]. 北京：科学出版社，2006：896-899；赵海英，李最雄，韩文峰，等. 西北干旱区土遗址的主要病害及成因 [J]. 岩石力学与工程学报，2003，22（增 2）：2875-2880；等。以及：黄克忠. 岩土文物建筑的保护 [M]. 北京：中国建筑工业出版社，1998；中国文化遗产研究院. 中国文物保护与修复技术 [M]. 北京：科学出版社，2009.

表9　夯土遗存病害一览

序号	破坏状况	墙体	敌台	烽火台	堡城
1	表层剥落	墙体 D030 东侧	D001	F077	保平堡北墙
2	表层块状开裂	城墙 D060 东侧	D007	F037	平集堡南墙
3	裂缝发育	城墙 D030—D031	D011	F074	镇边堡西南角台
4	局部脱离塌陷	城墙 D031—D032	D004	F114	镇边堡南墙
5	局部或大面积垮塌	城墙 D027—D028	D002	F134	得胜堡东墙马面

续表

号	破坏状况	墙体	敌台	烽火台	堡城
	风蚀	 城墙 D023—D024	 D023	 F041	 镇羌堡东墙
	动植物破坏	 城墙 D063—D065	 D048	 F075	 马市堡东墙
	土坡状破坏	 城墙 D166 西侧	 D146	 F125	
	人为破坏	 城墙 D152 南侧	 D030	 F162	 新平堡北墙
	内部竖井所受破坏		 D017		

表层剥落[1]：是最为普遍的现象，主要表现在夯土体外围的表层土呈鳞片状剥离，露出里层致密的夯土体，主要成因是雨水对夯土外表面冲刷后，覆盖在表层的泥土干燥后出现开裂并剥落。

表层块状开裂[2]：也是较为普遍的现象，主要表现在夯层构造为纯细粒土类或少量掺杂类的夯土体表面，由于颗粒级配不好，导致夯土体干缩性大，受干湿冷热频繁交替的影响，表层出现块状开裂。尤其是墩台转角处，此部位水分蒸发快，且受日照多，随着开裂的加剧，表层土呈块状脱落，最终使转角成为近似圆角。

裂缝发育[3]：一些夯土体上出现的裂缝主要为垂直裂缝或高度角的斜裂缝。推测其产生原因主要有四：一是夯土体分段版筑以及外围的帮筑产生的施工缝，这些接缝一般较规整，平行于夯土体表面；二是墙体干裂导致，同块状开裂一样，夯土体表层由于水分丧失，颗粒之间的黏聚力减小导致开裂，受雨雪的渗透和冻胀影响，逐渐延伸为较长的垂直裂缝；三是植物根系在夯土体内部的生长必然会撑破表层部分，导致裂缝出现；四是地震造成墙体或墩台受剪破坏。而水平裂缝较少，主要出现于下部风化或坍塌，或是有人为挖掘的情况，如敌台内部竖井入口顶壁和夯土体下部窑洞顶壁出现悬挑的部位。

局部脱离塌陷[4]：一些墙体和墩台出现较严重的局部外层土体脱离和塌陷现象，乃垂直裂缝出现后，随着雨雪的渗透和冻胀逐渐扩大并延伸而造成。而且这些裂缝很可能是从顶部或靠近顶部处开始的，此处雨雪极易渗透进裂缝，使之扩大并贯通，导致外层土体沿裂缝脱离，最终雨雪又渗透进入墙体或墩台下部，造成脱离部分的下部软化，强度降低，出现塌陷。

局部或大面积垮塌：由上述局部脱离、塌陷现象进一步恶化导致。此外，靠近谷口的墙体更是极易随着谷口两侧崖面垮塌形成断面，甚至个别敌台和烽火台也出现了大面积整体垮塌现象，如敌台 D002 和烽火台 F134，两者均紧靠垂直崖面处，坍塌部位均是顺着崖面垂直剪切。大同镇段所处在地质上属第四纪黄土区，具有很高的湿陷性和地震易损性，极易发生滑坡、液化和震陷等地质灾害[5]，进而造成上部墙体或墩

1 赵海英，魏厚振，胡波．夯土长城的主要病害．898．文中称这种现象为片状剥离，属于表面风化的一种。

2 赵海英等《夯土长城的主要病害》中称其为龟裂，且主要发育于粉土夯筑的长城（第 898 页），本文对大同镇段长城的观察与其一致，当夯土较纯时极易发生这种现象。

3 该现象及成因参考：赵海英，魏厚振，胡波．夯土长城的主要病害．899.

4 该现象及成因参考：赵海英等．夯土长城的主要病害．899；赵海英等．西北干旱区土遗址的主要病害及成因．2878.

5 王兰民，等．黄土动力学 [M]．北京：地震出版社，2003：5.

台发生受剪破坏。

风蚀[1]:大同镇段所处风沙较大，又在旷野之中，极易受风化侵蚀，形成风蚀窝或水平风蚀带。尤其在多风地带的山坡和平原上，风速更大，长城的风蚀也更为严重，如敌台D021—D024的爬坡段和阳高镇边堡到长城乡附近段。此外，风蚀破坏程度与土的性质也有一定关系，砂性土易受风蚀，形成蘑菇状破坏，而黏性土受风蚀的破坏程度较小，只是形成一些风蚀窝。同时，夯土体表层下部受雨雪侵蚀较严重，风化严重，土体强度降低，也极易受到风蚀破坏。

动植物破坏[2]:动物的破坏主要来自昆虫和爬行类动物在夯土体外围的筑巢。更普遍的破坏来自植物，其生长本身就表明夯土体表层或内部的含水量较大，强度已减弱。植物的破坏主要分两种：一是树木和较大灌木类植物对夯土体的破坏，其根系粗壮发达，其生长会造成土体剪胀破坏，造成裂缝的出现和表层夯土的脱落；二是茅草和小灌木，其根系细小，大都生长在夯土表层软化土层中或地面上的松软堆土中，其位置以夯土体顶部和下部居多。相对于树木和较大灌木，茅草和小灌木的破坏较为微弱，但它们对雨水和营养成分的吸收会使夯土体缓慢土壤化。

土坡状破坏：有一些墙体和墩台经过长年累月的破坏，变成了一个土垄或土堆，完全没有了昔日的形态。有的土体由于干裂、雨雪侵蚀、风化及植物破坏等诸多因素，演变过程中可能有恶性的坍塌，也可能有慢性的侵蚀，最终使夯土体的结构丧失殆尽。

人为破坏：长城作为防御工事，明代的修筑和蒙古势力的攻击同时存在，蒙古势力入侵大都是溃墙而入，墙体外侧的烽火台也是他们破坏的重点。明以后长城的军事作用基本丧失，其存在反倒成了内外的阻隔或可利用的资源，如一些地方为了通路，把城墙截断；一些村民为了取土，对一些墩台进行铲削直至全部破坏。此外，很多处墙体和墩台下部被人挖了窑洞，大多可能是作为种地和牧羊人避雨之用，少数是作为民居居室的一部分，还有个别竟然被作为放置棺材的墓坑。

内部竖井所受破坏：一些敌台和烽火台通过内部竖井上人，其上部井口现无任何遮蔽，雨雪很容易进入竖井内部，使井口和内壁受到侵蚀，土体强度变弱，软化后坍塌，导致井口扩大，坍塌下来的土在竖井内堆积，而松软的土质又给植物的生长提供了有利条件，进一步加深了对夯土体内部的破坏。

---

1 风蚀作用的原理见：赵海英，等．西北干旱区土遗址的主要病害及成因．2879．

2 赵海英等《夯土长城的主要病害》中称这种现象为生物风化，第898页。

保护利用

相对于少数的砖石遗存，大同镇段跨越几百千米的夯土遗存保护更显复杂和困难。本文参考文物保护中的病害分类，基于上述对其病害及成因的初步分类统计和分析，提出一些适合于该段长城特殊性的保护措施。

材料的因地制宜：大同镇段以夯土遗存占绝大多数，在夯筑时大部分为就地取土，且并没有添加石灰等加强材料，保护修缮时如果确认所用夯土和周围土质一致，可以直接取用周围的生土作为原材料进行局部修补，也与历史上的取材原则相一致。长城由于其长度和规模均是其他文物所不可比拟的，加上所处地形和交通因素，修缮代价和成本高昂，尤其是砖石长城，而大同镇段所用材料的地方性和适宜性使其可以避免这方面的问题，大大降低成本。

做法的利用再现：现代文物修缮技术取得了诸多成就，但是应该注意到历史上的构造做法和技术措施不仅是长城本体遗产价值的一个重要组成部分，这些做法中的大多数仍然值得今天利用和借鉴，如上述夯层构造做法、铺设植物枝条和外部构造做法等，既是古人实践中的创造，也具有一定的科学依据，应当加以重视和利用。同时，从全面展现长城内涵的角度看，这些构造做法也是重要的展示内容之一。

合适的季节时间：由于多为夯土遗存，大同镇段受植物破坏尤为严重，对植物的清除适合在春季枝叶未繁和秋季枝叶枯萎之际进行；大同、朔州地区冬春寒冷时间较长，土体上冻会影响施工，而寒冷的环境也不利于室外操作，应尽量避免在寒冷的冬季和初春进行施工。

合理的展示措施：砖石长城在修复之后可以开放登墙参观，但夯土长城即使在修复完成后，也依然容易遭受人们足迹的破坏。建议以观游取代登临，在距墙体不同距离的条件合适处辟路或辟点，提供多样的参观体验。本体展示应当突出长城的建造特征，如坍塌后形成的断面等，在不影响本体结构稳固的前提下进行重点展示；又或是在维修过程中有意识地对反映重要建造特征的部位进行特殊处理，如将夯土体和外包砖石墙体的搭接处外露等。

5 结语

大同镇作为明代九边重镇之一，是守卫山西乃至京师的军事要塞，地跨山岭和平原，北拒草原，向西直达黄河之滨。面对如此复杂的地理环境，其建造选择的是一种因时因地因人的适宜性技术，体现在：军事地位的差异导致建造技术有别；建造者的施工水平与建造技术的匹配；重视程度影响建造技术的选取；建造技术与周边环境的关系；建造技术随时间发展的改进；等等。

长城自身蕴含的材料、结构和构造做法等建造信息是长城遗产价值的重要组成部分，主要反映了长城的科学价值和历史价值，而其整体形象和细部做法也同时体现了长城的艺术价值。只有把长城还原为一抔土、一匹砖、一块石的具体建造，才能令人深切地感受到长城来自历史的真实性，亦即"长城在建造中是如何因地制宜的"，这一问题极具研究价值。

诚然，长城的建造技术特征随着主客观因素的不同，在成就上有高低之别。如明长城大同镇段，绝大多数为夯土版筑，没有包砖，虽然不能说代表了明代建造技术的最高水平，但的确是基于客观条件的较好或最好的选择，诸如夯土体展现的夯层构造、厚薄夯层以及植物枝条的铺设、夯土体的帮筑以及为了与外包砖石墙体搭接而采用的铺砌砖石等各种做法，都是之前不太被注意和认识到的。这些历史上的鲜活，展示了长城在不同时期的修补痕迹和特征，只有深入到这一层面，长城才可以被清晰地还原为具体的建造，长城的遗产价值才能被充分地挖掘。

附表 不同段落夯土遗存的夯层构造类型及成因

区县	段落	构筑物编号	夯层构造	原因分析
天镇县	平远头 — 二十墩	墙体：墙体 D001—D013 敌台：D001—D013 烽火台：F001—F015	以纯细粒土类和少量掺杂类占大多数，只有 D004 和 D012 例外，其中 D004 中在敌台中下部集中掺杂大量砖块，D012 中均匀掺杂大量砂粒	该段位于山脚下，土壤肥沃，土质较好。D004 可能原为包砖敌台，敌台外部有疑似帮筑痕迹，夯土中砖块可能为包砖的同时进行帮筑所为；D012 可能与所处小环境的土质有关，也可能与其他部分的建造时期不同
	新平堡 — 黄家湾	墙体：墙体 D014—D020 敌台：D014—D020 烽火台：F018—F016，F020，F019，F021，F029—F034，F036	均为纯细粒土类或少量掺杂类	该段位于丘陵地带，土壤丰富，土质较好
	瓦窑口 — 李二口 — 薛三墩	墙体：墙体 C002—C006，墙体 C004—D025 敌台：D021—D025，D027—D029 烽火台：F037—F042	山脚下以少量掺杂类占大多数，墙体 D027—D028 为大量铺砌类，夯层中掺杂大量砂砾，且在内部夯层间铺砌大量碎石和块石。坡地长城（D021—D025）随海拔高度升高由少量掺杂类转为大量掺杂类或大量铺砌类	山脚下地质构造属于山前洪积扇，断面显示在地基里分层堆积大量砂砾、碎石和块石，一些段落的材料可能为远处平地取土或对附近原土进行了筛选，墙体 D027—D028 则应该是直接采用附近原土。爬坡段随地势升高土壤越发贫瘠，且从山下取土运输困难，砂砾、碎石和块石因此得到大量使用
	白羊口 — 榆林口	墙体：墙体 D036—C007 敌台：D036—D030 烽火台：F046—F043	以少量掺杂类和大量掺杂类占多数，一些大量掺杂类属于地基处集中掺杂大量碎石和块石。墙体 D031—D032 局部采用了少量铺砌类，在中部夯层间铺砌碎石和块石，且在夯土中掺杂大量碎石和块石	该段长城位于山脚下，地质构造属于山前洪积扇，原土中含有大量砂砾、碎石和块石，少量掺杂类夯土遗存可能为远处平地取土或对附近原土进行了筛选，均匀分布的大量掺杂类则应该是直接采用附近原土
阳高县	许家园 — 虎头山	墙体：墙体 D083—D079 敌台：D083—D079 烽火台：F091—F087	烽火台均为少量掺杂类，敌台均为少量铺砌类，墙体为大量掺杂类或大量铺砌类，且敌台和墙体的铺砌类中均同时掺杂大量砂砾或碎石	该段长城位于山脚下，原土中含有大量砂砾和碎石，敌台和墙体应该是就近取土且几乎没有进行筛选，烽火台则可能为不同时期夯筑，且对原土进行了筛选
	守口堡 — 十九梁	墙体：墙体 C009—D077 敌台：D060—D074，D078，D075—D077 烽火台：F070—F072，F074—F082，F084—F086	以少量掺杂类和纯细粒土类占大多数。个别敌台和烽火台为大量铺砌类或大量掺杂类，D061 的内部夯层间逐层铺砌砂砾和碎石，D066 的夯土中掺杂大量砂砾和碎石，F079 下部集中掺杂大量块石	该段长城位于山前丘陵地带，在高处形成地势较为平缓的黄土塬，土壤相对丰富，土质也较好；但在地势起伏的爬坡段则土壤贫瘠，土质较差，D061 和 D066 均处于这种地形。F079 的构造与地形及土质关系较小，但该处紧邻沟谷，位处冲要，原状可能包筑砖石，这种构造可能与此有关
	长城乡 — 镇边堡	墙体：墙体 D058—D037 敌台：D058—D049，D047—D044，D042—D037 烽火台：F065—F048	绝大部分为少量掺杂类，只有 D037 为少量铺砌类，在顶部夯层间铺砌块石	该段长城位于平地，土壤丰富，土质较好。D037 顶部的铺砌构造可能为顶部台面做法遗存

新荣区	元墩—镇川口—镇川堡	墙体：墙体 D084—D100 敌台：D084—D089，D091—D094，D096—D100 烽火台：F092—F094，F096—F104	均为少量掺杂类	该段长城位于平地，土壤丰富，土质较好
	弘赐堡—镇羌堡	墙体：墙体 C015—D119 敌台：D101—D119 烽火台：F105—F111	墙体坍塌风化严重，无法辨别其构造做法，敌台和烽火台则少量掺杂类、大量掺杂类和大量铺砌类均有，交错布置	该段长城位于山脚下，旁临御河，周围土壤中含有许多砂砾、碎石和块石，且大量掺杂类和大量铺砌类中的砂砾、碎石等大都位于夯土体内部，外部用土则可能经过了筛选。此外，不同类别的夯层构造交错布置的现象或许说明该段长城的敌台和烽火台并非同一时期建造
	拒墙口—拒门堡	墙体：墙体 C019—D135 敌台：D121—D135 烽火台：F113—F116	主要为少量掺杂类，局部（敌台 D123—D126）为大量掺杂类，夯层中均掺杂大量砂砾，它们附近的墙体已风化为土坡状，应该也属于同样构造	该段长城位于平地，土壤丰富，整体土质较好，但局部土质可能存在差异，D123—D126 附近多为荒地和林地，而其他段落附近多为农田，这或许说明该段附近的土质相对较差
	新荣镇段	墙体：墙体 D139—C020 敌台：D139—D136 烽火台：F122—F117	敌台和烽火台均为少量掺杂类，局部墙体为大量掺杂类，含有大量砂砾、碎石和块石	该段长城地处平地，土壤丰富，土质总体较好，但局部地势起伏处含有砂砾、碎石等杂质，大量掺杂类段落即位于这类地形上
左云县	徐达窑—八台子	墙体：墙体 C021—D151 敌台：D140—D149，D165—D152，D150—D151 烽火台：F123，F125—F138，F161—F153，F151—F140	该段长城跨越距离较长，有少量掺杂类、大量掺杂类、少量铺砌类和大量铺砌类等多种构造做法	八台子村附近沟谷处土壤丰富，土质较好，沟谷两侧长城均为少量掺杂类，八台子往东直达威虏堡西侧均为坡地，形成许多起伏地段和沟壑，土质较差，含有大量砂砾、碎石和块石，这些地段的长城大都掺杂大量砂砾和碎石，只有局部段落位于黄土塬，土质稍好，为少量掺杂类。威虏堡往东地势较平缓，但土质仍较差，多为大量掺杂类构造
右玉县	二十五湾—杀胡口—四台沟	墙体：墙体 D179—C034，D170 北侧拦马墙 敌台：D179—D166 烽火台：F163—F162	均为纯细粒土类或少量掺杂类	该段长城所处地势虽起伏较大，但周围土壤丰富，土质较好
平鲁区	七墩—新墩	墙体：墙体 C036—D188 敌台：D180—D188	少量掺杂类占多数，个别为少量铺砌类和大量掺杂类，其中，D181 为顶部铺砌块石，D182 在顶部集中掺杂砖石	该段长城所处地势虽起伏较大，但周围土壤丰富，土质较好，D181 和 D182 的铺砌和掺杂构造均集中位于顶部，前者可能和顶部台面做法有关，后者可能原为包砖敌台，掺杂砖石做法可能与此有关
	寺怀段	墙体：墙体 D189—D190 敌台：D189—D190 烽火台：F164	墙体为纯细粒土类，D189 和 D190 均为少量铺砌类，且均属于与外包砖墙搭接而采用的外部夯层间逐层铺砌做法	该段长城所处地势虽起伏较大，但周围土壤丰富，土质较好。D189 和 D190 内部夯土中几乎没有砂砾和碎石，外部铺砌做法与外包砖石墙体有关

「一片石关」的两个历史疑问：九门口长城水门数目及「一片石」所指

原文刊载：常军富、沈旸《九门口长城水门数目及「一片石」所指探讨》，《建筑史》第30辑，北京：清华大学出版社，2012。

九门口长城位于辽宁省绥中县，历史上为一片石关，是明代山海关长城体系乃至整个蓟镇防御体系上的一个重要关口，1996 年被公布为全国重点文物保护单位，2002 年被评为世界文化遗产。

在九门口长城所包含的众多文物本体中，过河城桥因为其类型的特殊和少见无疑最引人注目，九门口长城也因此被称为"水上长城"[图1]。其实，万里长城线上的"水上长城"并非仅此一例。据相关文献记载，同为绥中县境内的金牛洞段长城[1]、同属明蓟镇防御体系的天津黄崖关等[图2]，也有和九门口相似的过河城桥。可见，过河城桥只是明代边防对特定地理环境采用的一种特殊防御措施，九门口城桥可称这种类型的典型，但并非唯一。因此，九门口城桥的自身价值应该放到整个历史语境中去考量。

对于九门口城桥来说，"九门""六门"之争，以及"一片石"地名的由来，是萦绕于它的两个历史疑问，20 世纪 80 年代的考古发掘对这些疑问进行了一些探讨和解答，但并不彻底，留下了一些有待商榷的空间。虽然这些问题表面上只是一些历史地名和语句之争，但其背后却与历史上城桥的变迁及城桥的结构构造有着密切的关系，特别是从保护规划编制所要求的文物的真实性和自身价值出发，有必要对这些疑问进行重新审视。

1　鲁宝林《绥中县境内明代长城踏查简告》一文中"金牛洞段"条下记述："……其地理环境略同九门口，只是峡谷较宽、石河在此折而向南，故河床宽阔，河水湍急。……据调查，长城在石河床上曾设九道水门，早年被水冲毁，遗迹已不可寻，只余巨石。"收录于：孙进己. 中国考古集成：东北卷 [M]. 北京：北京出版社，1997：136-141.

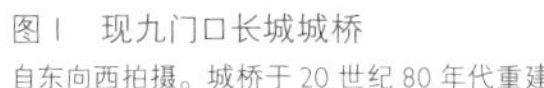

图1 现九门口长城城桥
自东向西拍摄。城桥于20世纪80年代重建

图2 天津黄崖关长城城桥
出自：罗哲文，赵所生，顾砚耕. 中国城墙 [M]. 南京：江苏教育出版社，2000：41

1 “九门”“六门”的嬗变与城桥位置的变迁

历史上的九门口城桥几近湮没，现九门口城桥为20世纪80年代在原址上结合地下基址及少量地上遗存重建，在重建之前，绥中县文物部门组织了相关调查并由辽宁省文物考古研究所对九门口城桥进行了考古发掘，清理出了九门口城桥八个桥墩及河床上的大片铺石。参与考古发掘的冯永谦、薛景平等认为九门是指这九个水门，志书中所记“六门”之说有误[1]，以及“一片石”所指就是这一大片铺石。对于这些观点，曹喆先生曾提出疑问，认为九门口城桥原为六个水门，后来才改为九个水门，依据即是《光绪永平府志》中“复设正关门六以泄水，合之凡九门云”[2]之句；薛、冯二先生予以反驳[3]，认为方志中所记为时人之误。

《光绪永平府志》中虽有六门之说，但紧随其后即录有明孙承宗诗文“山分一片石，水合九门关”[4]，纂修之人不会不知道九门之说。唯一合理的解释就是六洞桥是在九洞之后的实际存在，此时九洞桥已不存，时人为附会九门之说，以六加三凑足，《光

---

1 参见《光绪永平府志》卷四十二“关隘”条下“一片石关……东西门各一，其西门额曰‘京东首关’，东门外为边城关，正东向又折而东南，直抵角山之背，复设正关门六以泄水，合之凡九门云”。

2 清《光绪永平府志》卷四十二“关隘”。原文内容见本文表1，原文意指城桥的六门桥洞加上关城东西三个门洞即为九门，可以作为当时只有六门城桥却附会往昔九门的证据。

3 这些文章包括：朱希元. 万里长城九门口 [J]. 锦州文物通讯，1987（3）：46、56；薛景平. 一片石考 [J]. 辽海文物学刊，1987（1）：136-141；薛景平，冯永谦. 失踪三百载 重见在今朝——辽宁绥中一片石古战场发现记 [J]. 地名丛刊，1987（4）：11-13；曹喆. 京东首关——一片石关——兼与薛景平、冯永谦同志商榷 [J]. 地名丛刊，1988（3）：12-13；薛景平，冯永谦. “一片石”指的是什么？——答曹喆同志 [J]. 地名丛刊，1989（2）：14-15；冯永谦. 明万里长城九门口城桥与一片石考——兼考明清之际“一片石之战”地点 [J]. 葫芦岛文物，1996（1）：104-112.

4 参见（明）孙承宗《高阳集》（详见参考文献 [2]）卷三“入一片石五首”，第61页。

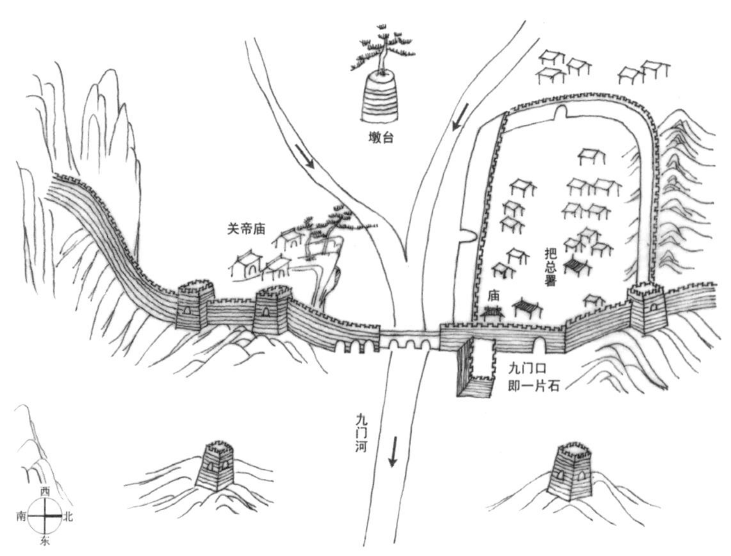

图 3　临摹自《光绪临榆县志》“九门口图”

绪临榆县志》中所录“九门口图”[图3]可证明此观点[1]。值得注意的是，冯、薛在反驳曹的文章中提及桥的上下游位置变迁问题，并认为上游位置在前，下游在后[2]，但可惜这一论据被用来证明“一片石”所指。而对比明清期间的史料，可以发现城桥九门与六门之说与城桥位置的迁移有密切的关系，且上游建桥在前的观点也存有疑问。

据考古发掘报告，在今天城桥位置的上游约 50 米处，也发现有河床铺石及桥墩基础，说明此处也曾筑有城桥[图4]。查明代到民国关于一片石城桥的文献记载及图录[表1]，可知城桥的位置的确改变过，就图录来看，《乾隆临榆县志》“关隘图”、《光绪临榆县志》“九门口图”和“边城图”、《民国临榆县志》“边城图”[图5]中所绘城桥皆位于上游，唯《光绪永平府志》之“边口图二”[图6]中所绘位于下游，即今天城桥所处之位置。

这就产生了孰前孰后的问题。冯、薛二先生从桥梁工程的观点出发，认为上游建桥要早于下游，因为上游水狭而急，桥易被冲毁，后乃改于下游建桥。此论虽合于情理，但尚有疑问。

1　《光绪临榆县志》“边口图二”中九门口关城只有三个城门，加桥洞六门正好九门，图中内外关城之间的城门乃至城墙被忽略，不知是有意为之，还是当时该门已不存。

2　参见薛景平、冯永谦《“一片石”指的是什么？——答曹喆同志》一文：“事实上经过我们考古发掘，在今九门桥的上游不远处，还发掘出早期的城桥，即洪武十四年开始在此地修筑长城时所筑的城桥，并且已铺有‘一片石’，与下游今城桥所铺条石基本相同，这证明修筑长城与城桥，就铺有‘一片石’，并无早晚的问题。”

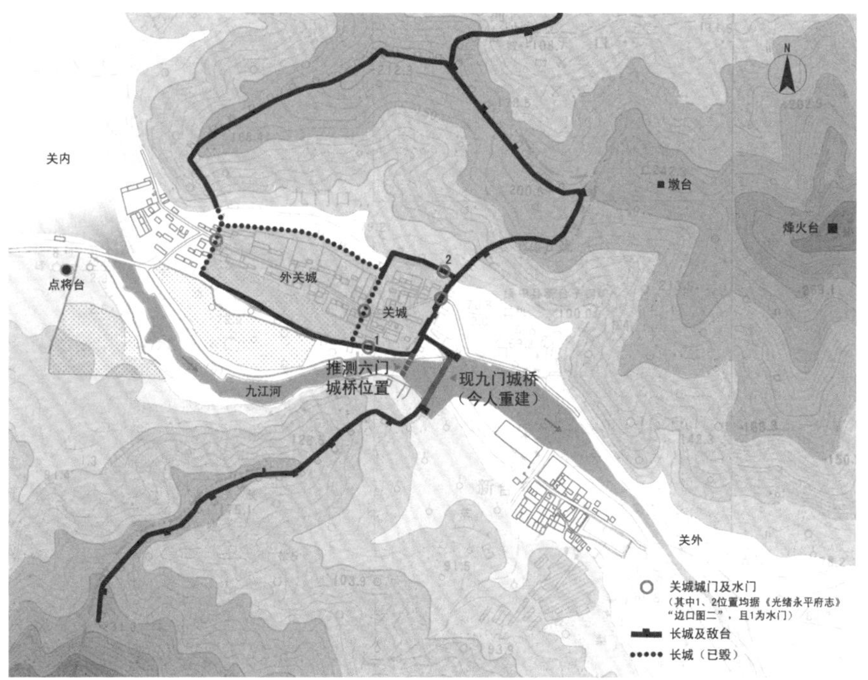

图 4　九门口长城现状平面图
底图据《全国重点文物保护单位辽宁省九门口长城保护规划》

根据考古发掘报告，上游水狭，铺石面积较小，桥洞数必小于九。而据明清史料，九门之说最早，明末孙承宗《入一片石五首》中“山分一片石，水合九门关”一句即是明证，这种说法一直延续到清嘉庆间（1796—1820）；六门之说稍晚，《光绪永平府志》中始有此说，所绘之图亦为六门，《光绪临榆县志》图录也作此绘；最晚为三门，见于《民国临榆县志》。若按桥洞之数推桥之位置，则桥应先出现于下游，后才改为上游，且时间应在清嘉庆（1796—1820）到光绪（1875—1908）之间。当然，这个结论仍有两个疑问：一是纂修时间仅隔一年的《光绪永平府志》和《光绪临榆县志》，两书图录中所绘城桥的位置不一致，二是《乾隆临榆县志》中城桥绘为九洞。

以桥洞数目反推桥的位置得出结论的可能性要大一些，原因有四：一是桥洞数目在文字记录中的演变是客观存在的；二是古代方志所绘舆图比例及位置远无今人精确，而只重其大概；三是《光绪永平府志》所录边口图与其所记文字的匹配度不如《光绪临榆县志》，后者所绘较前者准确[1]；四是下游之九门桥气势恢宏，有其威慑作用，明

1　参见表 1 中清《光绪临榆县志》一行。

表1　有关九门口桥洞数目的史料记载（明至民国）[1]

资料年代	相关资料	来源	桥洞数
明·天启二年至天启五年（1622—1625）	卷三“入一片石五首”之第二首首两句： “山分一片石，水合九门关。大壑开双阙，孤亭压五环。”	《高阳集》	9
清·康熙十四年（1675）	卷十二刘馨《重修一片石九江口水门记》： “距骊城百余里而遥东北一带，地多崇山峻岭，壤接荒服，俗习边侥，马迹之所不至，屐齿之所未及，有名一片石者，雉堞鳞次，巍然其上者，长城也，城下有堑，名九江口，为水门九道，注众山之水于塞外者也。”	［康熙］《抚宁县志》	9
清·康熙年间（1662—1722）	卷十七“北直”八： “一片石关，县东七十里，董家口东第十二关口也。一名九门水口，有关城。”	［清］《读史方舆纪要》	9
清·雍正十三年（1735）	“九门水在抚宁县东北一片石关，东有水分九道而下故名。” “一片石关在抚宁县东七十里，有关城，城东有九门水，有水分九道而下故名。旧有游击驻防，今裁。”	［雍正］《畿辅通志》[2]	9
清·乾隆二十一年（1756）	“临榆县关隘图”中所绘九门口城桥为九个水门	［乾隆］《临榆县志》	9
清·嘉庆二十五年（1820）之前	卷七“永平府”下： “一片石关在临榆县北七十里，有城，城东为九门水口，有水分九道，南下合为一流，因名。旧设参将驻防，本朝顺治元年裁。”	《嘉庆重修一统志》[3]	9
清·光绪四年（1878）	“九门口图”及“边城图”中九门口城桥均只有六个水门，且北侧三个水门高度较低，并无雉堞，应为府志所记“复设正关门六以泄水，合之凡九门云，今已半圮，守兵筑黄土墙补之”一句所指（见下条）。	［光绪］《临榆县志》	6
清·光绪五年（1879）	卷三十三“城池下”： “一片石城在县东北三十里，石城后砌以砖，高二丈五尺，周二里，东西南三门。” 卷四十二“关隘”： “一片石关在临榆县东北三十里，一名九门口，东西门各一，其西门额曰“京东首关”，东门外为边城关，正东向又折而东南，直抵角山之背，复设正关门六以泄水，合之凡九门云，今已半圮，守兵筑黄土墙补之，高三尺，上披荆棘，拦行人出入，东南隅辟小水门一，以泄山水，与内城之南水门隔河相映。”	［光绪］《永平府志》	6
同上	图“边口图二”中所绘九门口城桥有六个水洞。	同上	6
民国十八年（1929）	“边城图”中所绘九门口城桥仅有三个水洞，且桥上无雉堞，旁注“九门口即一片石”。	［民国］《临榆县志》	3

1　表中未列入九门口城桥考古发掘出的万历四十三年（1615）修城桥碑记，原因是此碑记并未准确表明水门数目，碑文中记载“万历肆拾叁年春防，石门路主兵原派修工、军士柒百柒拾壹名，口修石黄一片石关头等极冲河桥，自河南岸起，至北第三洞门止，应口修贰洞半，伍总计长贰拾丈，券门四丈……”句中只有所修洞数，并未记全部水门数目。

2　参见《雍正畿辅通志》卷二十一“山川”之“九门水”条下。

3　参见《嘉庆重修一统志》，第791-792页。

图 5 《民国临榆县志》"边城图"

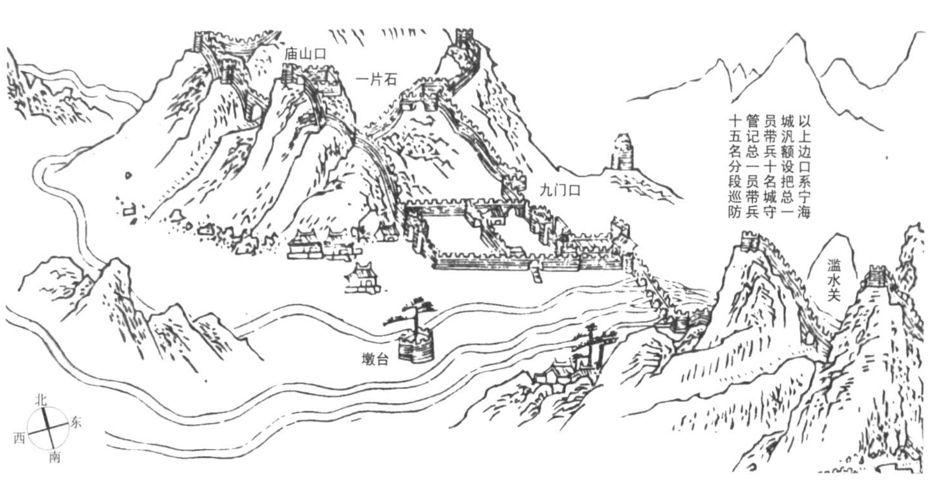

图 6 《光绪永平府志》"边口图二"局部

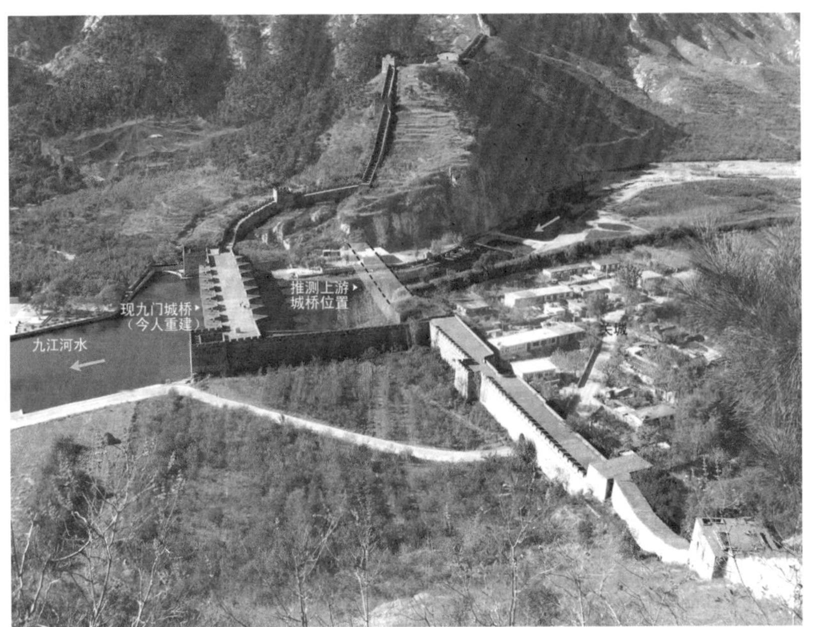

图7　九门口城桥
于城桥北侧山坡向南拍摄，河水自西向东流

代所筑的可能性较大，而上游桥卑，仅为通水，估为清人务实之作。

不得不说，迄今为止关注城桥上游基址的人甚少。究其原因，观者的主观选择是一方面，而文物部门以及考古专家对上游基址不够重视才是问题所在。其实，客观来看，上游和下游只是城桥选址的结果[图7]。

从桥梁工程角度看，下游虽然河床宽阔，水流较缓，但城桥依然面临严峻的挑战，原因大略有二：

一是九江河水随季节泛滥。清代刘馨《重修一片石水门记》中记述，"山谷虽峻，泽匪江河，每夏秋间或山泉泛滥、或霪雨淋漓，则众山之水汇为一流，其汹涌澎湃弗减万壑之赴荆门也，不宁惟是时，而雨毕水涸，樵采者、负贩者又咸利用往来，以故多历年所易为倾圮"[1]。

二是城桥自身的缺陷。据九门口城桥考古发掘报告，八个桥墩平均宽 6.46 米，九个水门平均宽 5.74 米，城桥的墩孔比达 1.125，虽然北方诸桥墩孔比相对于南方

1　刘馨一文出处见表 1。

普遍较大，但这一数值远大于清官式石拱桥之0.526，在北方石拱桥中也罕有匹敌者[1]。墩孔比如此之高，对排泄洪水极为不利，至夏秋水涨，水壅桥前，桥墩所受冲击可想而知。除墩孔比过大之外，墩内夯土填筑之法也殊为不利[2]，桥墩长期浸泡水中，土质松软则易倾圮，如《万年桥记》所述："凡砌墩宜全部用石，不可内部填土，或石内杂以桩木，一旦土松木腐，中空如坛，即虚倾圮，旧桥崩坏，可为殷鉴。"[3]

如此推测，下游城桥屡经毁坏，明、清之际经数次维修或重修，后或因下游重修不易，于上游水狭处修筑了新桥。此外，为避免对清人修桥动机的质疑，有必要再作一解释：众所周知，清朝在辽东虽无军事需要，但仍然在此修筑了柳条边，即官方所谓"盛京边墙"。而修边原因，《奉天通志》所记较详："清起东北，蒙古内附，修边示限，使畜牧游猎之民，知所止境。设门置守，以资镇慑，并讥察奸宄，以弛隐患而已。"[4]柳条边西与山海关接边，修建时"因明障塞旧址"，而一片石在清代方志中仍被录于"关隘"条下，可见其仍被作为关口使用，正如刘馨一文所谓驻有"守兵"，"拦行人出入"。而关口九江河水势随季节涨落，全用木栅栏难免被冲毁，故桥墩之设是为必须。

2"一片石"所指之惑与河床铺石的自身价值

关于"一片石"所指，现在媒体及文献都采用了冯永谦和薛景平等先生的观点，认为是指桥底河床上的大片铺石，曹喆先生的文章虽提出了一些质疑及看法，然证据有限，且其关于"一片石"即指"西门外北山的一片石砬子"的看法并不能让人信服[5]。

然而，冯、薛二先生关于"一片石"即河床铺石的观点仍然有一些硬伤。首先是城桥的最早建造时间尚无定论，其次即是河床铺石作为城桥构造一部分的真实价值有待客观审视。

---

1 关于古代石桥的墩孔比参见《中国古桥技术史》，第92–94页。书中第94页表3-3"多孔厚墩联拱比较表"中列出一些南北方石拱桥的数据，表中所列石桥中墩孔比最大者是山东益都的南阳桥，为0.900，九门口城桥之1.125已属罕见。

2 据九门口城桥考古发掘报告，一号桥墩内部为三合土夯筑，保存较少，二号桥墩内部为石灰石块砌筑，较为坚固，保存也较多，其他桥墩因仅剩基础部位，内部情况已不可知。

3 参见《万年桥记》，转引自《中国古桥技术史》，第192页。

4 此句及下句参见《奉天通志》卷七十八"山川十二"，转引自景爱《中国长城史》，第324、335页。

5 参见曹喆《京东首关——一片石关——兼与薛景平、冯永谦同志商榷》及薛景平、冯永谦《"一片石"指的是什么？——答曹喆同志》两文。

（1）从城桥最早建造时间之疑看“一片石”所指之惑

关于城桥最早的修筑时间，冯、薛认为在明洪武十四年（1381）中山王徐达发兵修永平界岭等三十二关时就已筑城桥，这个观点并无确切证据，且有以其“一片石”乃河床铺石的结论来反推一片石之名的出现等于城桥的建造之嫌。

现在所知最早出现城桥记载的是九门口城桥考古发掘中出土的万历四十三年（1615）修建一片石关“头等极冲河桥”的碑记，但并未提及城桥创建年代。此外，据《康熙永平府志》，“（明）景泰元年（1450）提督京东军务右佥都御史邹来学修喜峰迤东至一片石各关城池”[1]，《大喜峰口关城兴造记》中述其事：“其他董家罗文诸峪、刘家界岭一片石诸口，广者百余丈，狭者数百尺，皆筑城以障其缺，旧所有者乃增高之，为门以便我军之出入，通水道者则制为水关，城之外为濠，濠之外为墙，山之峻者削之为壁，溪峪蹊径凡人迹可通者，尽筑焉。盖东西千余里间，营垒相望，高深坚壮，足以经久，诚所谓金城汤池固也。”[2]

可见，九门口城桥的修筑也有可能始于此时。由此产生对“一片石”及河床铺石观点的疑问：

首先，一片石关为洪武十四年（1381）徐达修边时所创这一点应无异议，据《天下郡国利病书》所记，洪武十五年（1382）即有“一片石”关名出现[3]，可见该关甫一创建，即有此名。但城桥是否为当时所创尚有疑问，河底铺石作为城桥基础的一部分，必然是随着城桥的修筑而出现的，故“一片石”之名是否源于河床铺石至今存疑，冯、薛之论难免偏颇。

其次，九门口下游河床铺石面积达7000平方米[图8]，“一片石”之名出自这一大片铺石是可能的，但冯、薛二人在反驳曹文的观点中所采用的论据是上游建桥在前，一片石之名起初源于上游的河床铺石[4]，而上游河床较狭，铺石面积远较下游为小，试问若冯、薛二人先发掘出这片小面积的铺石，是否还会认为一片石即源出于此呢？可见，此观点有先入为主之嫌。

再次，上文已论下游建桥在前的可能性很大，冯、薛所用的上游建桥在前的论据

1 参见《康熙永平府志》卷一“世纪”。

2 参见《四库丛刊》初编集部《皇明文衡》卷三十七萧镃《大喜峰口关城兴造记》。

3 参见《四部丛刊》三编史部《天下郡国利病书》第三册：“洪武十五年九月丁卯，北平都司言边卫之设所以限隔内外，宜谨烽火、远斥堠，控守要害，然后可以詟服胡虏，抚辑边氓。按所辖关隘，曰一片石，曰黄土岭，曰董家口，曰义院口，……凡二百处，宜以各卫校卒戍守其地，诏从之。”

4 同注释6。

图 8　城桥东侧的河床铺石
自南向北拍摄

本身是有疑问的。

那么，“一片石”所指究竟为何物呢？在检索和查找资料过程中，发现有以下几个倾向：一是在一些有关一片石关的历史记载中，“一片石”与其他山川河流的名称相并列，并有“一片石河”之称[1]；二是据记载，河北赵县的永济桥和永通桥分别被当地人俗称为“大石”和“小石”[2]，依此联想，“一片石”或许是指城桥本身；三是通过在《四库全书》中检索，发现古人常用“一片石”指代碑碣或自然岩石。尽管有这些可能，但要形成定论必须经过严密的考证。

（2）从河床铺石的构造作用看其真实价值

九门口城桥既为桥，必与当时的桥梁在结构上有相近之处，考古发掘结果证实了

1　参见《康熙永平府志》，卷四“山川”之“大青山水”条下：“大青山水自关外入一片石河。自小河口关外入，西行于堡西而黄土岭河东南会之，庙山口河堡北合之，各川自一片石门出辽东铁厂堡南五里，由老君屯东芝麻湾入海，此《水经》之高平川水自西北而东注之也。”

2　参见《光绪直隶赵州志》卷十四“艺文”，（明）王之翰《重修永通桥记》：“桥名永通，俗名小石，盖郡南五里，隋李春所造大石……而是桥因以小名，逊其灵矣。”

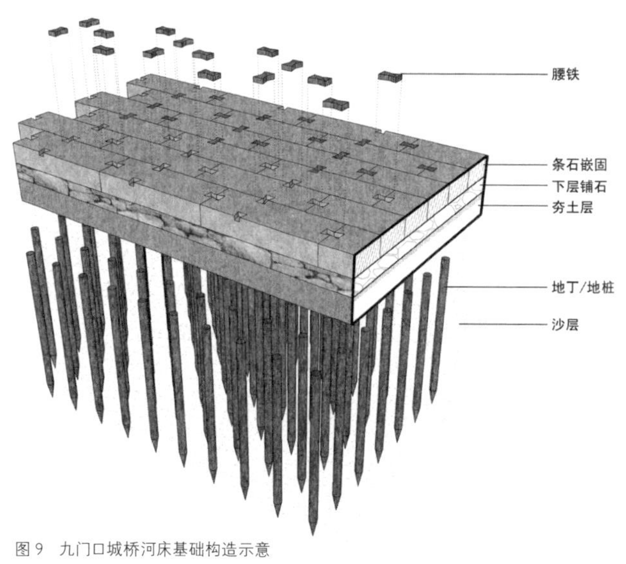

图 9 九门口城桥河床基础构造示意
据九门口城桥考古发掘报告自绘

这一点。查中国古代石桥，尤其是多孔石拱桥的建造，其基础及桥墩最为重要，因受洪水直接冲击，故在构造上也最为复杂。九江河河床上的大片铺石正是这复杂构造中的一个组成部分[图9]。

首先，考古发掘出的铺石下面的柞木正是桥梁基础上常用的地丁或地桩，二者的区别在于地丁径细而短，而地桩径粗且长[1]。其作用如同今日建筑地基所打桩柱，是为了减少松软地基的不利影响，防止基础的沉陷。地丁、地桩之用非常普遍，如西安灞桥、河北赵县济美桥等。

其次，桩顶的铺石，又称海墁石，也是中国古代桥梁建造中一项常见的技术。其作用是防止水流对墩台的冲刷，使水流以较快的速度从桥洞穿过，同时，石板之间以腰铁或其他方式相互连接，形成一个筏形基础，与板下地丁一起，防止基础的不均匀沉降。这种做法常用于基础松软的状况，南北皆有，如建于宋代的泉州万安桥（又称洛阳桥），根据史料记载，其修建即是随着桥梁线路先往江底投放大量巨石，至相当宽度时，散置“蛎房”胶固，使全桥基础形成一个整体[2]。再如建造于金代的卢沟桥，“桥孔之下有七层大石板均密密地用大铁柱穿透打入河床之内，牢牢固住了桥墩和整个基础，石与石之间用了大量的腰铁固护……”[3]至明清，这种筏形基础已被普遍用于桥梁，

1 地丁、地桩之别参见王璧文《清官式石桥做法》，第 51 页。
2 泉州洛阳桥的筏形基础做法参见罗英《中国石桥》，第 192-193 页。
3 参见孙波主编《中国古桥》，第 4 页。

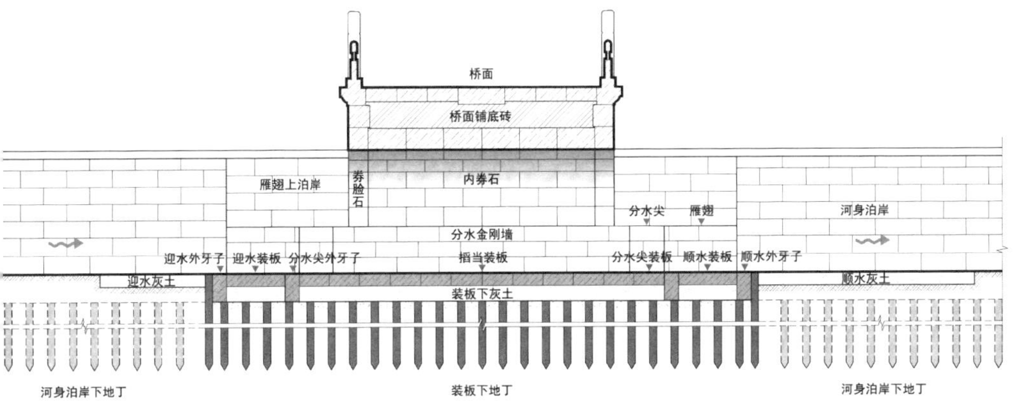

图 10　清官式石拱桥横断面
王璧文《清官式石桥做法》图版一"石券桥部分名称图"中"横断面"图重绘

建于明代的河北赵县济美桥，即是密置桩基，"桩顶铺有较大尺寸的石板"[1]，王璧文《清官式石桥做法》一书亦收录此种构造[图 10]。此外，这种做法不仅用于桥梁基础，一些沿河的城墙也常以此作固基之用[2]，如建于明代的荆州城墙，其城墙沿河处现在依然保存有较大面积的铺石，石板之间以腰铁联系。根据对九江河河床的勘测，河底沙石层平均厚达六米，基础极不稳固，古人在建设时采用这样的筏形基础，是十分合理而且科学的。

可以说，在九门口城桥的考古发掘中所发现的这些构造方式正是明清时期中国建桥技术的体现和证明，水底的大片铺石因其面积大且平整固然难得，但它依旧只是结构的需要。江西的文昌桥屡经毁坏，《文昌桥志》总结以往建桥有五弊，首弊即是"居高岸而瞰重渊，底之或沙或石，无从分辨，则桩之短长、石之广狭、皆不能与河底相称"[3]，可见九门口水下的大片铺石正是为了与河底相称，使基础更加稳固而铺设的。而且，考古报告中提到，在城桥西侧即上游水狭之处发现的另一处建桥基址也铺有片石，这正说明了这种构造的普遍性和延续性。

第三，桥墩及分水尖。中国古代石桥常在桥墩头部砌筑分水尖，以杀水势，发掘出来的九门口城桥桥墩残余部分即砌有分水尖。然而，重建后的九门口城桥却把分水

1　参见《中国古桥技术史》，第 84 页。
2　参见：吴庆洲．中国古城防洪的技术措施 [J]．古建园林技术，1993（2）：8-14．
3　参见《抚郡文昌桥志》，转引自罗英《中国石桥》，第 220 页。

尖砌至桥面并成为桥面一部分，殊为不当。查有关古代石桥的著作，分水尖墩高度一般与高水位相当，罕有高至桥面者，与桥面连为一体的则绝无一例。且九门口城桥有其军事需要，桥面三角尖端空间较狭，处之甚为别扭，对布置士兵和实施射击并无益处（见图 1）。另据考古发掘出的明万历间（1573—1620）碑文“高连垛口叁丈贰尺……分水尖高一丈贰尺……”[1]，可知当时的分水尖仅高至桥身三分之一处，远非今日所见。

总之，九门口城桥基础及桥墩构造，已是明清时期一种成熟的建桥做法。河床上的大片铺石在今人看来或许颇为壮观，但也只是因为许多桥梁基础埋于泥沙之下，不经发掘难以发现而已。今人所谓“一片石”所指把仍属设论的释读看作定论，流弊深远。

参考文献

[1] 游智开修，史梦兰纂．光绪永平府志 [M]// 中国地方志集成·河北府县志辑（18、19）．清光绪五年（1879）敬胜书院刻本影印版．上海：上海书店出版社，2006．

[2] 孙承宗．高阳集 [M]// 四库禁毁书丛刊：集部第 164 册．北京：北京出版社，1998．

[3] 赵允祜纂．光绪临榆县志 [M]．南京图书馆古籍书库藏本．

[4] 仵墉、高凌霨修，程敏侯等纂．民国临榆县志 [M] // 中国地方志集成·河北府县志辑（21）．上海：上海书店出版社，2006．

[5] 赵端纂．康熙抚宁县志 [M]// 故宫珍本丛刊：第 67 册．影印本．海口：海南出版社，2001．

[6] 顾祖禹纂，贺次君、施和金点校．读史方舆纪要 [M]．北京：中华书局，2005．

[7] 钟和梅纂．乾隆临榆县志 [M]．南京图书馆古籍书库藏本．

[8] 唐执玉、李衞等监修，田易等纂．畿辅通志（雍正本）[M]// 景印文渊阁四库全书．台北：台湾商务印书馆，1986．

[9] 嘉庆重修一统志（一）[M]．北京：中华书局，1986．

[10] 茅以升．中国古桥技术史 [M]．北京：北京出版社，1986．

[11] 四部丛刊 [M]．商务印书馆 1926 年版重印版．上海：上海书店，1989．

[12] 景爱．中国长城史 [M]．上海：上海人民出版社，2006．

[13] 宋琬纂修，张朝琮续修．康熙永平府志 [M]// 四库全书存目丛书：史部二一三．北京大学图书馆藏清康熙五十年刻本影印本．山东：齐鲁书社，1997．

[14] 王璧文．清官式石桥做法 [M]．北京：中国营造学社发行，中华民国二十五年（1936）．

[15] 孙传栻修，王景美等纂．光绪直隶赵州志 [M]// 中国地方志集成·河北府县志辑（6）．光绪二十三年（1897）刻本影印本．上海：上海书店出版社，2006．

[16] 罗英．中国石桥 [M]．北京：人民交通出版社，1959．

[17] 孙波．中国古桥 [M]．北京：华艺出版社，1993．

1　碑文引自鲁宝林《绥中县境内明代长城踏查简告》一文，第 141 页。

明长城建造中的层位关系在构造层面的反映：以大同镇段为例

原文刊载：常军富、沈旸、周小棣《长城建造中的层位关系在构造层面的反映：以明长城大同镇为例》，《中国文化遗产》2018年第3期（总第85期）。录入本书有增删。

长城是跨时代的营造，不同时期的加建、改建行为十分普遍，反映的是不同时期防御重心的变化和转移。从早期战国秦汉长城，到后期的明长城，既有同朝代的加建、改建，也有跨时代的因借和调整，其中涉及长城及其防御体系的宏观选址和布局问题，也涉及具体的建造层面。学界历来对宏观问题关注较多，而对具体建造问题常简化为固定的样式和材料分类，缺乏构造层面的深入探讨。尤其是明长城，保存状况为历代最好，材料和构造的丰富性也非前代可比。

有明一代，对长城的修筑尤为重视，大同镇作为当时的军事重镇[1]，《读史方舆纪要》称其“东连上谷，南达并、恒，西界黄河，北控沙漠，居边隅之要害，为京师之藩屏”[2]。修边行为更是频繁，如墙体或单体的增厚增高、夯土城墙或墩台后期外包砖石等，既有实例为证，也可在历史文献中找到相关记载。如明宣大总督翁万达《修筑边墙疏》中提及对大同镇阳高至丫角山之间长城进行增厚加高，原有“丈余墙”，“即旧墙增筑之，高二丈，底阔一丈七八尺，收顶一丈二三尺”[3]。又如《大明会典》记载当时的长城岁修制度：“令创修大同紧要边墙，其原有墙该帮修者，每年借用防秋兵力，于行粮外，量给盐菜犒赏，不必另议支费……隆庆三年，题准大同原设大边、二边、三边，近来

1　永乐七年（1409），明廷置镇守总兵官于大同，自是大同称镇。正统十四年（1449）“土木之变”后，东胜被弃，云川玉林诸卫内迁，大同镇成为迎敌之冲，军事地位由此陡升。直至隆庆年间，北元首领俺答款贡，大同边境始趋平静。隆庆之后，后金崛起，明朝北部防御重心转向蓟镇和辽东镇，大同镇军事地位自此式弱。

2　《读史方舆纪要》卷四十四“大同府”，第1992页。

3　见（明）翁万达《修筑边墙疏》，录于《明经世文编》，第2359页。同名者共三篇，此为第三篇。

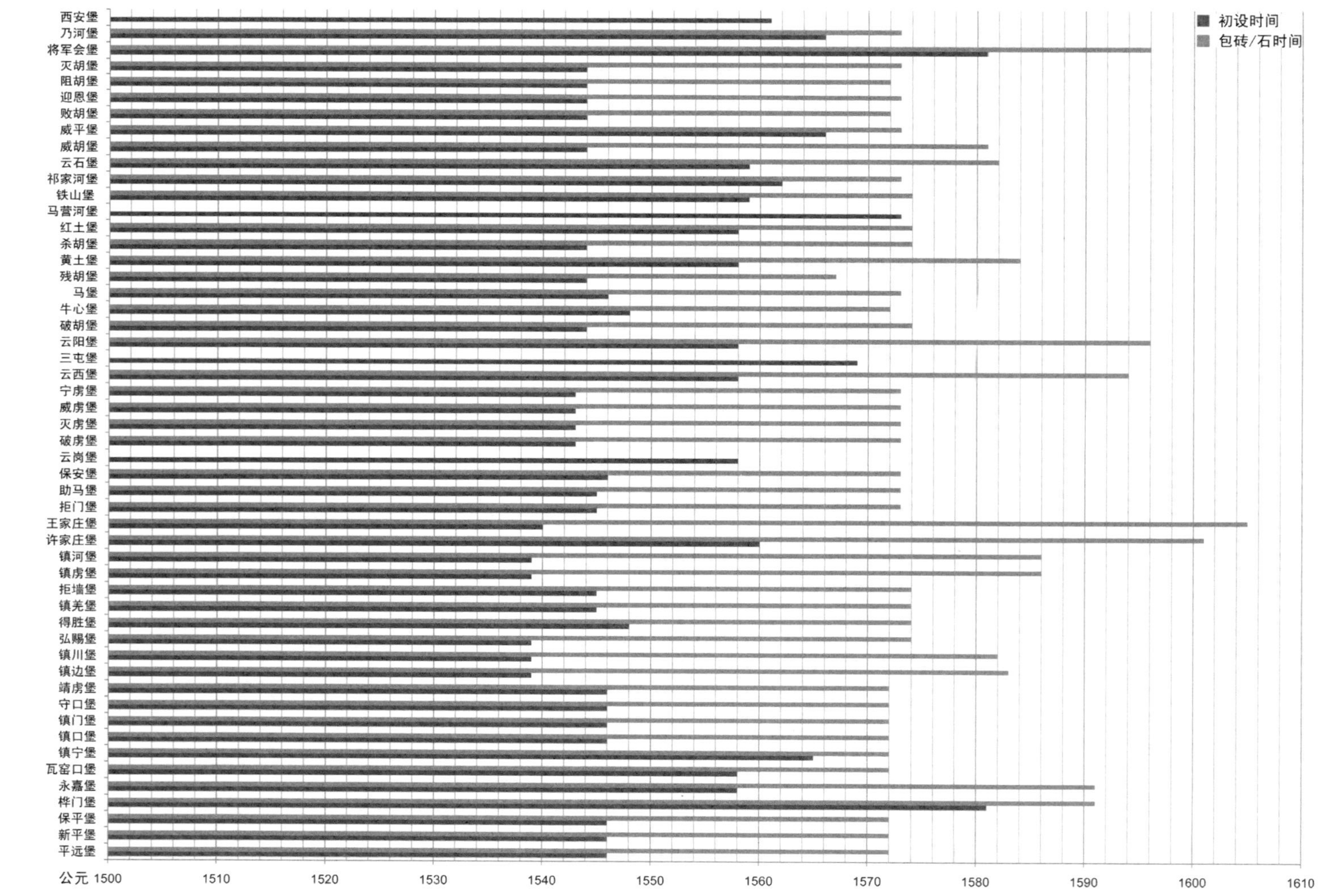

图1 明大同镇所辖堡城初设与包砖/石年代

大边尽废，该镇总督、镇巡严督各参将、守、操等官帮筑沿边墩台……”[1]从文献中常用的“增筑”“帮修”“帮筑”等字眼，足见当时长城修补已为常态。

与长城墙体和墩台一样，关堡和卫所城市的城墙增建和帮修也十分频繁，同时与前者相比，堡城城墙还面临着外包砖石的工程举措。以明大同镇堡城为例，其创设时均为夯土城墙，之后再包筑砖 / 石，前后时间间隔近者为 7 年，远者达 65 年，[图1]后期在包筑砖 / 石墙体时必然要涉及与原夯土墙的结构连接。

这些加建、改建行为在城墙遗址上留下了很多类似考古地层的层位关系，反映在建造层面就表现为多种特殊的构造措施。根据对明长城大同镇段的系统调查，可以将这些构造措施总结为以下三种。

1 帮筑做法

帮筑做法主要反映为在已有夯土城墙或单体上的加厚或加高行为。帮筑均为在原土体外面直接夯筑，有明显接缝，无搭接措施，帮筑部分和原土体在夯土材料及夯层厚度方面存在一些区别[表1]。

实地考察发现，帮筑做法在堡墙上较为多见。一方面是因为堡墙保存相对完整，帮筑做法易于识别，另一方面是因为这些堡城在历史上修补较多[表2]。相对于马面和角台，堡墙由于残毁严重，展现了更多的帮筑痕迹。堡城一般在外侧帮筑，只有杀胡堡中关例外。

至于马面和角台的帮筑现象，典型实例如镇宁堡西北角台[图2]，它表面的接缝表明角台是在台体西侧、南侧和顶部进行局部帮筑，而非全面为之。经测量，西侧加厚 2.5 米，顶部加高 3.5 米，东部未知。帮筑部分与原夯土体的夯土材料和夯层厚度并无明显区别，但帮筑部分的表面显示出夯层间有更多的孔洞，可能说明帮筑部分更多地采用了植物枝条。此外威虏堡西南角台一侧表面的坍塌面也显示了外层补夯的迹象，同上述镇宁堡不同的是，该角台是采用外围包筑的方式把原夯土台围在内部。

1　《大明会典》卷之一百三十，《续修四库全书》第 791 册，第 317 页。

表 1　夯土敌台帮筑案例分析

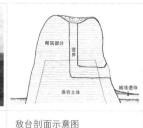

敌台位置	镇边堡北侧敌台		三墩村东侧敌台	
照片及示意图				
	敌台南面	敌台剖面示意图	敌台东面	敌台西面
说明	从坍塌断面上可见明显分界线，帮筑部分把原夯土体包裹在内，新旧部分之间未发现连接措施。新旧部分的夯土材料并无明显差异，但帮筑部分夯层厚度（160 毫米）小于原夯土体（220 毫米），且前者夯层明显比后者致密		墙面南侧斜向裂隙说明南侧（内侧）部分可能为后来帮筑，厚度约 1 米，新旧部分之间未发现连接措施。新旧部分的夯土材料和夯层厚度并无明显差异	

表 2　堡墙帮筑案例分析

堡名	镇川堡	拒门堡	杀胡堡[1]	
照片			 	
说明	镇川堡西墙（靠近西南角台）	拒门堡北墙局部（自西向东摄）	中关西墙局部断面（自北向南摄）	中关西墙局部断面（靠中关西北角，自堡内摄）
帮筑部分与原墙体异同之处	帮筑部分位于墙外，与原墙体之间有明显分界线，未发现搭接措施。夯土材料无区别，但帮筑部分夯层较薄，原堡墙夯层较厚	帮筑部分位于墙外，与原墙体之间有明显分界线，未发现搭接措施。原夯土中均匀掺杂较多砂粒，而帮筑部分是在夯层间逐层铺放。帮筑部分夯层较薄，原堡墙夯层较厚	帮筑部分位于墙内，与原墙体之间有明显分界线，且原墙体内侧表面十分光滑，未发现搭接措施。夯土材料无区别。原墙体夯层厚度厚薄不一，帮筑部分夯层普遍较厚	

1　即今杀虎堡。明大同镇一些堡城和卫所城市的名称在明清之际做了一些更改，如将堡名中的“胡”改为“虎”（如杀胡堡、灭胡堡等）、“虏”改为“鲁”（如威虏堡、宁虏堡等）等，这些大都缘于清朝对于历史的掩饰，更改后的名称一直沿用到了现在，但本文为了还原历史的真实面貌，均采用明代所用名称。

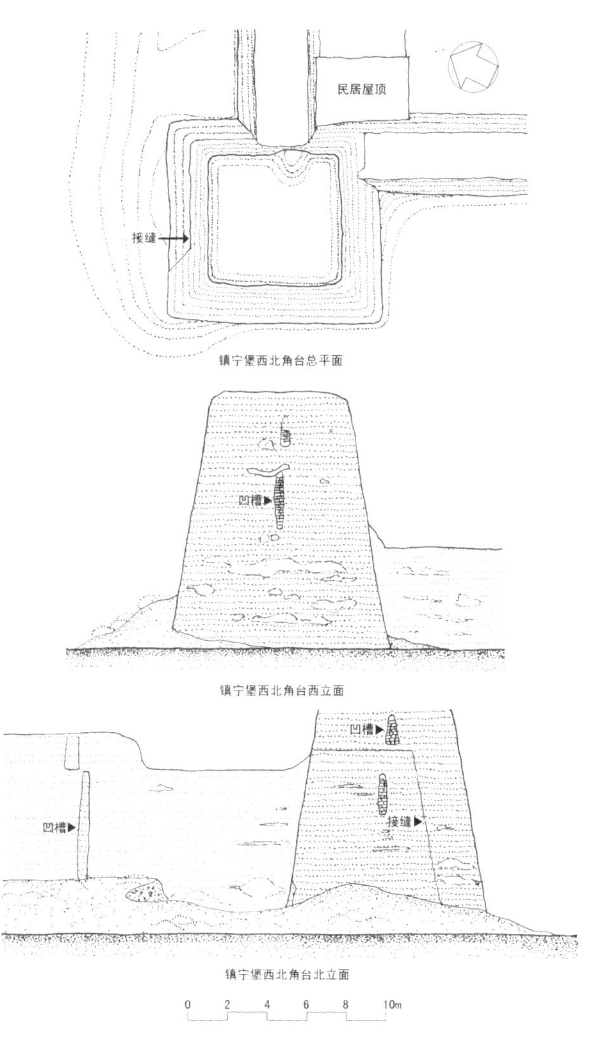

A——远望西北角台（自东向西摄）
B——角台西侧（自西向东摄）
C——角台北侧（自北向南摄）
D——角台与紧邻东墙（墙上有凹槽存在）
E——接缝近景（自角台东北角仰视）

图 2　镇宁堡西北角台示意

除了夯土体外面帮筑做法之外，在天镇张仲口村西侧山坡上的一个烽火台上还发现了在包石夯土体外面的补夯[图 3]。该烽火台周围土壤较为贫瘠，多石头。烽火台平面为方形，现西侧大半坍塌，存高约 4 米，底方约 5 米。坍塌后的断面显示，该烽火台在内外层夯土之间夹了一层厚 0.6 米 左右的石墙。从材料和做法上看，内部夯土体的夯层并不明显，不如外层帮筑部分致密，证明内外两层并非同期夯筑，外层应该是在包石烽火台外面另行补夯。

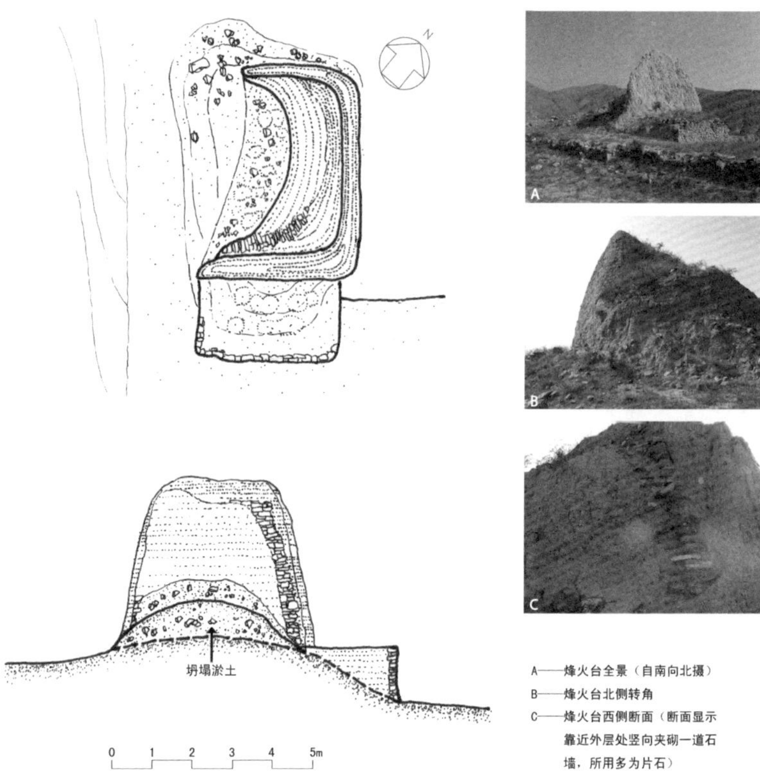

A——烽火台全景（自南向北摄）
B——烽火台北侧转角
C——烽火台西侧断面（断面显示靠近外层处竖向夹砌一道石墙，所用多为片石）

图 3　包石烽火台外侧帮筑做法案例

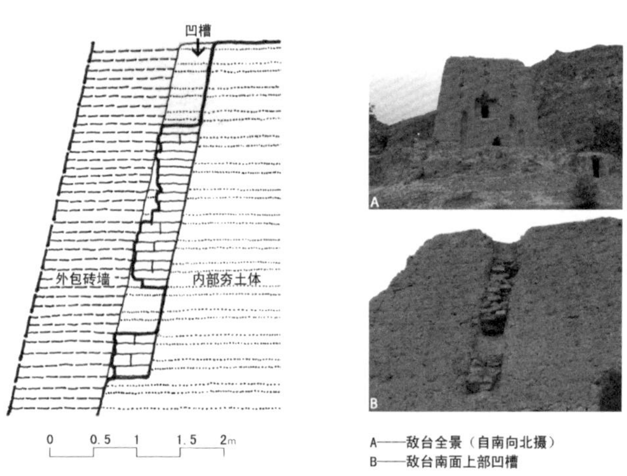

A——敌台全景（自南向北摄）
B——敌台南面上部凹槽

图 4　镇宁堡北侧敌台表面竖向凹槽与嵌砌砖块做法示意

图 5　保平堡东墙外侧

2 竖向凹槽和嵌砌砖块做法

竖向凹槽均出现在原状包筑砖石的夯土体表面，如敌台和堡城，现外包砖石墙体已被人拆除挪用，只剩下夯土体和上面的凹槽，一些凹槽内还保留着砖砌体。以镇宁堡北侧（外侧）60 米处敌台为例[图 4]，敌台表面有数道竖向凹槽，其中南面有六道，东西两侧各有一道，北面残损较为严重，未发现凹槽痕迹。在南面的上部凹槽中残存有砖砌体，且砖块外端断裂，说明外部原状应有搭接砖墙，敌台原为包砖敌台。

与敌台相比，堡城历史上包砖的比例较高，且保存状况相对较好，在许多堡城墙体、马面和角台上都发现了这一构造做法。如桦门堡、保平堡、镇宁堡、镇边堡、弘赐堡、镇羌堡、得胜堡、市场堡、杀胡堡，等等。其中，桦门堡是大同镇极个别还保存有包砖城墙的堡城之一，从该堡局部包砖坍塌部位可以清晰地发现内部夯土体上嵌筑的砖砌体，是理解和认识这一构造措施的有力证据。

从堡城城墙上的凹槽做法来看，又可分为两种：第一种是在帮筑的同时包筑外墙，凹槽不仅规整而且深阔；第二种是在已有夯土体表面临时挖出凹槽，包筑晚于夯土体的建造，这类凹槽较为浅狭。

第一种以保平堡为典型[图 5]。保平堡的凹槽位于外墙帮筑部分的上部，远看呈锯齿状，凹槽的深度和宽度均较大，应该是在帮筑的时候预留或与包筑砖石同时进行。

第二种代表案例为镇羌堡[图 6]、得胜堡和镇宁堡。镇羌堡的凹槽由上部凹槽和下部

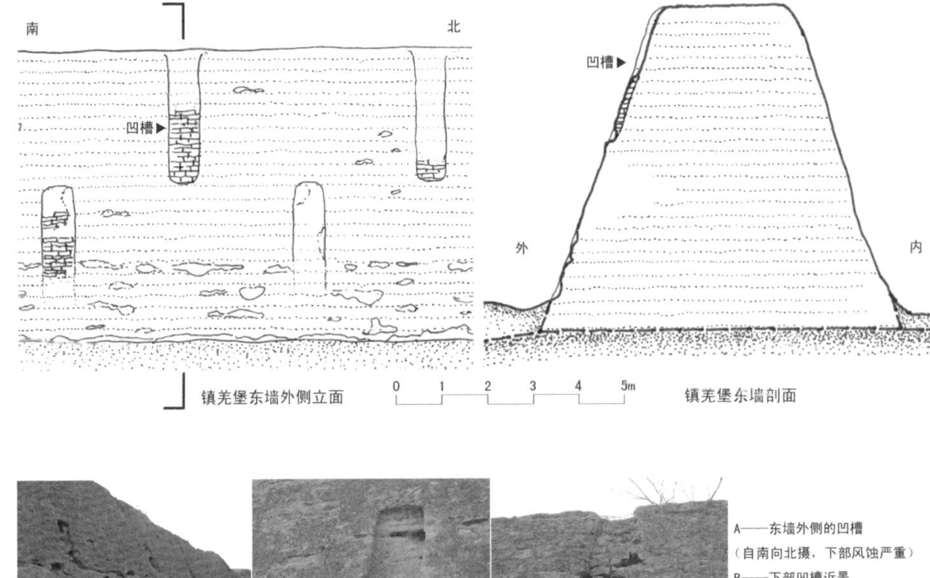

A——东墙外侧的凹槽
（自南向北摄，下部风蚀严重）
B——下部凹槽近景
（自东向西摄，凹槽内残存砖块）
C——上部凹槽近景
（自东向西摄，凹槽内残存砖块）

图 6　镇羌堡东墙示意

凹槽两种交错布置，个别凹槽直通上下。凹槽宽 0.5~0.7 米，深 0.2 米，高度在 1 米以上，同种凹槽的间距约 4~5 米，一些凹槽中残留着砌筑的砖块。同样的凹槽在得胜堡和市场堡墙体上也存在，经测量，得胜堡墙体凹槽宽约 0.4 米，深约 0.2 米，下部凹槽底部距地面 2 米，高 1.64 米，凹槽净间距约 3~4 米。这一种凹槽均较狭浅，可以断定，它们是在已有夯土体表面挖出凹槽，进行嵌砌。需要注意的是，帮筑和包筑砖石并不一定同时进行，如镇宁堡西北角台虽有帮筑现象，但凹槽既见于帮筑部分，也见于原夯土体表面，且凹槽均较浅，分布随意，说明凹槽均是在帮筑完成后现挖，而不是预留或同时进行。

墙上挖竖向凹槽嵌砌砖块的做法不仅见于敌台和堡城，在明大同右卫（今右卫镇）城墙上也有这种做法，证明这是明长城大同镇段加强包砖和内部夯土体之间咬合力和结构整体性的一种基本构造措施。

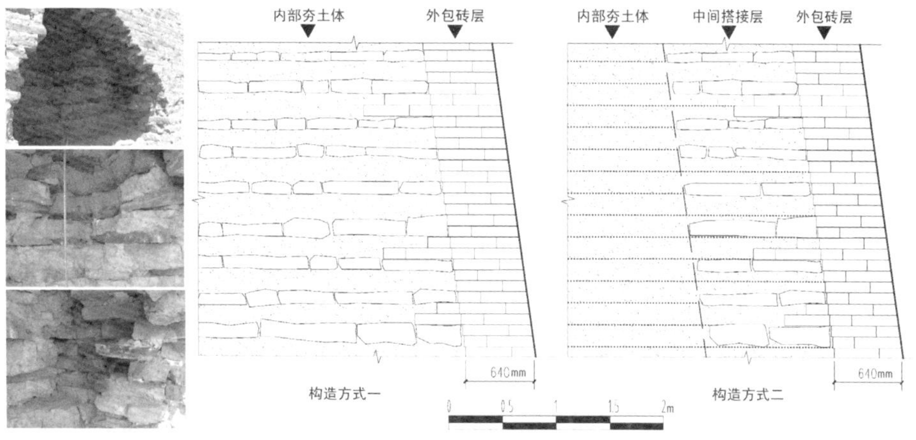

图 7　朔州平鲁区新墩村包砖敌台构造示意

3 与外包砖石墙体搭接采用的铺砌砖石做法

这种做法主要见于外包砖石的敌台和堡城等构筑物的帮筑夯土体，主要目的是加强外包砖石墙体同帮筑部分的搭接，而帮筑部分又与原墙体具有亲和性和黏结力，因此，帮筑部分不仅加厚和加高了墙体、角台和马面，而且充当了内部夯土体和外包砖石墙体之间联结的媒介。

以朔州市平鲁区新墩村西南方向的包砖敌台为例[图7]。敌台内部为夯土心，外墙下部为条石砌筑，上部砖砌。台体东南面靠下部位受人为破坏，露出一个洞口，显示出内部的构造做法。敌台内部为夯土版筑，夯层厚约 200 毫米，夯层间逐层铺砌块石（多为片石），通过块石和外部砖墙产生搭接。只是这里由于内部夯土墩台体量较大，不能确定逐层铺砌块石的构造做法是内外如一还是仅限于夯土体外部。

受人为和自然因素破坏，现存包砖（石）敌台仅存个别，但从一些原包砖（石）敌台残留的夯土体表面构造来看，铺砌砖石做法较为普遍。以朔州市平鲁区寺怀村附近的某敌台为例，敌台墙体下部表层逐层铺砌砖块和块石（片石）[图8]，但仅位于表层部位，形成内部夯土体与外包砖石墙体的交接层。

这种做法也见于堡城，如保平堡和镇川堡[表3]的帮筑部位，应该是在包筑砖石的同时帮筑，并采用这种构造做法实现与外包砖石的搭接，帮筑部分因此成为内部夯土体和外包砖石的交接层。

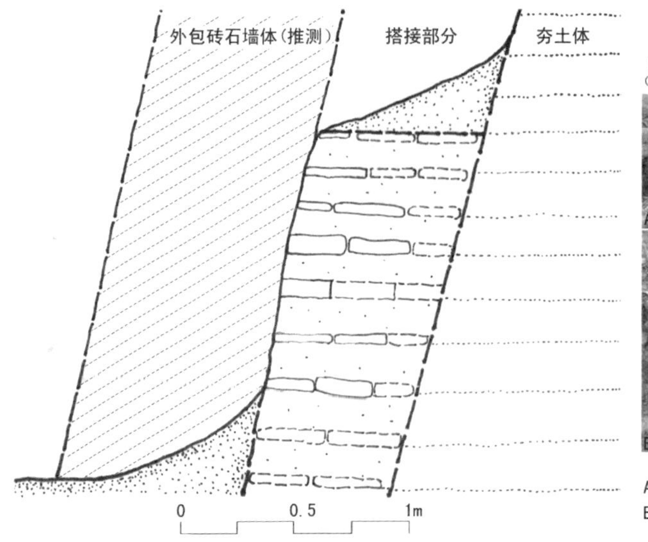

A——D190东侧（自东向西摄）
B——D190东面下部

图 8　朔州平鲁区寺怀村附近敌台铺砌砖石做法示意

表 3　堡城城墙铺砌砖石案例一览表

	保平堡东墙外侧(靠近东南角)	镇川堡东北角台
照片	  	  
说明	堡墙外层为后来帮筑，从墙上留下的规则凹槽看，帮筑是与包筑砖石同时进行，堡墙下部夯层间逐层铺砌块石(片石)，中部则转为铺砌砖块，上部砖块和块石均有，但铺砌较少	东北角台紧邻堡墙有帮筑痕迹，角台应该也经过帮筑，角台下部采用块石(毛石)逐层铺砌，上部铺砌一层砖块

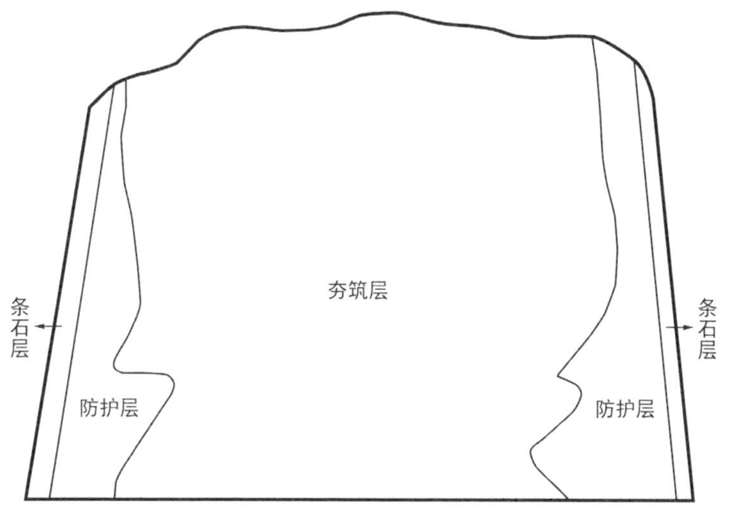

图 9　南京集庆门城墙缺口南壁剖面
据王志高文中插图重绘

4 内地明代城墙中的类似构造做法

夯土层中铺砌砖石与外包砖石墙体搭接做法也见于内地城池，如南京明城墙中就发现了类似构造。王志高《从考古发现看明代南京城墙》中对考古发掘揭示的集庆门附近的明城墙墙身构造进行了描述[图9]，“内外墙面从下至上均用条石包砌”，“条石内以大小不等的块石和石灰浆混浇贴砌，形成两道上窄下宽的坚固防护层。它不仅能使条石包砌紧密，还能使城身各部分融为一体，防止墙体倾塌。防护层内中心部位以小型片石伴土夯筑，以距今地表下 2 米左右为界，其上分层夯筑，片石层厚 15~35 厘米，其下夯筑层次不明显，厚约 5 米余”[1]。

除这些措施外，在内地城池中还发现了其他类似的构造，如明代山西洪洞县的城墙：“先土筑，原高一丈六尺，今增一丈一尺，共二丈七尺，女墙六尺，共高三丈三尺，原厚八尺，今增一丈二尺，厚二丈，城基入土七尺，累顽石五六层，方用大石作基五

1　王志高《从考古发现看明代南京城墙》，第 92-93 页。

尺，砌砖叠七行，细灰灌之，每丈钉石六条，贯入土城，若钉橛然，盖粘连一片石矣。”[1] 文中提及的钉石贯入土城的做法可谓与上述凹槽与嵌砌砖块的做法异曲同工，这种做法在南京明城墙中也有发现[2]，均为加强外包墙体和内部夯土体之间联结的措施。

5 结语

长城是一个兼具历时性和共时性的事物，不同时期的建造和修补形成的多样化层位关系造就了长城构造的丰富性。如果说考古学上的地层关系反映的是不同时期的客观堆积，那么本文所揭示的则是主观的构造举措。对于今天的长城研究而言，关于建造特征的研究仍然处于较为粗浅的阶段。长城建造的地域和时间差异虽为共识，但体现在建造技术和结构、构造层面的具体做法仍然值得深入研究，这不仅有助于深化对长城建造特征和年代分期的认识，对于拓展古代城墙的建造技术研究也有很大的参考价值。

纵观帮筑、竖向凹槽和铺砌砖石的做法，这些措施一方面是用来加固原夯土体，另一方面则是用来保证外包砖石墙体与内部夯土墙体更好地结合在一起，加强结构的整体性，弥补因为建造时间和材料不一致而带来的受力不均匀和强度缺陷问题。帮筑的土墙和原土墙有较好的亲和度，而夯土中铺砌的砖块和块石则可以在节省用土、加快进度的同时，起到连接砖墙与夯土的媒介作用，而凹槽和嵌砌的砖块又像是木构中的榫卯，把内外夯土体拉结在一起。

这些构造措施既是当时建造技术的反映，也是长城的建造者应对长城修补和增建需求的灵活选择，同样或类似措施在内地城墙建设中的使用充分表明了长城建造技术的成熟。

从现实意义来看，这些构造措施也可以作为对夯土城墙或单体原状进行推测和认识的重要依据，以弥补文献资料的缺失。如得胜堡、镇边堡等只在城墙外侧发现竖向

1　刘应时《砖城记》，引自民国《洪洞县志》。

2　杨新华、曹敦沐《南京明城墙维修初探》一文中提及，在西干长巷城墙拐弯处调查时发现，外包条石墙与内部夯土心相接一面为不规则石棱，石棱上有黏合剂的痕迹，作者称之为过去的“土锚杆”。原文见国家文物局文物保护司等《中国古城墙保护研究》第 220 页。

凹槽做法，内侧并未有类似措施，说明内侧历史上并未包砖。此外，了解和认识这些措施可以加强对长城真实性的认识，如能将这些措施用于长城修缮之中，则可以避免采用目前常用的加筋、灌浆、打锚杆等现代材料和加固措施，延续和展现长城的真实建造信息。

参考文献

[1] 王士琦．三云筹俎考 [M]// 续修四库全书：第 739 册．上海：上海古籍出版社，1995.

[2] 顾祖禹．读史方舆纪要 [M]．北京：中华书局，2005.

[3] 申时行等修，赵用贤等纂．大明会典 [M].《续修四库全书》版．

[4] 陈子龙等．明经世文编 [M]．北京：中华书局，1962.

[5] 王志高．从考古发现看明代南京城墙 [J]．南方文物，1998(1)：92-95.

[6] 洪洞县志 [M]// 中国方志丛书 · 华北地方：第 79 号．据民国六年（1917）铅印本影印本．台北：成文出版社．

[7] 国家文物局文物保护司等．中国古城墙保护研究 [C]．北京：文物出版社，2001.

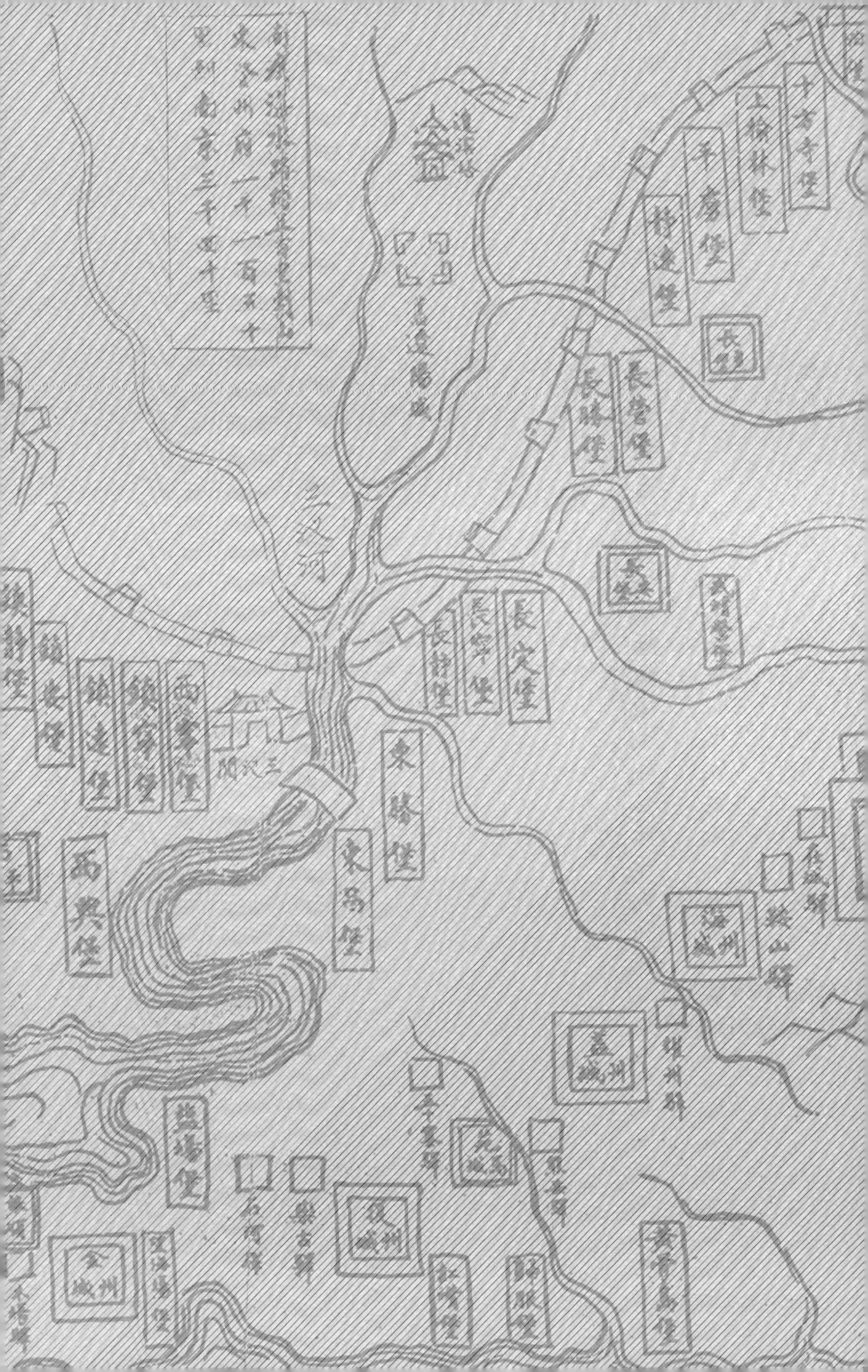

十方寺堡
上榆林堡
平虜堡
靜遠堡
長營堡
長勝堡
長安堡
長寧堡
長靜堡
武靖營堡
東勝堡
東昌堡
鎮長堡
鎮遠堡
鎮寧堡
西興堡

军事运作

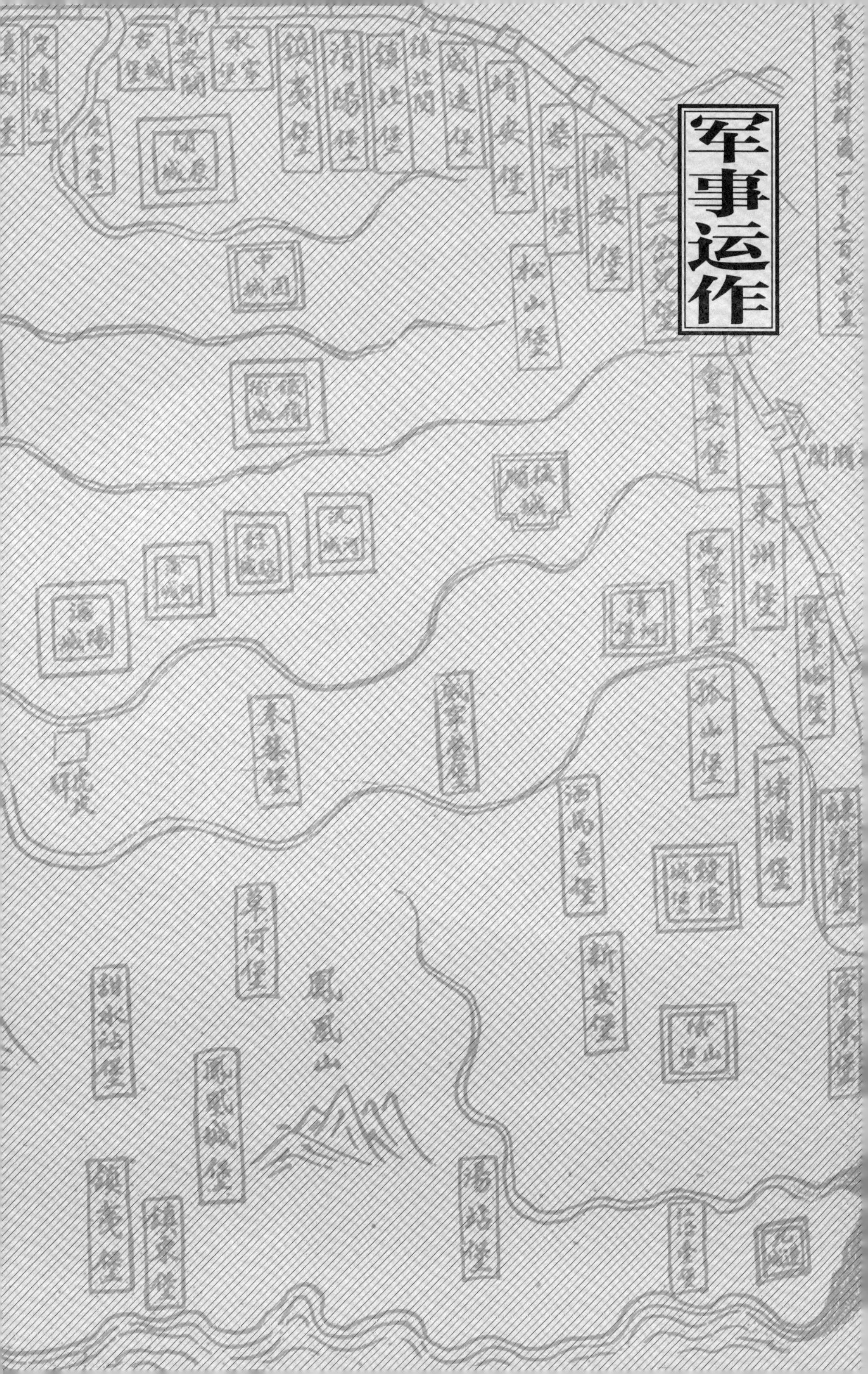

基于军事地形的明长城选址与布局：以锥子山小河口段为例

原文刊载：相睿、沈旸、周小棣《基于军事运作的明长城选址与布局特征：以辽宁小河口段长城为例》，《中国文化遗产》2018年第3期（总第85期）。录入本书有增删。

《孙子兵法·地形》载："夫地形者，兵之助也。料敌制胜，计险阨远近，上将之道也。"[1] 这些皆强调了地形对于军事行动及相关军事设施选址及布局的重要性。明长城作为古代军事工程设施，如何针对当时的军事设施和武器条件，选择与利用有利的自然地形，最大限度地发挥其军事防御功能，是其选址和布局的首要关注点。对长城军事功能运作的深入理解是准确认知其选址布局和建造特征进而制定合理的保护策略的重要前提。例如，倘若没有认识到长城对作战视线的要求，就有可能在保护过程中出现盲目进行植被覆盖整治，以及在不适当的位置设置遮挡视线的附属构筑物等情况，这些都会造成对文物环境的破坏，使得原本"善意"的保护工作成为"隐形"的破坏。[2]

明长城根据各组成部分功能的不同，主要分为被动防御体系、主动防御体系、烽传体系和驻兵屯田四个部分，形成点线面结合、有层次有纵深、相互配合协作的一整套完善的防御作战体系。其中，涉及长城本体的主要是前三者，特别是主、被动防御体系。

（1）被动防御：城墙本体结合有利地形及附属设施形成的阻隔功能。长城城墙的首要功能就是阻隔内外，墙体建在外侧地势陡峭、难以攀爬，内侧相对平缓宽阔、方便左右相互流动救援的地段。若外侧地势平缓或易攀登，则人为地削切山体成悬崖峭

1　银雀山汉墓竹简整理小组．孙子兵法 [M]．北京：文物出版社，1976：101．

2　张义丰，谭杰，陈美景，等．中国长城保护与利用协调发展的战略构想 [J]．地理科学进展，2009，28（2）：23．

壁，达到阻隔目的。同时，为保证高大墙体的稳定性，将城墙砌筑成上小下大的梯台形，墙身用带斜面的砖料垒砌形成收分，以使表面平整光滑，人畜难以攀附。城墙还具有供士兵驻守和掩蔽的功能。城墙顶部外侧（迎敌面）有垛口与垛墙，垛口处可以瞭望和用兵，垛墙可供掩蔽，垛口、垛墙的宽度和高度都会直接影响作战时的视野范围以及各个火力点的交叉区域的大小。垛墙上部及下部分别开设望孔与射孔，可监视敌情并随时射击。考虑到北方游牧民族以骑兵为主，具有机动性强、移动速度快的特点，在城墙外侧还设有壕堑、陷马坑、拦马墙、战墙以及偏坡等防御辅助设施，这些设施都是以滞缓敌骑的进攻速度为目的，为守军赢取宝贵的作战时间，以及增强打击强度。

（2）主动防御：依托敌台、马面形成的驻守和击敌等功能。敌台是跨城墙而建的方形台体，高出城墙数米，台顶建有楼橹（铺房），供巡逻警戒时遮风避雨，分为实心敌台和空心敌台。后者是戚继光就任蓟州镇总兵期间设计并开始大规模建造的，其在《请建空心台疏》中提及："（空心敌台）虚中为三层，可住百夫，器械食粮，设备具足，中为疏户以居，上为雉堞，可以用武，虏至即举火出台上，瞰虏方向高下，而皆以兵挡。"[1] 又据《武备志·城志》："全仗高台，两边顾视夹击，贼不得直至城下，且又不能屈矢斜弹以伤我台上之人，故我得以放心肆力敌贼也。谓之曰'敌台'。"[2] 可见空心敌台的作用——驻兵、储物及用武，功能上类似于现代的碉堡。且靠近城墙墙根区域是火器的作战盲区，当敌人处于城下时，士兵改用刀、箭、石块等武器，利用空心敌台凸出城墙的特点，相邻敌台可从侧面包夹来犯之敌，同时又可避免士兵身躯暴露于墙外的危险。马面是单侧突出于城墙的方形台体，台顶与城墙顶面齐平，台体实心，顶部不设楼橹，突出城墙部分建有雉堞，功能类同敌台，但不具备驻兵和储藏物资的作用。

（3）烽传体系：边防守兵以白天燃烟、晚上举火为主要手段来传递军情和报警的情报传递体系，建筑在易于瞭望处的高台——烽火台，是烽传系统中的重要组成部分。烽火台往往数个相连，遇有战情，白天燃烟，夜间明火或击鼓示意，通报军情，台与台之间依次传递，通知各地加强戒备或登城迎敌。烽火信号的逐台传递除受天气、时间等自然因素的影响外，烽火台自身高度、台体间距、所处地理位置以及视野开阔程度等因素也会影响到信号传递的速度和准确度。明代的烽火台，除了放烽、燃烟外，还增添了鸣炮功能，成化二年（1466）兵部颁令规定了不同的放烽和鸣炮数量来表示

1 陈子龙．明经世文编（卷三四八，戚少保文集三）[M]．北京：中华书局，1962：3749．

2 茅元仪．武备志 [M]// 四库禁毁书丛刊．北京大学图书馆藏明天启年间刻本影印本．北京：北京出版社，2000：1024．

来犯敌军的人数规模，以提高军情传递的效率和准确性。台顶建木板小屋，备旗、鼓、弩、柴火、炮石、水缸、干粮、火箭、狼粪、牛羊粪等，每烽六人，五人值班，一人传递文书符牒。

本文即以军事地形学为理论基础，引入地理学研究方法，使用DEM地形数据，通过Global Mapper和Arc Map等地理信息系统（GIS）软件对调研数据进行处理，解析基于军事运作的明长城（分为城墙、空心敌台及马面、烽火台三部分）在不同地形条件下的选址和布局特征。

考察对象界定在辽宁省葫芦岛市绥中县永安堡乡锥子山长城小河口段（依明代十一镇的管辖范围，该段长城以锥子山主峰为分界，分属两个镇区：锥子山山峰以西及以南部分，属蓟州镇，在蓟州镇十二路中属石门路之大毛山属下范围；锥子山山峰以东部分，属辽东镇，在辽东镇中属辽西长城范围）。全长约7.65千米（平面距离，下同），分西、东、南三段，呈“丁”字形交汇于锥子山山峰（城墙、敌台、马面和烽火台的编号顺序按从西往东方向依次命名，如：起始点大毛山口西面的第一段城墙编号为城墙0–D1段，其东面的第一座空心敌台编号为D1，依此类推，M1代表第1号马面，F1代表第1号烽火台）。西面一段西起大毛山东北侧的大毛山口（如今城墙因通往关外的盘山道路而断开形成城墙豁口）处的第1座空心敌台（编号为D1），自此，长城沿山脊向东一直延伸到锥子山主峰下的第28座空心敌台止（编号为D28），长度约6.5千米。这段长城属明长城主干线上的一段，由大毛山口向西，依次到达董家口、喜峰口、司马台、古北口，再向西即达北京八达岭、居庸关。南面一段由锥子山主峰往南至第一座空心敌台止（编号为D29），长度约0.15千米，此处为蓟州镇长城的垂直转折处，由此继续往南，沿着河北、辽宁省界——燕山余脉山脊线，经无名口、黄土岭、夕阳口、九门口而直达山海关、老龙头。东面一段由锥子山主峰往东至第三座空心敌台止（编号为D32），此段长城长度约1千米，由此往东经蔓枝草、石匣口，一直延伸到金牛洞图1。

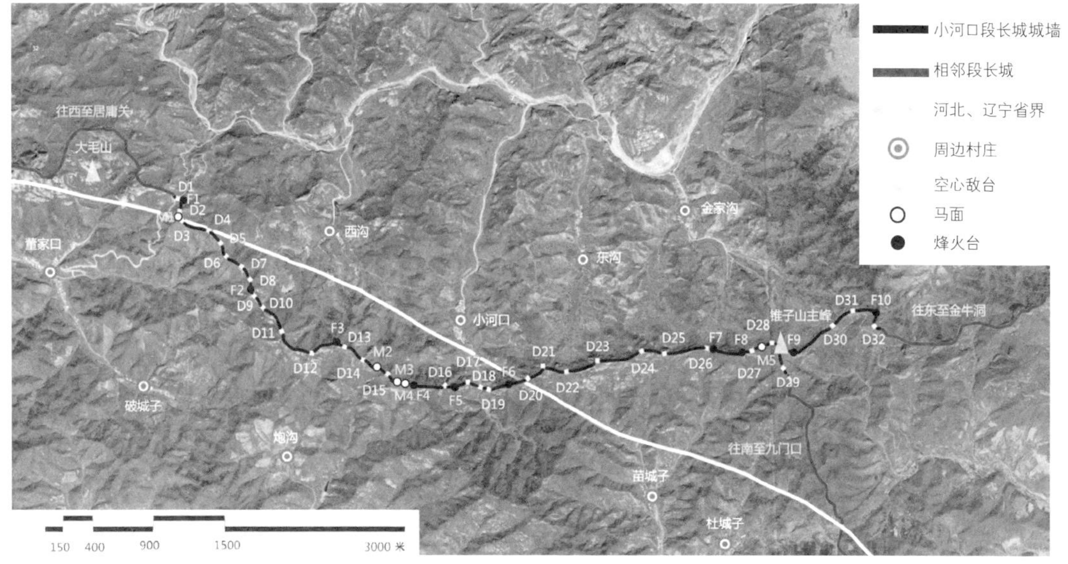

图 1　小河口段长城本体平面及编号

1 城墙

城墙为连续的线型设施，其选址布局首先要考虑整体的地形关系，既能合理选择和充分利用有利地形以达到最优的防御效果，也要合理避免局部薄弱环节，采取合理的措施予以弥补。

整体走势

两个梯段——小河口段长城位于燕山余脉，是典型的山地地形。从城墙的整体地形剖面[图 2]看，其所经地势高低起伏显著，并可概括为两个梯段：第一梯段在 D1—D10 及 D30—D32 范围内，平均海拔约 400 米；第二梯段在 D11—D28 范围内，平均海拔约 450 米，即整体地势呈东西两端低，中间高。

三处山谷[图 3]——两个梯段间以两个坡度较陡的山谷相连接：第一处位于 D9 与

图 2　小河口段长城山体高程

图 3　小河口段长城的三处山谷

D11 之间，其西侧山顶与谷底的高差约 40 米，坡度约 55° ，东侧高差大约在 120 米以上，坡度约 55° ；第二处山谷位于 D30 与 D31 之间，山谷东、西两侧山顶与谷底的高差在 20~25 米之间，坡度约 40° ；此外，在地势较高梯段的中央位置，城墙剖面 3.5 千米处的 D17 与 D19 之间，有一较大的山谷，东、西两侧山顶与谷底的高差在 150 米左右，坡度约 50° ，峡谷北面与小河口村相连。

地形坡度

小河口段长城的北面为山谷地带，山顶与山谷的高差在 300~400 米之间[图 4]，大多数城墙的海拔高度比外侧山谷高 50~100 米，且多沿外侧山坡与山顶面的交接线布置。山顶面的坡度在 0~5° 之间，而外侧山坡的坡度在 20° 以上。其中横断面 2（城

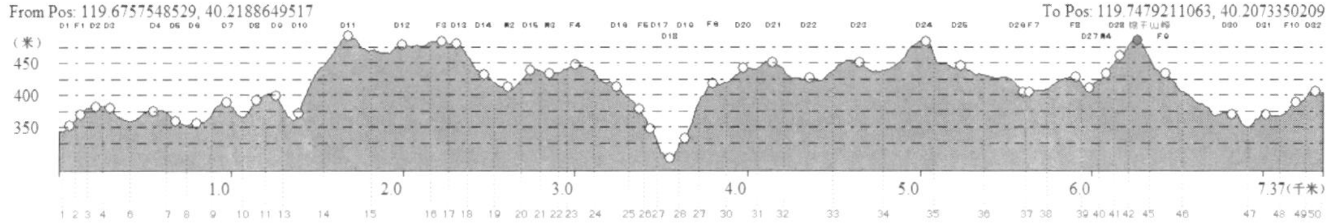

图例：········ 垂直于长城的剖切线位置

山体地形 ○长城上的构筑物 ●锥子山主峰

图 4　小河口段长城沿线地形剖面

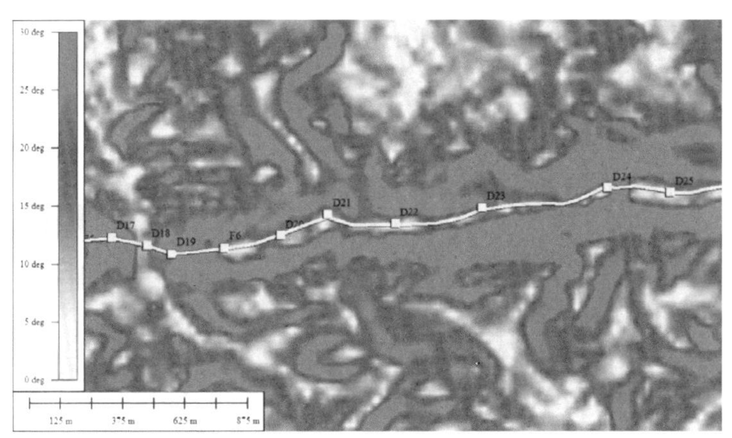

图例：══ 长城城墙　□ 城墙上的构筑物

图 5　城墙局部地形坡度

墙 D1—F1 段）中的城墙修筑在山坡面的上半部分，而并非在山顶，原因可能是外侧 300 米处有突起的山包，且其外侧有一定坡度（在 20° 以上），可有效减缓外侵骑兵的冲锋速度。不过，虽然城墙大致沿着山脊线修筑，但并非与之紧密重合。

此外，横断面 10 至横断面 14 的连续的 5 段城墙（由 D7 到 D11）内侧 250~400 米范围内有一支海拔在 350~425 米之间的山岭；横断面 24 至横断面 32 的连续的 5 段城墙（由 F5 到 D19）内侧 500 米左右处，有一支海拔在 340~420 米之间的山岭；类似的情况也出现在横断面 46 至横断面 48 的连续的 6 段城墙（由 F9 到 F10）内侧 500 米左右处，有一支海拔在 350~400 米之间的山岭。通过山体高程与地形鸟瞰的相互参照、比对[图 6]，可见城墙皆位于小河口段长城的三处山谷地带，且均与内侧山脊形成围合之势，倘若敌人从城墙防御薄弱环节——山谷处破墙而入，守城将士们仍然可以凭借深沟高岭的绝佳作战地形，居高临下，扼守敌人前进的路线。

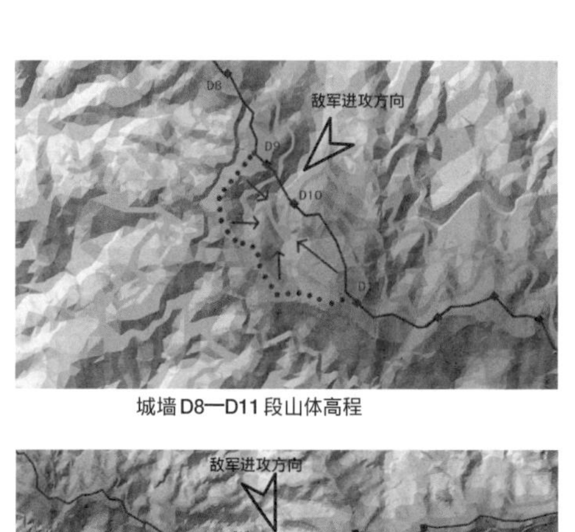

城墙 D8—D11 段山体高程

城墙 D8—D11 段鸟瞰（由长城外往内望）

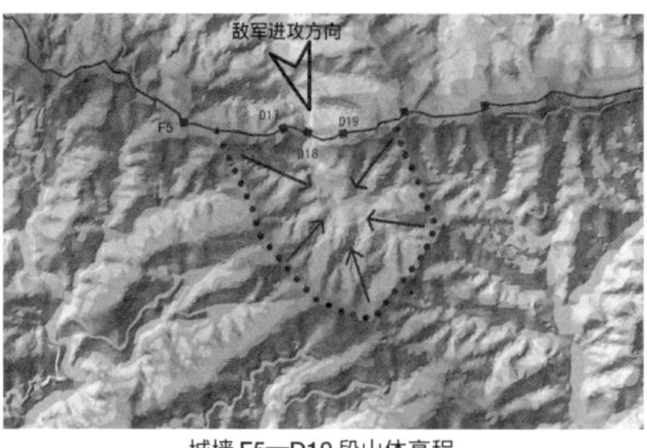

城墙 F5—D19 段山体高程

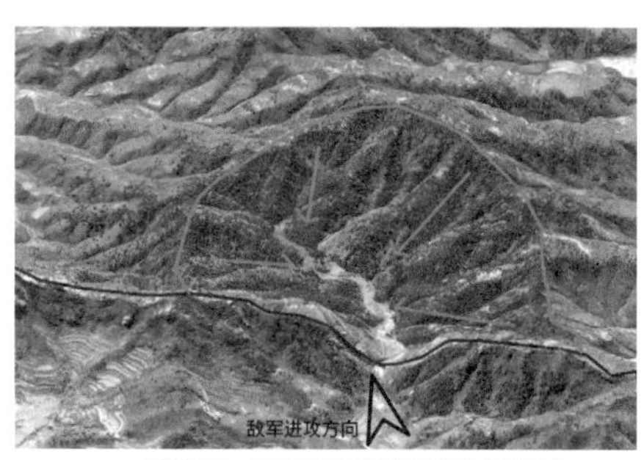

城墙 F5—D19 段鸟瞰（由长城外往内望）

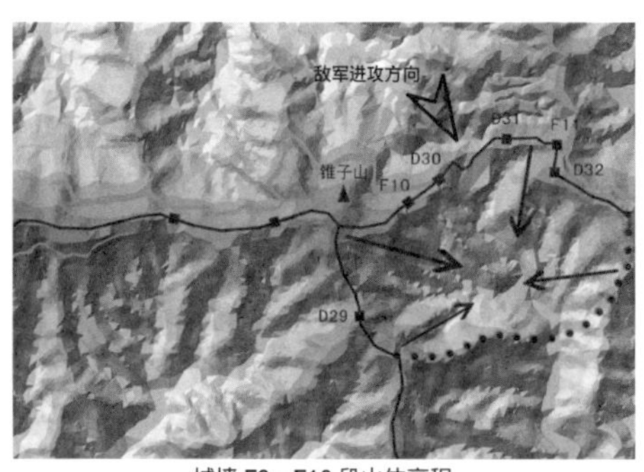

城墙 F9—F10 段山体高程

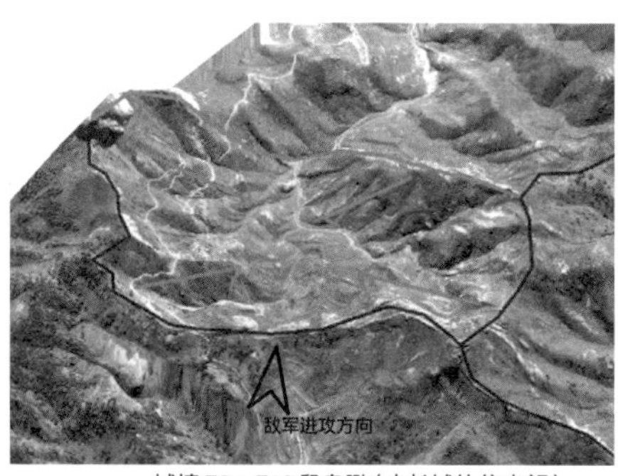

城墙 F9—F10 段鸟瞰（由长城外往内望）

图例： ——长城城墙　■ 城墙上的构筑物

图 6　城墙局部山体高程与鸟瞰

2 空心敌台及马面

敌台和马面的设置与驻防和战斗组织直接相关，本节基于现状数据，对敌台和马面的空间距离、地形坡度、视域范围、武器射程进行分析，以明晰其设置规律。

空间距离

小河口段长城的空心敌台及马面的平均距离为 228 米。东西两端地势较低地段的 D1—D10（属蓟州镇）的平均距离为 144 米，D30—D32（属辽东镇）的平均距离为 216 米；中间地势较高地段的 D11—D18 的平均距离为 222 米，D19—D28 的平均距离为 273 米[表1]。其间距与所处地势的海拔高度有密切关系，相对而言，地势较低地段，空心敌台及马面分布较密集，地势较高地段，分布较稀疏，这也符合长城军事防御的基本要求。

地形坡度

空心敌台及马面均处于山顶面上[图7]，而山顶面的坡度较小，一般在 0°~5° 之间，外侧山坡坡度基本在 10°~20° 之间。如表 2 所示，浅色部分如 D8、D9、D10、M4 及 D19 等，外侧山坡与山顶之间的坡度差均在 15°~25° 之间，差值相对偏大，而台体与外侧山谷之间的海拔高差在 20~80 米之间，平均高差约 55 米，差值相对偏小；与此相反，深色部分如 D11、D13、D16、D20 及 D25 等，海拔高差均在 90 米以上，平均高差为 106 米，差值相对偏大，而坡度差在 10°~15° 之间，差值相对偏小。

空心敌台及马面皆布置在山顶和外侧山坡的坡度转折线上：要么是在两侧坡度相差较大处，即外侧山坡较陡处，要么就是在比外侧地势高的位置，即海拔相对较高处。这两个布置原则都能有效延长敌骑在进攻过程中的奔袭时间，为守城士兵争取更多的宝贵时间。而如 D23、D26 和 D28 坡度差为 15° ，海拔高差 100 米，属于既有高差又有坡度的绝佳地势。

表1　空心敌台及马面的海拔与间距一览

	敌台／马面编号	所属镇区	海拔高度（米）	平均海拔高度（米）	间距（米）	平均距离（包括马面）（米）
地势较低段	D1	蓟州	357	401	-	144
	D2	蓟州	424		110	
	M1	蓟州	410		28	
	D3	蓟州	399		62	
	D4	蓟州	404		244	
	D5	蓟州	382		143	
	D6	蓟州	380		125	
	D7	蓟州	415		163	
	D8	蓟州	413		157	
	D9	蓟州	419		132	
	D10	蓟州	405		136	
地势较高段	D11	蓟州	527	449	281	222
	D12	蓟州	506		311	
	D13	蓟州	520		281	
	D14	蓟州	466		172	
	M2	蓟州	429		128	
	D15	蓟州	474		132	
	M3	蓟州	466		113	
	M4	蓟州	470		91	
	D16	蓟州	423		289	
	D17	蓟州	364		189	
	D18	蓟州	291		117	

续表

	敌台 / 马面编号	所属镇区	海拔高度（米）	平均海拔高度（米）	间距（米）	平均距离（包括马面）（米）
地势较高段	D19	蓟州	342	457	80	273
	D20	蓟州	466		351	
	D21	蓟州	495		172	
	D22	蓟州	466		207	
	D23	蓟州	501		285	
	D24	蓟州	517		385	
	D25	蓟州	496		204	
	D26	蓟州	422		372	
	D27	蓟州	424		381	
	M5	蓟州	437		100	
	D28	蓟州	466		77	
/	D29	蓟州	446	/	/	/
地势较低段	D30	辽东	412	414	/	216
	D31	辽东	396		211	
	D32	辽东	435		221	
D1—D32 总长度为 7286 米，平均间距为 228 米，平均海拔高度为 431 米。						
注　由于 D29 与其他空心敌台之间有锥子山山峰间隔，其间距没有参考性，故未在本表列出。						

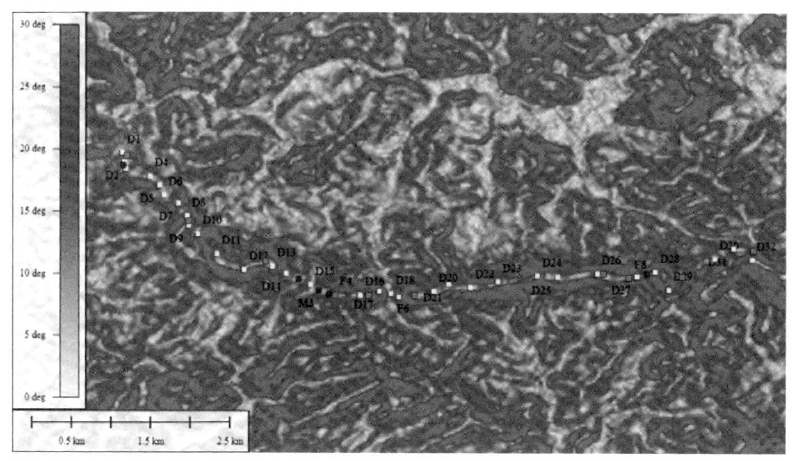

图例：　　空心敌台 ■马面 ■烽火台

图 7　空心敌台、马面、烽火台的地形坡度

表 2　空心敌台及马面的地形坡度一览

敌台/马面编号	外侧坡度（度）	山顶坡度（度）	内外坡度差（度）	敌台/马面与外侧山谷海拔高差（米）
D1	10~15	0~5	5~10	30
D2	0~10	0~5	0~5	55
M1	0~10	0~5	0~5	50
D3	15~20	0~5	15	60
D4	10~20	0~5	10~15	55
D5	5~15	0~5	5~10	15
D6	10~15	0~5	10	70
D7	10~20	0~5	10~15	80
D8	20~25	0~5	20	80
D9	20~25	0~5	20	70
D10	25~30	0~5	25	40
D11	10~20	0~5	10~15	125
D12	15~20	0~5	10~15	75
D13	10~20	0~5	10~15	90
D14	15~25	0~5	15~20	80
M2	10~15	0~5	10	25
D15	10~15	0~5	10	45
M3	10~15	0~5	10	40

敌台/马面编号	外侧坡度（度）	山顶坡度（度）	内外坡度差（度）	敌台/马面与外侧山谷海拔高差（米）
M4	15~20	0~5	15	60
D16	10~15	0~5	10	90
D17	25~30	0~5	25	60
D18	10~15	0~5	10	10
D19	20~30	0~5	20~25	20
D20	10~20	0~5	10~15	90
D21	15~20	0~5	15	60
D22	10~20	0~5	10~15	100
D23	15~20	0~5	15	100
D24	10~15	0~5	10	130
D25	10~15	0~5	10	125
D26	15~20	0~5	15	100
D27	10~15	0~5	10	80
M5	15~20	0~5	15	75
D28	15~20	0~5	15	110
D29	20~25	0~5	20	80
D30	10~15	0~5	10	80
D31	15~25	0~5	15~20	50
D32	10~15	0~5	10	60

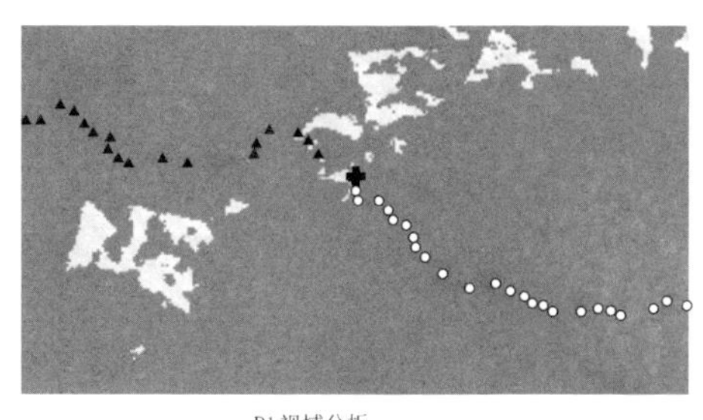

D1视域分析

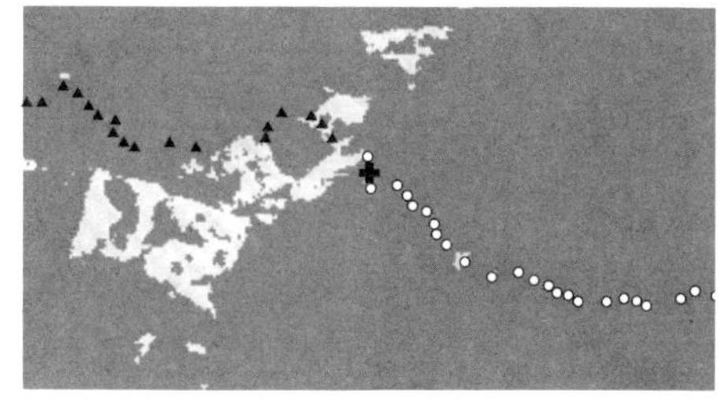

D2视域分析

图例： ✚视域中心的空心敌台及马面 ○视域范围 可见区域 ■不可见范围 ▲锥子山主峰

图 8　视域分析举例（视域范围半径为 3 千米）

视域范围

据《武备志》载，普通武器射程最远在 3000 米左右，理想情况下，双眼裸视观看单幢平房的视距为 5~8 千米，故本文将 3000 米作为空心敌台及马面的视域范围分析半径[图 8]。

在 D1—D10 小河口段长城西侧地势较低段中，D1 处于东西方向山谷上坡段，无法观望到东侧的任何一座构筑物，可看到西侧两座空心敌台；D2、D3、D4 和 D5 均位于山脊线上，视野范围覆盖东侧 5~7 个构筑物，其中 D3 位于山峰东侧下坡段，西侧视线受阻，仅能看见 D2；D7 位于山顶制高点上，东西两侧视野范围可覆盖 12 个构筑物；D6 处于急速攀升至 D7 的山坡上，陡峭的山势遮挡了东侧的视线；D10 处于山谷底部，只能看到其西侧的 D9；除此之外，其余敌台及马面视域范围均能覆盖周边 3~4 个构筑物。

在 D30—D32 小河口段长城东侧地势较低段中，也就是辽东镇段中，由于高耸的锥子山山峰距此较近，此段与西面的蓟州镇长城基本失去了视线上的联系，但可以通过锥子山山峰南面的蓟州镇长城保持联系，如 D32 的视域范围可覆盖到锥子山山峰南面共 11 座空心敌台及马面。

在 D11—D18 小河口段长城中部地势较高段中，D11 处于西侧边缘地段且海拔较高（海拔高度为 527 米，为小河口敌台海拔之最），在大多数构筑物视域覆盖范围内；由于受到 D11 所在高峰的遮挡，其余构筑物西侧视域覆盖范围内的构筑物较少，D13 地势较高，东侧视域范围内有 10 座构筑物，其余空心敌台由于东侧有 D20、D22、D23 所在山峰的遮挡，东侧视域范围仅限于本段范围内[图 9]；D17、D18 和 D19 处于山谷中，仅能彼此互见，其中 D17 位于山峰东侧下坡段，西侧视线完全受阻。

图 9　D20、D22、D23 山峰的遮挡

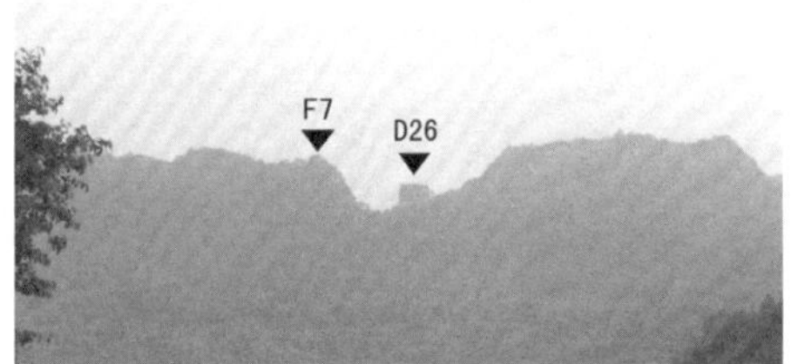

图 10　D26 位于山凹处

在 D19—D28 长城中部地势较高段中，D21 地势较高且突出于城墙，东西两侧视域范围覆盖共 16 个构筑物；D22 位于山鞍处，仅能看到与其相邻的东、西各一座空心敌台；D26 比较特殊，正位于连续山脊线上的一个凹陷处[图 10]，两侧坡度较陡，只能勉强看到位于高处的 F7。在东面靠近锥子山处的 D27、M5 及 D28，由于锥子山山峰的遮挡，视域范围仅局限在山峰以西地段，D29 也是受锥子山山峰遮挡，视线主要朝向南面。

从表 3 可知，空心敌台及马面的视域范围受地形影响明显，并呈现出分段特点：各段落间以海拔较高的敌台及山峰作为分界点，段落内的敌台及马面皆彼此互见。当靠近山峰时，视域范围受限，仅能看到少量构筑物或视野方向仅限于单侧，当距离山峰一定距离后，遮挡消失，段落间又恢复视觉上的联系。位于山顶高处及长城转折、突出处的空心敌台及马面，其视域范围内的构筑物数量最多，居高防守效果较好。

武器射程

火器的大量使用是明代边防区别于前代的一个重要特点，作为城墙上主要防御据点的空心敌台及马面在选址和布置过程中，必然会考虑到当时火器使用的特殊性，并依据敌军的远近及进军速度选用合适的火器装备。

此处对于火器射程的讨论仅限于理想状态下，即不考虑风速、放炮角度、炮弹尺寸以及攻击目标的地理情况等因素。参考《武备志》中的各式武器，其射程大致分为短程、中程、远程三类，并可确定其射程分别为 350 米之内、350~1000 米和 1000~3000 米。

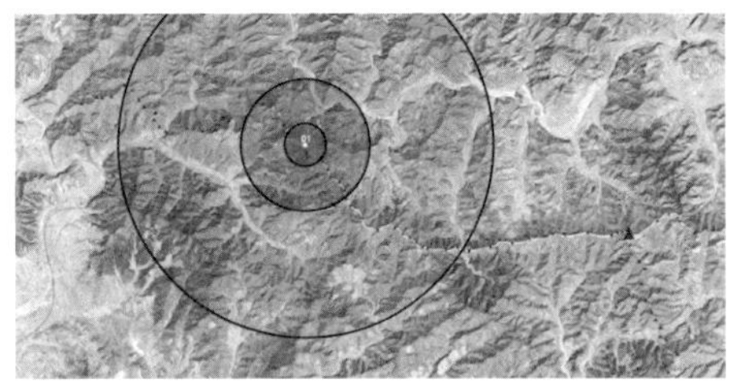

D1武器射程

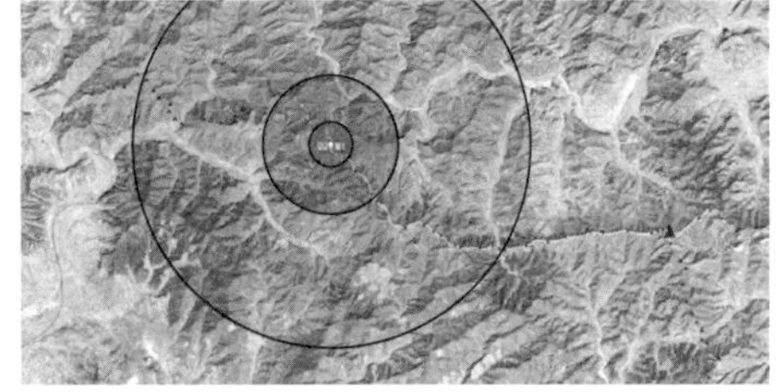

D2武器射程

图例： 长城城墙 ●射程中心的空心敌台及马面 ■射程范围内的空心敌台及马面 ■射程范围外的空心敌台及马面
●短程武器射程范围 350 米以内 ●中程武器射程范围 350~1000 米 ●远程武器射程范围 1000~3000 米

图 11 武器射程分析举例

在 D1—D10——长城西侧地势较低段中，各防御据点间的平均距离为 144 米，所以每座空心敌台的短程武器射程范围均可覆盖两侧各 1~2 座空心敌台；中程武器的射程范围可覆盖两侧各 1~3 座空心敌台，在有马面的位置，单侧最多覆盖 4 座防御据点，如 D7；远程武器的射程范围两侧只能各覆盖 1~2 座防御据点，且主要集中在地势较高的 D11、D20 及 D21 三座；D6 位于山鞍处，短、中程武器射程只能覆盖其相邻空心敌台，远程武器发挥不了作用；D1 处于上坡段，只有短程武器射程范围可覆盖西侧相邻段长城上的两座空心敌台；D10 位于山谷底部，只有短程武器可以发挥作用。

在 D30—D32——长城东侧地势较低段中，即辽东镇段中，三座敌台均在彼此的短程武器射程范围内；中程武器的射程范围可覆盖到锥子山山峰南侧的蓟州镇 2~3 座防御据点，西侧由于山峰的遮挡，中程武器无法发挥作用；远程武器射程范围可覆盖山峰南侧 6 座防御据点，并由于 D31、D32 远离山峰，这两者的远程武器范围可跨越山峰覆盖到 D24[图 11]。

在 D11—D18——长城中部地势较高段中，各据点居高防守，短程武器射程范围可覆盖两侧各 1~2 座敌台，其中 D11、D12 的短程武器射程覆盖两侧各一座空心敌台，也就是说，大致只能保证两敌台之间的城墙在其防御范围内；D11 所在的山峰高耸，影响了其东侧该段内所有其他防御据点对地势较低的 D1—D10 的防御；D17、D18、D19 位于山谷两侧及底部，只有短程武器可发挥较大作用。

在 D19—D28——长城中部地势较高段中，D23、D24、D25 在其射程覆盖范围内只有一座敌台；D26 与两侧防御据点距离较远，在其射程覆盖范围内没有一座防御据点，也只能防御其两侧的相邻城墙；中程武器的射程范围也只可覆盖两侧各 1~2 座

表 3　空心敌台及马面的视域分析统计

	空心敌台/马面编号	海拔高度（米）	西面可视空心敌台及马面的数量（座）	东面可视空心敌台及马面的数量（座）	南面可视空心敌台及马面的数量（座）
地势较低段	D1	357	2	/	/
	D2	424	4	7	/
	M1	410	4	5	/
	D3	399	1	5	/
	D4	404	5	6	/
	D5	382	4	5	/
	D6	380	5	2	/
	D7	415	8	4	/
	D8	413	10	1	/
地势较低段	D9	419	/	5	/
	D10	405	1	/	/
地势较高段	D11	527	15	7	/
	D12	506	2	4	/
	D13	520	2	10	/
	D14	466	2	6	/
	M2	429	3	1	/
	D15	474	4	6	/
	M3	466	6	5	/
	M4	470	6	/	/
	D16	423	2	2	/
	D17	364	/	2	/
	D18	291	1	1	/
地势较高段	D19	342	2	/	/
	D20	466	10	2	/
	D21	495	13	3	3
	D22	466	1	1	/
	D23	501	7	1	/
	D24	517	6	7	1
	D25	496	3	3	1
	D26	422	/	/	1
	D27	424	/	3	2
	M5	437	3	1	/
	D28	466	4	/	/
	D29	446	/	1	6
地势较低段	D30	412	/	2	7
	D31	396	2	1	4
	D32	435	3	/	11

空心敌台；远程武器的射程范围因可覆盖到山峰南侧的防御据点，所以覆盖数量较多；该段内由于东侧锥子山山峰的阻挡，绝大多数空心敌台的各类武器射程范围均受其影响[1]，不能对辽东镇段据点进行火力援助，只能通过山峰南侧的据点对辽东镇进行援助。

各个防御据点无论地势高低，其短程武器射程范围内两侧均只能覆盖 1~2 个火力点，原因在于低地势地段虽然据点布置密集，但山体起伏波动，影响武器作用的发挥，而高地势地段各据点间距较大，短程武器射程有限；在地势较低地段，中程武器的作用发挥得较好，单侧均能覆盖 2~4 座据点，而绝大多数远程武器作用发挥不佳；而在地势较高地段，中程武器射程范围只能覆盖单侧 1~2 个火力点，而在几处地势较高且远离山峰的空心敌台上，远程武器的作用得以充分发挥，如 D11、D20、D21、D23、D24 以及 D25；在靠近山峰地段，各类武器作用的发挥均受较大影响[表4]。

3 烽火台

烽火台是长城的信息传递和预警设施，其设置与其功能需求密切相关。本节对烽火台的空间距离、地形坡度、视域范围进行了数据分析，以探求其选址布局的相关规律。

空间距离

小河口段长城共有 10 座烽火台[表5]，平均间距为 746 米，其中 F1 和 F2 位于西侧地势较低地段，两者间距为 973 米；F9 和 F10 位于东侧地势较低地段，两者间距为 742 米。以上两处由于烽火台数量较少，不具有典型性和代表性。

在地势较高的两段中，F3—F5 烽火台平均间距为 547 米，平均海拔高度为 470 米；而在平均海拔高度相近的 F6—F8 段中，平均间距为 1040 米，两者相差甚远。再结合烽火台的整体分布情况[图12]，综合现有的各项数据来看，烽火台的间距与地形之间的对应关系不大。

1 谭立峰. 明代河北军事堡寨体系探微 [J]. 天津大学学报（社会科学版），2010，12（6）：31.

表 4　空心敌台及马面武器射程统计

	敌台/马面编号	近程武器射程范围内的空心敌台及马面数量（座）			中程武器射程范围内的空心敌台及马面数量（座）			远程武器射程范围内的空心敌台及马面数量（座）		
		西侧	东侧	南侧	西侧	东侧	南侧	西侧	东侧	南侧
地势较低段	D1	/	/	/	2	/	/	/	/	/
	D2	1	3	/	3	3	/	/	1	/
	M1	1	1	/	3	3	/	/	1	/
	D3	2	1	/	/	3	/	/	1	/
	D4	2	2	/	1	2	/	2	2	/
	D5	1	2	/	3	1	/	/	2	/
	D6	2	1	/	3	1	/	/	/	/
	D7	1	1	/	4	1	/	3	2	/
	D8	1	/	/	3	1	/	6	/	/
	D9	/	1	/	/	1	/	/	3	/
	D10	1	/	/	/	/	/	/	/	/
	D11	/	1	/	5	2	/	10	4	/
地势较高段	D12	1	1	/	/	/	/	1	3	/
	D13	1	2	/	1	4	/	/	4	/
	D14	1	2	/	1	/	/	/	4	/
	M2	2	1	/	1	/	/	/	/	/
	D15	2	2	/	2	/	/	/	4	/
	M3	2	1	/	3	/	/	1	4	/
	M4	2	/	/	3	/	/	1	/	/
	D16	/	1	/	1	2	/	1	/	/
	D17	/	2	/	/	2	/	/	/	/
	D18	1	1	/	/	/	/	/	/	/

续表

	敌台/马面编号	近程武器射程范围内的空心敌台及马面数量（座）			中程武器射程范围内的空心敌台及马面数量（座）			远程武器射程范围内的敌台及马面数量（座）		
		西侧	东侧	南侧	西侧	东侧	南侧	西侧	东侧	南侧
地势较高段	D19	2	/	/	/	/	/	/	/	/
	D20	/	1	/	2	/	/	8	1	/
	D21	1	1	/	2	2	/	10	3	/
	D22	1	1	/	/	/	/	/	/	/
	D23	1	/	/	1	1	/	5	/	/
	D24	/	1	/	2	1	/	4	5	1
	D25	1	/	/	1	2	/	1	/	1
	D26	/	/	/	/	/	/	/	/	/
	D27	/	2	1	/	/	/	/	/	/
	M5	1	1	/	1	/	/	1	/	/
	D28	2	/	/	1	/	/	1	/	/
	D29	/	/	1	/	2	2	/	/	3
地势较低段	D30	/	1	/	/	1	3	/	/	5
	D31	1	1	/	/	/	2	1	/	2
	D32	2	/	/	/	/	3	1	/	7

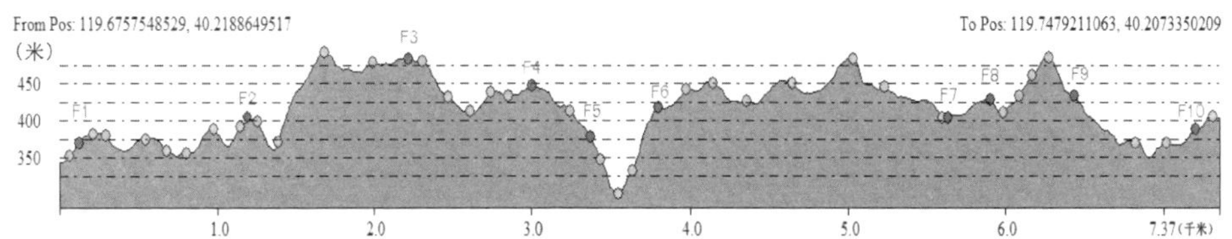

图 12　各座烽火台在地形剖面上的分布情况

表 5　烽火台一览						
	烽火台编号	所属镇区	海拔高度（米）	平均海拔高度（米）	间距（米）	平均间距（米）
地势较低段	F1	蓟州	375	398	/	973
	F2	蓟州	421		973	
地势较高段	F3	蓟州	511	470	880	547
	F4	蓟州	474		774	
	F5	蓟州	424		320	
地势较高段	F6	蓟州	450	460	454	1040
	F7	蓟州	470		1805	
	F8	蓟州	460		275	
地势较低段	F9	辽东	469	462	497	742
	F10	辽东	455		742	

注　锥子山山峰位于 F8 与 F9 之间。

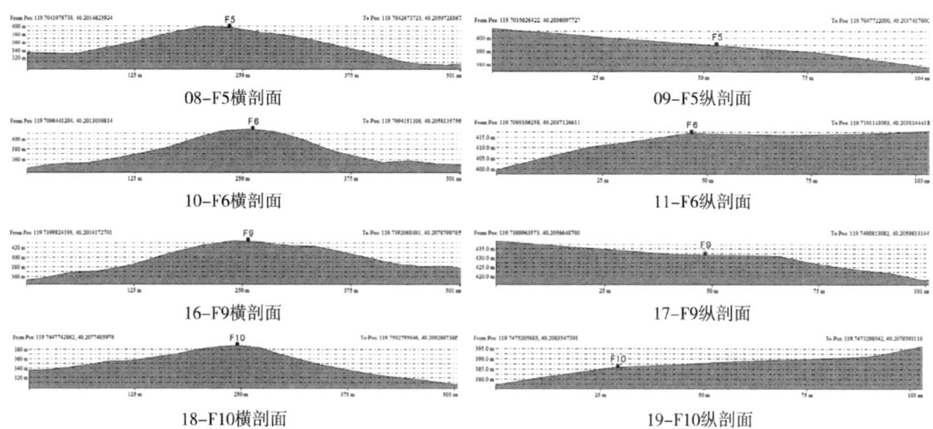

08–F5横剖面　09–F5纵剖面

10–F6横剖面　11–F6纵剖面

16–F9横剖面　17–F9纵剖面

18–F10横剖面　19–F10纵剖面

图例：　FXX 烽火台及编号　山体地形

注　横剖面中空心敌台及马面左侧为长城内，右侧为长城外；纵轴表示海拔高度，横轴表示水平距离

图 13　烽火台与地形坡度举例

地形坡度

烽火台均跨城墙而建，大多数烽火台位于山顶制高点，即山脊线上；但并没有布置在最高点，而是位于坡度变化平缓的山坡上靠近山顶处。这可能是由于烽火台不但要传递来自远方的信息，也要警戒周边地势较低处，诸如山谷等，若将烽火台都增高修筑，固然可以加强与两侧的联系，但在视线上也会减弱对山谷的警戒，所以布置在靠近山顶的缓坡位置，既便于彼此互视，又可以兼顾山谷等地势低处，其中以 F5、F6 及 F9、F10 比较具有代表性[图13]。

视域范围

烽火台通过白天举烟和夜晚放火传递信号，信号可识别性较强，可视距离也应较空心敌台大，在良好的天气条件下，以凭借裸眼便能分辨信号的最远距离 7 千米作为烽火台的视域分析半径[表6]。

海拔最高且位于长城转折处的 F3 视域范围可覆盖两侧共 10 座烽火台；F7、F8 海拔高度位居其次，但由于其西侧 D23、D24 和 D25 所在的高耸山峰以及东侧锥子山的遮挡，仅能看到彼此，F9 也是类似情况；F5 处于 F4 及 D21、D23、D24 所在的几座山峰之间，因此仅能看到与其相邻的 F4 及 F6；F2 和 F10 由于远离锥子山且并不与山峰处于一条直线上，在视线上可相互联系，其中长城不易被辨识的“Z”字形中央位置，视野遮挡较少，可见周边烽火台数量最多，两侧共可覆盖 12 座烽火台；其他几座烽火台的视域范围均能覆盖自身周边的 1~3 座烽火台。

从烽火台视域范围来看，其分布受所在海拔高度的影响，但不绝对，主要还是依据具体地形而定。1 座烽火台既可以与相邻的 1~3 座相联系，还可以与远处的取得联系。如 F2 不仅可以观望到位于中部地段的烽火台，如 F3、F7 和 F8，还可以与处于锥子山山峰背后辽东镇的 F10 在视线上取得联系，这是由于西段地势较低处的城墙走向与东段地势较高处的城墙走向呈一定的角度，两者并不在一条直线上，不受其间山体遮挡。

烽火信号并不是必须一个烽火台接下一个烽火台连续地传递，由于地形原因，有些烽火台可以相隔数个烽火台而直接传递，因此只要在若干个关键性地理位置上，如海拔较高处或长城曲折转折等视野开阔处设置烽火台，就可以使信号得以传递，而其间的烽火台的分布并无定制，仅起辅助、补充的作用。

表6　烽火台视域统计					
	烽火台编号	海拔高度（米）	西面可视烽火台的数量（座）	东面可视烽火台的数量（座）	南面可视烽火台的数量（座）
地势较低段	F1	375	1	3	/
	F2	421	7	5	/
地势较高段	F3	511	5	5	1
	F4	474	2	3	1
	F5	424	1	1	1
地势较高段	F6	450	5	/	3
	F7	470	/	1	/
	F8	460	1	/	3
地势较低段	F9	469	/	3	/
	F10	455	5	3	1

4 结语

本文从长城军事功能运作的角度出发，基于对小河口段长城的数据分析，揭示出长城选址和布局等现象背后的深层原因,展现了长城建设与军事功能运作的密切关联，为长城及其环境的保护和展示提供了重要的依据和方法。具体选址和布局特征如下：

城墙：

①尽量布置在山顶和外侧山坡的坡度转折线上，即沿山顶边线修筑，可以充分利用山地地形，减少视野盲区，争取较大的视域范围。

②在地势平缓的山谷（有可能是天然山谷，也有可能是人为开挖而成）内侧（南面），利用围合式的天然山体，加强防御能力，类似于内地州府城门处的瓮城。

空心敌台及马面：

①在地势较低地段布置得密集，地势较高地段则疏松一些。

②布置在山顶且靠近外侧山坡的坡度转折线上；布置在海拔高且外侧坡度陡的地段，若两者不能兼具，则必定具备其中一项条件。

③在视域范围方面，在本段落内基本可以互视，部分由于山体遮挡而看不到的构筑物，能看到其相邻一侧或两侧的台体，以保证必要的联系;在地势高差较大的地段，由于地势较低的一侧受山体遮挡，视线只能朝向一侧，故在地势较高一侧布置空心敌台或马面，可起到统领和联系两侧的作用。

④在武器射程方面，在地势较低地段，短、中程武器的使用效果较佳，因此通过密集设置台体来加强火力交叉网，弥补无法远距离打击敌人的不足;在地势较高地段，使用中、远程武器效果较好，台体可以设置在各个山头，取得开阔的视野；但也有例外情况，视具体地形情况而各异。

烽火台：

①多沿山脊线布置，但并非位于山峰顶部，而是在制高点附近，这样既可以与两侧烽火台取得视觉上的联系，又可以兼顾对地势较低处的警戒，预警效果较为全面。

②由于山体走向的缘故，某些地段上的烽火台不仅可以与邻近的烽火台互视，还可以跨越数个烽火台而直接与远处的烽火台取得联系，这样可以增大信息传递的覆盖面，保证传递的可靠性和及时性。

「军事工程」类遗址的价值建构与多样选择：以晚清海防体系中的西炮台为例

基金资助：国家自然科学基金青年项目（51308100），主持：沈旸。原文刊载：沈旸、周小棣、布超《军事运作角度下的「军事工程」类遗址的真实性与完整性构建——以营口西炮台遗址保护为例》，《中国建筑文化遗产》第14辑，天津：天津大学出版社，2014。录入本书有增删。

“军事工程”在军事学范畴内的定义为“用于军事目的的各种工程建筑物和其他工程设施的统称”[1]。“军事工程”类遗址和战场遗址是军事遗址的两大组成部分，此概念多用于旅游资源的分类[2]，而在目前的全国重点文物保护单位中，尚没有“军事工程”类遗址这一专门类别[3]。基于文物保护工作的类型划分需要，本文将其定义为“为军事目的而专门修筑的工程建筑物或工程设施的遗址”，如军用码头、船坞、港口、要塞、炮台、筑城、阵地和训练基地等，而对于某些临时借用其他建筑设施用以军事目的的遗址未纳入此类。[4]在已公布的前六批全国重点文物保护单位中，符合上述定义的“军事工程”类遗址就达30多处，涉及古遗址、近现代重要史迹及代表性建筑、革命遗址及革命纪念建筑物等多个类别。

“军事工程”类遗址的突出特点是修筑目的明确，或为进攻，或为防御、掩蔽，皆为军事活动的实效作用——功能性是此类遗址的最主要价值所在。因此，对于军事

1　卓名信、历新光、徐继昌，等. 军事大辞海（上）[M]. 北京：长城出版社，2000：1232.

2　军事遗址指为防御外来入侵而修筑的军事工程或工程遗址，以及发生重大战争的战场遗址。参见：国家旅游局资源开发司 . 中国旅游资源普查规范 [M]. 北京：中国旅游出版社，1993：6.

3　1988年之前的三批全国重点文物保护单位的分类为：革命遗址及革命纪念建筑物、石窟寺、古建筑及历史纪念建筑物、石刻及其他、古遗址、古墓葬；1996年之后的三批对分类进行了调整，为：古遗址、古墓葬、古建筑、石窟寺及石刻、近现代重要史迹及代表性建筑、其他。

4　如：保定陆军军官学校旧址、侵华日军东北要塞、连城要塞遗址和友谊关、秀英炮台等，均可纳为“军事工程”类遗址；而瓦窑堡革命旧址、渡江战役总前委旧址、湘南年关暴动指挥部旧址等，乃临时借用其他建筑设施，则不归入此类。

运作的深入理解是正确认识和评估遗产价值、制定合理保护规划的首要前提；否则，可能会造成遗址保护中对真实性和完整性的背离。如：倘若没有认识到长城的防御运作对于视线的要求及所采取的周边植被控制措施，在保护中就可能对周边地表进行盲目的植被覆盖整治，难免造成对“文物环境”的破坏。功能性要求作为“军事工程”存在的最直接动因，决定了“军事工程”类遗址的文物价值首先在于其对军事运作的体现；而对军事运作的解读，不仅有助于把握此类遗址的设计原理和构成内容，进而形成系统性的认知，更是制定有效而具有针对性的保护规划的必要前提，以此达到构建真实性与完整性的文物保护目的。

作为第六批全国重点文物保护单位之一的辽宁营口西炮台遗址（以下简称“西炮台”），是晚清修筑的海防工程，亦为“军事工程”类遗址。本文即以之为例，从军事运作的角度解读其文物价值，并探讨具体的保护规划策略。西炮台是晚清海防体系不可分割的组成部分，因此，本文首先将其置于历史大背景中予以考察，厘清其在整个海防体系运作中的军事地位及相关的设置措施（如选址的军事考虑、与其他海防设施之间的联动等），这也是认清西炮台军事意义的关键所在；再通过西炮台自身的军事运作解读，理解其设计原理、构成内容的功能性特征及彼此之间的互动关系，旨在帮助完善基于真实性与完整性要求的西炮台文物价值建构，确定保护对象构成，划分相应的等级和层次，并制定恰当的保护措施。

1 晚清海防体系运作中的西炮台

清政府着手海防体系建设始于1840年的第一次鸦片战争。囿于重陆轻海、以陆守为主的指导思想，该体系的运作以陆基为主，“水陆相依、舰台结合、海口水雷相辅”[1]。中国海岸线如此绵长，不可能在所有的位置都修筑炮台等防御工事，清政府选择了在沿海要隘修筑炮台的海口重点防御方式[图1]，并形成了三道防线：第一道防线以水师舰队作为机动的海防力量，协助各炮台进行防守，负责近海纵深方向的防御；以沿海要

1 卢建一. 闽台海防研究[M]. 北京：方志出版社，2003：57.

图 1 晚清海防体系中的炮台分布
图中地名均为晚清时期称谓。据杨金森、范中义《中国海防史》（北京：海洋出版社，2005，第 187 页）图 7 重绘

隘的炮台为主的海岸防御为第二道防线；同时，在炮台周围设置配合炮台防御的步兵和水师营，组成第三道防线。

直隶乃京畿之地，故北洋防区一直是晚清海防体系的重中之重。清政府先后斥巨资修建了旅顺（当时有“亚洲第一军港”之称）、威海卫两大海军基地，并在渤海湾沿岸要隘修筑了大量炮台，配置德国克虏伯海岸炮，牢牢扼守住直奉的渤海门卫，拒敌于外洋，构成了北洋防区最为坚固的一道海上防线；同时，加强大沽口一带的防御力量，增筑炮台和防御工事，为捍卫京师的最后一道关键防线。最终，在北洋防区构筑成了一个以京师为核心，以天津为锁钥，北塘、大沽为第一道栅栏，山海关、登州相连形成第二道关门，再次则营口—旅顺—烟台这一连线，最外为上至奉天，经凤凰城、大孤山等，中联大连，南结威海卫、胶州澳的严密的防守体系；横向来看，则以天津为辐射点，外接山海关、营口、金州、大连、旅顺、登州、烟台、威海卫等辽东半岛和山东半岛的联结点形成一个坚实的大扇面[图2]。经纬交织的防御布置，正如李鸿章所说，可谓“使渤海有重门叠户之势，津沽隐然在堂奥之中”。[1]

西炮台是北洋防区的左臂——辽东半岛防御链上的重要一环，位于渤海北岸的辽东半岛中西部，其在晚清海防体系运作中的军事作用可概括如下：

（1）旅顺的后路：旅顺地处辽东半岛最南端，三面环海，与山东半岛隔海相望，

1 于晓华．晚清官员对北洋地理环境的认识与利用 [D]．青岛：中国海洋大学，2007：38-39．

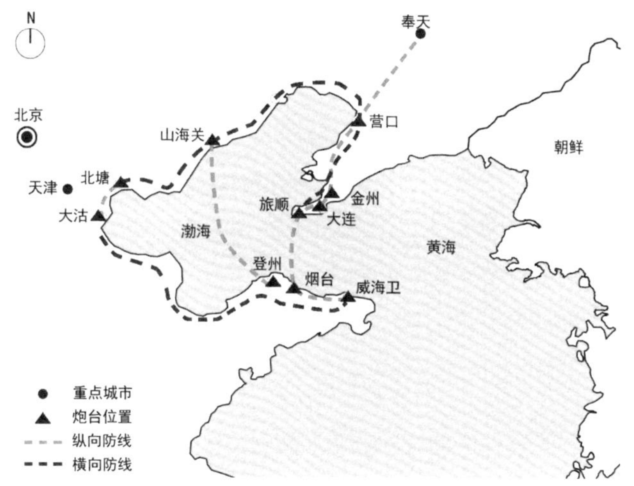

图 2　晚清北洋防区防御形势示意
图中地名均为晚清时期称谓

是连接两个半岛的最近点，为“登津之咽喉，南卫之门户”，李鸿章对其军事地位给予高度评价：“东接太平洋，西扼渤海咽喉，为奉直两省第一重门户，即为北洋最要关键。”[1] 因此，旅顺一直都是北洋防务的重点，是御敌的前沿，乃兵家必争之地。营口位于旅顺北部的渤海湾西岸，距旅顺 200 多千米，是其颇为紧要的后路，既可防止敌人从后方登陆包抄旅顺，又可在旅顺遭敌时予以支援。

（2）山海关前沿：山海关是京师北部最重要也是最后的一道防线，一旦被破，外敌将长驱直入，直取京师。营口乃山海关前沿阵地，失守就意味着山海关大门洞开。李鸿章曾言:“山海关、营口至旅顺口，乃北洋沿海紧要之区。”[2] 可见，营口是北洋防区中外接旅顺口，内应山海关的关键一环。

（3）辽河的门户：辽河是东北地区南部最大的河流，也是担负物质运输和商业贸易的内河航道。晚清辽河航运业的发达促进了辽南地区经济的繁荣，并使辽河沿岸兴起了大量近代城市。营口作为代表之一，成为西方列强在东北地区的重要通商口岸[3]，与天津、烟台同为北方三大港口。西炮台就扼守在辽河入海口左岸，是船只由渤海进入辽河的必经之地，具有确保营口和辽河沿岸的牛庄、鞍山等港口城市安全，保护奉天和整个东北地区稳定的重要军事作用。

1　李鸿章．李鸿章全集（3）卷四十六 [M]．北京：时代文艺出版社，1998：1783.
2　李鸿章．李鸿章全集（4）卷五十一 [M]．北京：时代文艺出版社，1998：1960.
3　1858 年清政府与英、法等国签订《天津条约》，原定牛庄为开埠城市，后因其交通不便，改为营口。

图 4　自西炮台南望海滩

2 西炮台的军事运作与工程营造

攻击体系

据《南北洋炮台图说》记载："（营口）南面海口有铁板沙，凡轮船入口，必由东之北。"[1] 即，若有敌船来犯，必从东北方向驶入辽河口；又若敌船的进犯路径是经旅顺口、威海卫进入渤海湾，并试图进攻营口，则必是由南而来。统而观之，辽河入海口的左岸是迎敌的前沿地带，而西炮台正是面向敌船来犯的方向修筑，呈迎头之势。西炮台的选址和布置方式确保了炮台拥有面向海面的开阔视域，使炮台火力能够以最大范围覆盖敌船的行进区域，争取到尽可能开阔的作战空间和充裕的攻击时间[图 3、图 4]。

西炮台地处平原地区，地形平坦，无法利用山势地形构筑不同高程的多层次火炮工事，形成较大范围的立体交叉火力网，就必须通过构筑大炮台来居高临下地观察和射击远、中、近目标，其他如大沽口炮台[图 5]、北塘炮台等皆如此。西炮台共建有炮台 5 座，主炮台居中，两侧各有 1 座小炮台辅之，在东南和西北两隅又各建圆炮台 1 座。主炮台是整个西炮台的构成主体，配置了两门口径最大、射程最远的 210 毫米德国克虏伯海岸炮；其他小炮台作为主炮台的辅助攻击力量，配置的海岸炮口径为 150 毫米和 120 毫米。主炮台上的火炮射程远，但若敌船临近则不易攻击，就需要小炮台上射程较近的火炮加入战斗，且左右对称的布局可以形成火力交叉，提高攻击的命中率和打

1　萨承钰．南北洋炮台图说 [M]．一砚斋藏本影印本．2008：49．

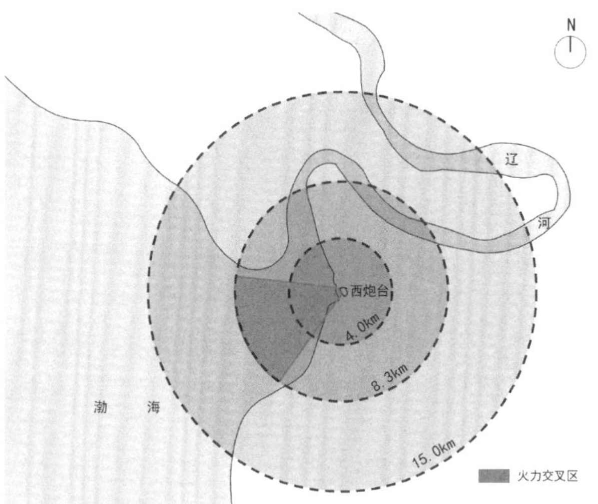

图 3 西炮台对辽河口的火力控制

图中火力覆盖半径据所置火炮的有效射程确定

图 5 大沽口炮台

费利斯 · 比托（Felice Beato）摄于 1860 年英法联军攻陷大沽口后，引自 http://imgsrc.baidu.com/forum/mpic/item/5bd030d3aaa927303af3cfbb.jpg

击强度；此外，主炮台围墙下还置有暗炮眼 8 处，以隐蔽消灭敌人。火炮皆可 360° 环射，不仅能纵射辽河下游河身，也可向东、南、北三面陆上射击，这样就构成了一个多层次的交叉火力网。同时，各炮台之间还通过围墙的马道相互联系，既能集中火力独立作战，又可相互支援和掩护，机动地多方打击敌人，有效扼守辽河入海口。

防御体系

来敌进攻炮台时，常采取船炮和步兵登陆作战配合的方式，船炮负责在远处集中攻击炮台，同时派小艇运送步兵登陆，绕至炮台背部或侧翼发动攻击，鸦片战争初期的很多炮台就因抵挡不住陆上攻击而被攻陷。西炮台作为晚清海防体系中建造较晚的军事工程，充分吸取了以往的经验教训，除配备强大的攻击武器外，还具备完善的陆上防御系统，就工程营造而言，表现在修筑围墙、护台濠及吊桥等。

围墙是西炮台的主要屏障，全长 850 米，环抱炮台，西面随辽河转弯之势呈扇形。围墙上炮位多集中在南北两侧及东侧面海处，显然是为了防止敌人从侧面包抄和从正面登陆。墙上设平坦马道，低于挡墙 1 米多，为战时回兵之用。西炮台南北两侧又各筑有土墙一道，既可用于战时增兵防守，又起到防止海水涌浸的作用。[1] 整个围墙为三合土版筑，亦为军事防御所需：早期炮台多为砖石所砌，看似坚固，然遇炮弹攻击，砖石崩裂易伤士兵，而三合土则不易崩裂，可有效避免不必要减员 [2]；且三合土的颜色与西炮台周围的海滩芦苇相近，利于隐蔽和伪装。

护台濠筑于围墙外侧，濠中设置水雷（周边滩涂亦埋有地雷），濠沟之上又设吊桥，平时放下以供通行，战时收起。[3] 护台濠、水雷、吊桥共同构成了围墙外的防御系统，可在战时拦阻、延迟敌人的攻击，为守军组织防御和攻击争取更多时间。

通过这些防御措施的设置，西炮台形成了有前沿、有纵深、互为犄角的防御体系，为持久的守备作战提供了坚实的物质条件。

1　出自：丁立身．营口名胜古迹遗闻 [M]．沈阳：辽宁科学技术出版社，1991：57–60．转引自：孙福海．营口西炮台 [Z]．营口市西炮台文物管理所编．营口：辽宁省能源研究所印刷厂，2005：166．

2　"以大石筑炮台，非不美观，然大炮打在石子上，不独码子可以伤人，其炮击石碎，飞下如雨，伤人尤烈。"参见：（清）林福祥《平海心筹》中《论炮台事宜第十二》，中山大学历史系资料室藏抄本。李鸿章奏折中也曾提到："窃查大沽、北塘、山海关各海口所筑炮台，均系石灰和沙土筑城，旅顺口黄金山顶炮台仿照德新式，内砌条石，外筑厚土，皆欲使炮子陷入难炸，即有炸开，亦不致全行坍裂。"参见：故宫博物院．清光绪朝中日交涉史料：卷十六．1932：2–3．以上史料皆转引自：施元龙．中国筑城史 [M]．北京：军事谊文出版社，1999：305．

3　孙福海．营口西炮台 [Z]．营口市西炮台文物管理所编．营口：辽宁省能源研究所印刷厂，2005：17．

图 6 不同产地的火炮
（左）210 毫米口径德国克虏伯海岸炮，1867 年生产，展出于广州博物馆，引自 http://pic.itiexue.net/pics/2009_2_17_96084_8796084.jpg
（右）晚清自制旧式火炮，引自 http://www.mice-dmc.cn/proimages/20087221755l114.jpg

保障体系

后勤保障是维持炮台正常运行不可或缺的部分。据《南北洋炮台图说》记载，西炮台共有营房 208 间，皆为青砖砌筑而成。[1] 其中，兵房多建于围墙内侧临近处，既有利于驻守官兵快速地登上围墙进行战斗抵御，围墙的遮挡还能降低兵房被炮弹击中的几率。弹药库则建于炮台两侧，有效保证弹药的及时运达。

西炮台内南北两侧还各有水塘一处，约 700 平方米，内蓄淡水，一般认为是炮台驻兵的生活水源。[2] 两个水塘皆临近小炮台的马道末端，这种布局特点可能与小炮台上设有旧式火炮有关：晚清自己生产的旧式火炮在连续发射时会由于炮膛内温度过高而导致炸膛，需要大量的储备用水对火炮进行降温[3]，水塘设于小炮台附近，恐也有此用途；反观大炮台，其上设置的德国克虏伯海岸炮无须降温，旁边亦未设水塘，可为佐证[图 6]。

西炮台正门外还设有影壁一座。影壁是中国传统建筑的重要组成部分，不仅可以实现建筑内外空间的过渡、丰富空间序列，也是传统社会风俗和文化的重要体现。西炮台虽为军事工程，但在一定程度上也遵循了传统的营造理念[图 7]。

---

1 “东南向居中建官厅五间，又连建官房八间，两旁各建官房五间，西北向居中建官房五间。西南向炮台后左右共建兵房十一间，西北隅建兵房十间，西向建兵房二十一间接建子药库三间，东向又建兵房二十五间，营墙下环建兵房九十八间，营门后左右又建兵房六间。”参见萨承钰《南北洋炮台图说》，第 49 页。

2 孙福海. 营口西炮台 [Z]. 营口市西炮台文物管理所编. 营口：辽宁省能源研究所印刷厂，2005：17.

3 “中国军事史”编写组 . 中国历代军事工程 [M]. 北京：解放军出版社，2005：230.

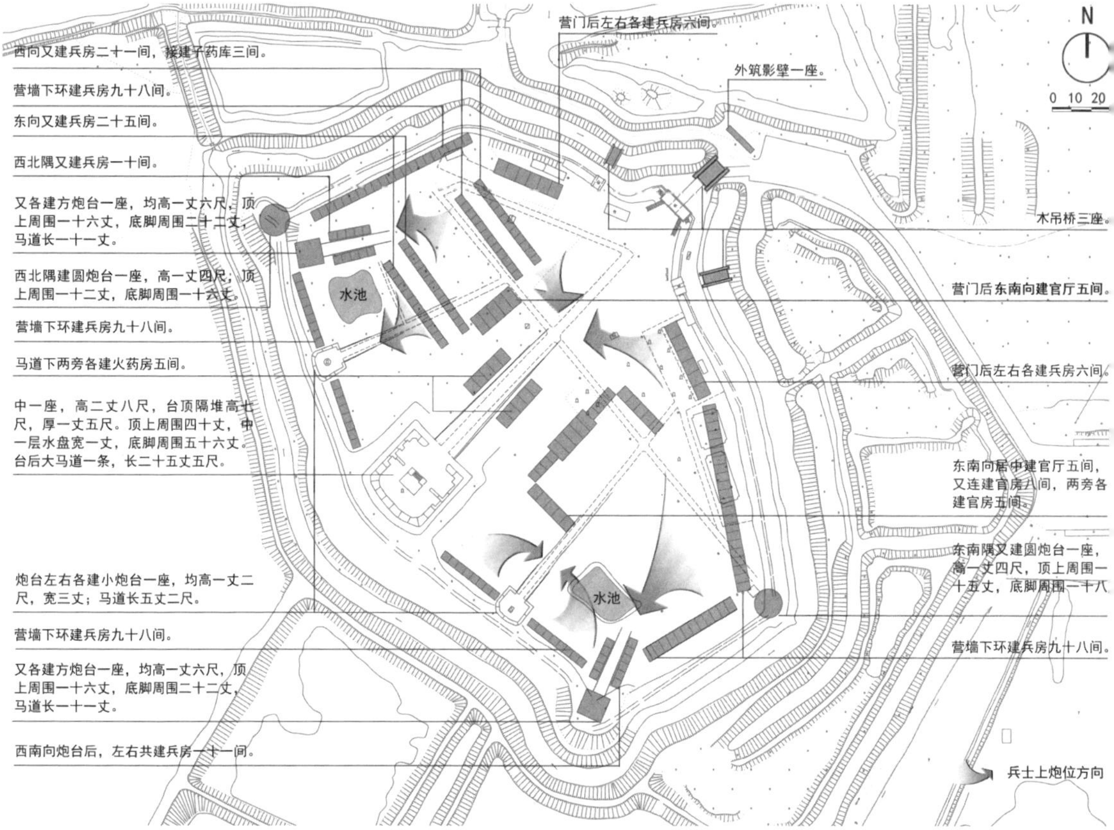

N

0 10 20

西向又建兵房二十一间，接建子药库三间。

营墙下环建兵房九十八间。

东向又建兵房二十五间。

西北隅又建兵房一十间。

又各建方炮台一座，均高一丈六尺，顶上周围一十六丈，底脚周围二十二丈，马道长一十一丈。

西北隅建圆炮台一座，高一丈四尺，顶上周围一十二丈，底脚周围一十六丈。

营墙下环建兵房九十八间。

马道下两旁各建火药房五间。

中一座，高二丈八尺，台顶隔堆高七尺，厚一丈五尺。顶上周围四十丈，中一层水盘宽一丈，底脚周围五十六丈。台后大马道一条，长二十五丈五尺。

炮台左右各建小炮台一座，均高一丈二尺，宽三丈；马道长五丈二尺。

营墙下环建兵房九十八间。

又各建方炮台一座，均高一丈六尺，顶上周围一十六丈，底脚周围二十二丈，马道长一十一丈。

西南向炮台后，左右共建兵房一十一间。

营门后左右各建兵房六间。

外筑影壁一座。

木吊桥三座。

营门后东南向建官厅五间。

营门后左右各建兵房六间。

东南向居中建官厅五间，又连建官房八间，两旁各建官房五间。

东南隅又建圆炮台一座，高一丈四尺，顶上周围一十五丈，底脚周围一十八

营墙下环建兵房九十八间。

水池

水池

兵士上炮位方向

图 7　西炮台布局结构推测

据萨承钰《南北洋炮台图说》第 49 页，杨同桂《沈故》，孙福海《营口西炮台》第 16-17、162-167 页推测

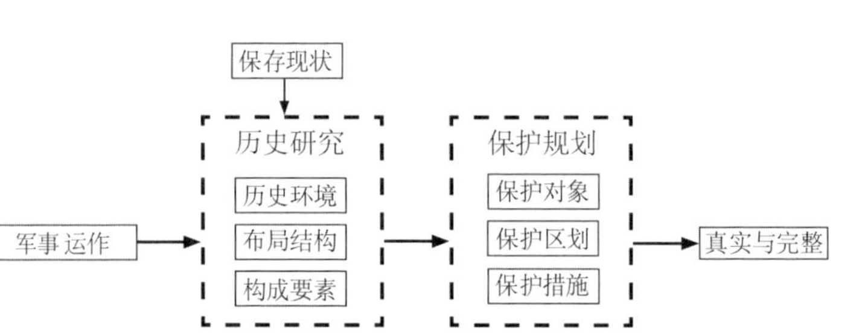

图 8　基于军事运作的保护规划策略

3 基于军事运作角度的保护策略

“军事工程”类遗址的文物价值首先取决于其军事功能，对军事运作的解读是对其进行深刻认识和理解的有效途径，主要涉及历史环境、布局结构和构成要素等；在此基础上再综合现状评估，确定保护对象构成、保护区划划分，制定保护措施等，方能实现文物保护中真实性与完整性的构建[图8]。

历史环境

晚清海防体系中由南至北分布的大大小小的炮台，因地形和环境影响而面貌各异；即使在地形相似的情况下，炮台形制也因具体环境差异而不尽相同。基于对西炮台军事运作的条分缕析，结合考古发掘和文献记载，可以明了炮台营造与周边环境的密切关系，并对历史环境的保护作出合理的规划。

（1）作战视域：由于当时尚不存在超视域作战技术，炮台必须等目标进入其视域范围之内方可实施攻击，因此，开敞的视域对炮台来说至为关键。西炮台的视域保护主要是通过划定保护范围和建设控制地带来实现：西侧保护范围以外的滩涂、水域划为禁建地带；建设控制地带划分为三级，除对可建建筑高度进行分层级控制外，又由南侧小炮台东边界中点向南作一南偏东 20° 的射线，以此为界线对两侧区域建筑高度分别作特别控制，以保证视域的开阔[图9、图10]。

（2）滩涂植被：西炮台为露天明炮台，又建于河流入海口开阔地带，很容易遭到炮火集中攻击。而周边滩涂的丛丛芦苇，正是极好的掩护，加之炮台自身的夯土材料与芦苇颜色相近，具有保护色的作用，可使炮台隐匿于芦苇丛中[图11]。据此，本案特别提出对炮台周边芦苇进行强制性保护，并建议将南侧的大面积鱼塘恢复为滩涂，并大面积种植芦苇，以恢复已渐渐褪去的历史环境氛围。

（3）内部景观：西炮台目前内部景观为规整的人工造景，不符合这一军事工程的原有环境氛围，故建议对其进行调整以还原历史风貌。通过削弱现有人工草坪面积过大、过整的效果[图12]，增加砾石或砂石铺地，烘托气氛，重现炮台较为雄壮、厚重的沙场气息。

（4）缓冲地带：现在的营口城市扩张已经威胁到西炮台的生存空间，渤海大街直

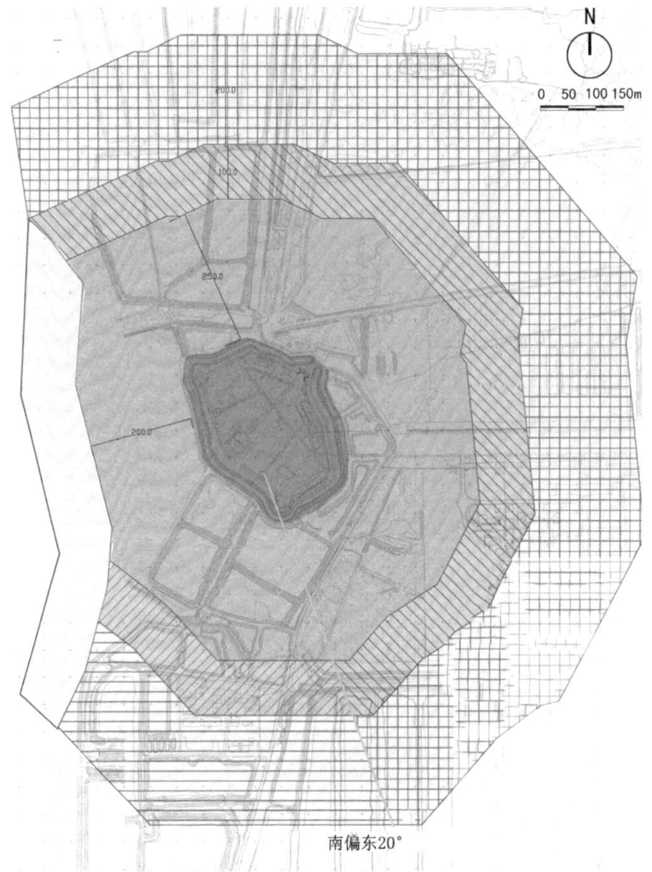

图9 建筑高度控制

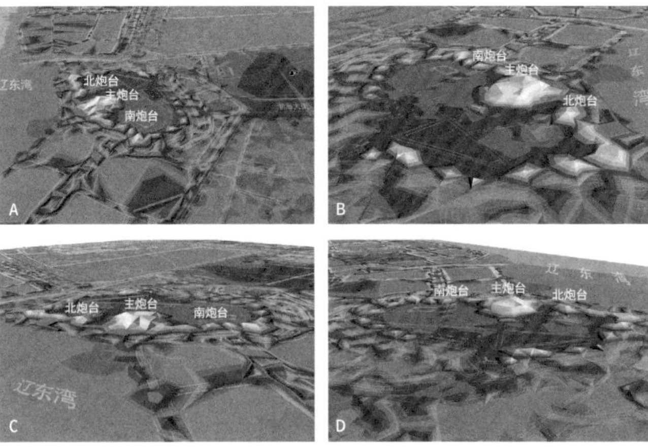

图10 DEM模型鸟瞰

A自南向北望 B自北向南望 C自西南向东北望 D自东北向西南望

图 11　掩映在芦苇丛中的西炮台
引自 http://imgdujia.kuxun.cn/newpic/977/836977/1.jpg

图 12　人工造景的前后对比
（左）原有的炮台景观，引自 http://www.ykxpt.com/pic/200695105341.gif
（右）改造后不符合历史氛围的人工化景观

图 13　西炮台东望城市

抵其前[图13]，历史上“出得胜门外远瞻（西炮台）形势巍峨，隐隐一小城郭”[1]的景象早已荡然无存。建议在西炮台南侧和东侧种植高大乔木，一者遮挡现代城市天际线，二者可使土黄色的炮台身躯隐现于婆娑绿树，吸引观者，在一定程度上回应历史图景[图14]。

布局结构

西炮台是一项功能完备、组织严密的海防工程，布局结构是其作为系统性军事工程的最直接物质表征，也是本案编制中最为切实紧要的部分，只有保证了布局结构的完整，才能正确呈现西炮台军事运作的功能特点和特有的文物价值。

历经 100 多年风雨侵蚀，加之中日甲午战争和日俄战争中侵略者的蓄意破坏[2]，留存至今的西炮台遗址虽总体格局尚属清晰，但各部位均存在不同程度的历史信息缺失[表1]。

西炮台的营房是反映炮台驻兵生活的重要载体，外围的两侧土墙是防御体系的重要组成，现俱已不存，应对其实施考古发掘并予以展陈；在此工作尚未全面展开的情况下，应预先通过军事运作分析其可能埋藏区域，并纳入保护范围，为考古发掘提供条件。西炮台周边的滩涂为地雷埋设地，虽不属于炮台建筑本身，但仍属于防御体系的组成部分，亦应划入保护范围。

西炮台护台濠上的吊桥亦已不存，取而代之的是一座钢筋混凝土桥[图15]，严重破坏了遗址原真性，亟待在广泛收集图像资料、文献记载的基础上，结合相关历史时期炮台吊桥案例，本着严谨的历史研究态度对西炮台吊桥予以复原设计，使之符合或反

1　出自民国二十二年（1933）《民国营口县志》。转引自：孙福海．营口西炮台 [Z]．营口市西炮台文物管理所编．营口：辽宁省能源研究所印刷厂，2005：163.

2　1895 年日军向营口西炮台进犯，乔干臣率部用火炮、地雷同日军展开激战，日军伤亡多人。后日军由埠东偷渡潜入，干臣“度不能守，亦退兵田庄台”。营口失守后，炮台、营房和围墙都遭日军破坏。后在 1900 年庚子之战中，俄、日围攻营口，在胡志喜、乔干臣率领下，经过 6 个小时激战，终因寡不敌众，海防练军营官兵 104 人阵亡，127 人受伤，俄军死伤 200 余人。俄军侵占营口后，炮台又遭损毁。参见孙福海主编《营口西炮台》，第 164 页。

图 14　西炮台与城市之间的缓冲
底图引自谷歌地图 2008

映历史原状，并拆除现有钢筋混凝土桥。

构成要素

构成要素是体现布局结构的基础，只有做到真实全面的保护，才能向公众传达正确的历史信息，体现文物保护的意义。就西炮台的构成要素而言，主要问题集中在围墙和护台濠：

围墙是西炮台防御体系最重要的构成部分，三合土的版筑方式更是晚清海防体系后期炮台修筑特点的实物见证，是典型的军事运作角度下的功能性建构。在长年的风雨侵蚀下，部分墙体进水坍塌，破坏严重；保存相对较好的部分也面临诸般自然威胁。本案针对围墙受损的不同程度和原因，分别制定相应的保护措施[图16]。而护台濠虽得新修，却比原有尺度明显偏大，且护坡为石砌，看似"美观"，实则歪曲了历史原貌，应尽快采取整治措施：缩减濠宽至原尺度，拆除石砌护坡，并种植芦苇等湿地植物恢复自然护坡[图17]。至于西炮台正门外的影壁，现仅存台基，门内伫立的影壁则为新建的景观设施，并且造成了不必要的历史信息错乱，应予以拆除，并在原影壁的台基基础上进行复原。

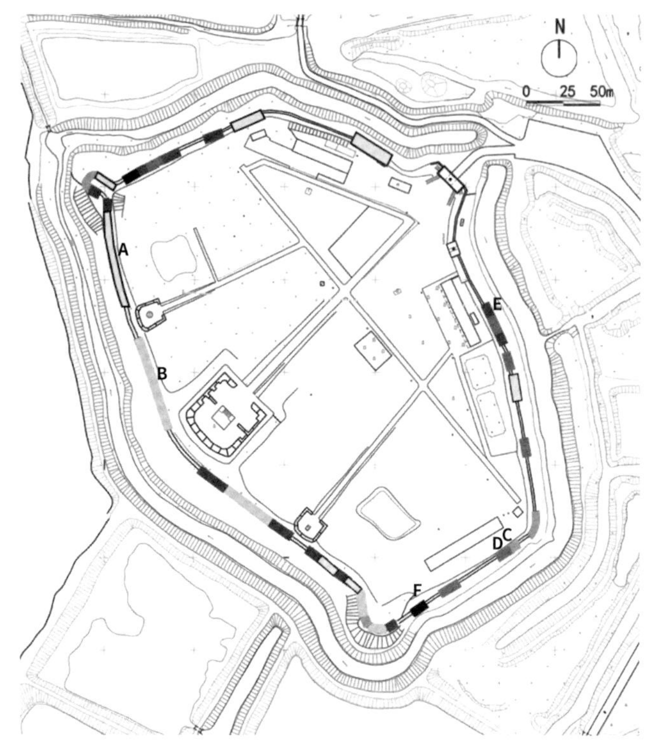

图 16　围墙保护措施（一）

图 15　护台濠上的钢筋混凝土桥

病害种类	破坏现象	破坏原因	主要措施	备注
A 浅根植物影响 ○	植物无组织生长，破坏墙体土体。	未及时清理墙体附着的植物。	清除附生在墙缝中和墙顶上的植物乱根。	
B 深根植物影响	植物乱根深入墙体裂缝，撑破墙体。	未及时清理墙体裂缝中生长的植物，导致植物乱根深入裂缝，撑破墙体。	清除墙顶杂树、乱根。建议使用8%铵盐溶液或0.2%~0.6%的二氯苯氧醋注入树根处理，腐烂后加入三合土夯实。	可采用化学试剂清除植物根系，但应经过试验，确保不对夯土造成破坏。
C 墙体塌陷	墙体部分塌陷、倒塌。	墙体臌胀、开裂、起壳、下沉状况没有得到及时维修，导致破坏加剧严重，出现部分墙体坍塌。	采取加固和确保安全的措施，使用原材料、原工艺补夯墙体。	应保证补夯的土色与原夯土色有显著区别，以确保可识别性。
D 墙面空蚀	墙体立面出现臌胀、开裂、起壳、空蚀。	夯土风化、酥碱。墙体结构材料老化，抗力降低。	清理破坏表面，补夯内侧墙体。对墙体表面的损伤，封堵裂缝。局部重要部位表面损伤墙面，可根据试验结果，采用敦煌研究院开发的PS加固剂或北京大学开发的丙烯酸树脂非水分散体加固剂等土遗址补强制剂，配合锚杆、竹钉予以拉结、修补，防止进一步破坏。	整片墙面臌胀、隆起、扭曲、大角度倾斜，并可能在近期内失稳的，应以安全为第一原则，予以拆除，并使用原材料、原工艺进行补夯。
E 墙体缺口	墙体被打断，或部分缺失。	人为打断墙体。	使用原材料、原工艺补夯。	应保证补夯的土色与原夯土色有显著区别，以确保可识别性。
F 降水冲沟	顶面、侧面浸泡、冲蚀。	年久失修，战争或其他人为原因破坏。	埋设PVC管等排水构造，解决墙顶排水问题，并经常清扫围墙顶面，清除排水障碍。墙体顶面排水构造之上可种植草皮。	

围墙保护措施(二)

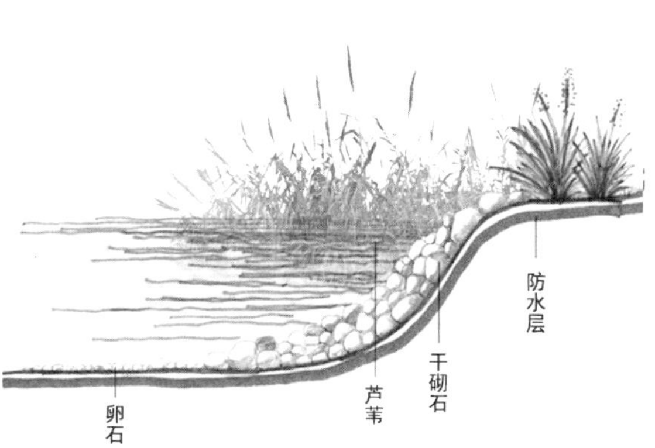

17 护台濠现状及整治措施

表 1　西炮台军事运作体系构成及现状评估

分类	构筑物		功能及形制	保存状况及主要破坏因素
攻击体系	炮台	主炮台	西炮台主要攻击力量，构成主体，配置的火炮射程最远，威力最大。主炮台居中，东与正门相对，台通高 8 米，分两层。下层长 52 米，宽 54 米，高 2 米；上层长 44 米，宽 43 米，高 4 米。台顶四周筑有矮墙，高 2 米，宽 1 米；墙内南北接筑 3 条东西向排列的短墙，相互对称，战时为掩体。	受破坏严重，墙皮脱落，后经过修补，原状基本保存。 历史上的人为破坏、海风侵蚀及大雨冲刷、深根植物破坏。
		小炮台	主炮台的辅助攻击力量，攻击范围较近。台长 16 米，宽 14 米，高 4.7 米。	
		圆炮台	辅助攻击，负责较近区域防御。东南、西北隅各置 1 座。	
		暗炮眼	设置隐蔽，不易被敌人发现，可发动突袭，可控制范围较近，主要作用为防止敌人登陆。主炮台墙下周围设暗炮眼 8 处。	
防御体系	围墙	南段围墙	西炮台主要的屏障，保证炮台安全，提供守备作战的依托。周长 850 米，环抱炮台，西面随辽河转弯之势呈扇形。墙高 3~4 米，宽 2~3 米，其外围陡低 2 米多，内有平坦马道，比外围墙低 1 米多。	受破坏严重，墙皮脱落，后经过修补，原状基本保存。 历史上的人为破坏、海风侵蚀及大雨冲刷、深根植物破坏。
		东段围墙及城门		受破坏严重，墙体多处坍塌，裂缝严重，墙皮脱落。 海风侵蚀及大雨冲刷，深根植物破坏，动植物洞穴造成墙体灌水，进而加速墙体坍塌。
		北段围墙		原城门已不存，围墙有豁口，现城门为 20 世纪 90 年代以后复建，围墙豁口及残毁部分用新的夯土修补，新旧材料区分明显。 海风侵蚀及大雨冲刷。
		西段围墙		西段围墙存在几处缺口，剩余部分保存较好。 人为打断、风雨侵蚀。

续表			
分类	构筑物	功能及形制	保存状况及主要破坏因素
	护台濠	隔断敌人的进攻路线，延滞其进攻。护台濠距围墙外周 8.5~15 米，随围墙折凸而转绕一周，长 1070 米。护台濠上口宽 7 米，底宽 2 米，深 2 米。	原护台濠已淤塞，后于 1987 年和 1991 年两次清理挖掘，并重新修葺。新修的护台濠宽度比发掘实测尺寸明显偏大，且护坡为石砌，与历史不符。 保护不当造成破坏、自然老化。
	吊桥	保证炮台与外部的交通联系，战时收起以便防守。1（或 3）座，设于正门外，横于护台濠上。[1]	现已不存。
	土墙	用于增兵防守，抵御敌人炮火，掩护兵员，还可起到防潮之用。南北两侧各筑土墙一道，长 5000 余米。基宽 10 米，顶宽 5 米，高 2 米。	现已不存。
保障体系	营房	日常生活保障。205 间，青砖砌筑。	遗址在过去发掘中曾部分发现，但尚未进行全面考古发掘。 埋于地下，受破坏因素不得而知。
	弹药库	为炮台提供弹药支援。3 间。	
	水池	日常用水和战时火炮降温用。南北各有 1 处，约 700 平方米。	受扰动少，保存较好。 自然老化。
	影壁	传统建筑营造理念的体现。1 座。	仅存基座。 历史上的人为破坏。

注　西炮台军事运作体系构成整理自：孙福海. 营口西炮台 [Z]. 营口市西炮台文物管理所编. 营口：辽宁省能源研究所印刷厂，2005：16–17、162–167.

1　关于吊桥数量，史载不一。孙福海《营口西炮台》第 17 页载：“吊桥，一个，设于正门外。”而李鸿章光绪十二年（1886）十一月初四名为“营口炮台工费片”的奏折中记为“木桥三座”。参见李鸿章《李鸿章全集》（四册）卷五十一，第 1960 页。

貯木場
平頂山
東郷社宅
東郷採炭所
採炭所
日本人社宅
五老屯

事件途径

「事件性」与「革命旧址」类文物的保护规划编制：兼及红色旅游发展

基金资助：国家自然科学基金青年项目（51308100），主持：沈旸。原文刊载：沈旸、蔡凯臻、张剑葳《「事件性」与「革命旧址」类文物保护单位保护规划——红色旅游发展视角下的全国重点文物保护规划》，《建筑学报》2006 年第 12 期（总第 460 期）。录入本书有增删。

2004 年 12 月，中共中央办公厅、国务院办公厅印发《2004—2010 年全国红色旅游发展规划纲要》(以下简称《纲要》)，就发展红色旅游的总体思路、总体布局和主要措施作出了明确规定。《纲要》指出，在今后 5 年内，我国将在全国范围内重点建设 12 个重点红色旅游区[1](见文后附表)、30 条精品线路和 100 多个经典景区。随即，国家旅游局将 2005 年定为“红色旅游年”。《人民日报》发表评论员文章称，红色旅游作为一种新型的主题性旅游形式，近年来在中国大地逐渐兴起。中国共产党在各个时期领导革命斗争的重要纪念遗址和纪念物，正在成为人们参观旅游的热点。

党和政府决心将众多的革命根据地开发成为红色旅游景区，以大力弘扬民族精神，不断增强民族凝聚力，并推动革命老区在市场经济中的协调发展。发展红色旅游，不仅为广大旅游爱好者提供了一个重温历史、接受爱国主义教育的渠道，同时，一些景区也通过改善交通、通信条件，完善基础设施建设，带动了地区经济发展，为革命老区奔小康提供了新的契机。

大力发展红色旅游事业，其前提是必须对红色旅游的载体——“以中国共产党领导人民在革命和战争时期建树丰功伟绩所形成的纪念地、标志物”——制定科学、合理的保护规划。红色旅游的载体涉及大量全国重点文物保护单位。据初步统计，在已

1　12 个重点红色旅游区包括：沪浙区、湘赣闽区、左右江区、黔北黔西区、雪山草地区、陕甘宁区、东北区、鲁苏皖区、大别山区、太行山区、川陕渝区、京津冀区。

公布的前五批共 1271 处全国重点文物保护单位[1]中，与《纲要》相关的“革命旧址类”[2]约有 83 处，占总数将近 7%。全国重点文物保护单位保护规划与全国红色旅游发展规划两套工作系统在此情势下必然会形成交叉与对接，只有妥善处理好这二者之间的关系，才能使其互为裨益，共同发展。

在全国红色旅游规划工作如火如荼展开的背景下，旅游业的大力发展给文物保护单位带来的既是机遇也是挑战。如何正确处理文物保护与经济建设、文物保护与合理利用的关系，促进文物保护事业的可持续发展，使文物保护单位及其环境得到有效保护是摆在我们面前的重大现实问题，也为“革命旧址”类文物保护单位的保护规划工作提供了新的视角。红色旅游规划的编制与文物保护规划的编制在理论层面与操作层面均产生了交叉，其中尤以保护规划的编制工作更为紧迫。本文基于运用“事件性”理念的实践探索，从对“革命旧址”类文保单位的“事件性”主题归纳入手，强调“事件性”的主体属性以及“事件性”的研究方法，总结出“事件性”对“革命旧址”类保护规划制定的意义。

1“革命旧址”类保护规划对象中的“事件性”主题

为了对“革命旧址”类保护对象的性质和特点进行归纳总结，首先结合《纲要》在“发展红色旅游的总体布局”中提出的“围绕八方面内容发展红色旅游”，对与之相关的全国重点文物保护单位进行梳理和甄别，并对与红色旅游相关的全国重点文物保护单位进行分类：

（1）以革命事件及直接发生地为保护对象的有 24 个，占 29%；

（2）以长期的革命活动及发生地为保护对象的有 40 个，占 48%；

（3）以革命人物纪念地或纪念物为保护对象的有 19 个，占 23%。

1　本文写作时，第六批全国重点文物保护单位名单尚未公布，见《国务院关于核定并公布第六批全国重点文物保护单位的通知（国发〔2006〕19 号）》。

2　专指《中华人民共和国文物保护法》第一章第二条规定的“与重大历史事件、革命运动或者著名人物有关的以及具有重要纪念意义、教育意义或者史料价值的近代现代……代表性建筑”。

其中只有少量单位，如北京天安门、延安岭山寺塔、广州农民运动讲习所（番禺文庙）、海丰龙宫（海丰文庙）等是本身“具有历史、艺术、科学价值的古文化遗址、古墓葬、古建筑、石窟寺和石刻、壁画”，具有“反映历史上各时代、各民族社会制度、社会生产、社会生活的代表性实物”[1]的特性，或是革命人物纪念地或纪念物，剩余约60%的文保单位传递的是革命事件的历史信息。

2“事件性”在“革命旧址”类保护规划中的重要性

由于红色旅游的主题是重温革命事件和活动，本质上具有“事件性”的基本属性，因此，在“革命旧址”类文物保护单位保护规划中，对于“事件性”理念的认知及其研究方法的运用具有重要意义。

“事件性”是革命旧址类文物的主体属性

事件，指对象因某些主、客观因素，加上时间因素所构成的行为组合。其基本属性是社会性、时间性、空间性。

社会性指事件的参与主体，本身一定会有主角、行为模式，在某时、某地发生的具体经过，可以有具体结果，也可以没有。

时间性指事件的全过程，及其在历史断面上的时间区限。

空间性指事件在空间上的物质投影。

尽管保护规划的保护对象是“与重大历史事件、革命运动或者著名人物有关的以及具有重要纪念意义、教育意义或者史料价值的近代现代代表性建筑”[2]，即通常所说的“革命旧址”或“红色旧址”，其被“革命事件”所限定：对于革命事件，参与主体是革命人物（尤指在中国共产党领导下的），发生过程是革命任务的完成或突发的革命事件，空间上的物质投影是发生事件的载体（如建筑、场景等）。

1 《中华人民共和国文物保护法》（2002），第一章第二条（一）、（五）。
2 《中华人民共和国文物保护法》（2002），第一章第二条（二）。

因此，“革命旧址”类保护规划就是针对革命事件的发掘和保护，其本身既是保护的主题内涵又是主要对象。这也决定了此类保护规划区别于其他历史遗产保护的特点：

（1）革命旧址作为主要保护对象，相对而言，其物质性遗产本身留存的时间相对并不久远，建筑艺术价值本身可能并不特别突出。因此，革命旧址本体所具有的艺术价值及建筑史价值大多并非其文物价值中最重要的部分。

（2）结合红色旅游八个方面的内容来看，革命旧址类保护规划更大程度上是以一定历史时期内与革命相关的事件和活动为主题的整体保护。强调事件的过程性、真实性，强调时间、空间与事件的对应性和准确性，强调保护的整体性。

因此，“事件性”的发掘对于“革命旧址”类保护单位的保护规划具有前提性的重要意义。换言之，“事件性”是其真正的内涵与实质。

“事件性”理念在保护规划中的意义

无论是对于价值主体的保护观念，还是保护规划的具体技术手段，“事件性”理念在“革命旧址”类保护规划中都具有独特的重要性，主要体现在：

（1）有利于合理确定保护范围，对物质遗产进行全面的发掘和整体保护

保护范围的划定是保护规划工作的首要任务。当前城市中的不可移动文物，其保护范围、建设控制地带的界划通常是“同心圆环”型，实际难以真正实施。从文物保护单位现状来看，建设控制地带内甚至保护范围内常出现不合控制规定的建筑，实际上没有达到控制建设、保护文物的效果。2005 年 10 月 21 日，国际古迹遗址理事会第十五届大会在西安发表《西安宣言》，指出在历史遗产保护规划中，应“更好地保护世界古建筑、古遗址和历史区域及其周边环境。理解、记录、展陈不同条件下的周边环境”。

“革命旧址”类保护规划有其自身的特点，其保护范围应包括革命事件发生全过程在空间上的物质性投影和印记，是其物质性的载体，从中可以推断、追忆事件发生的全过程。

“革命旧址”类保护规划中，应通过对事件的系统发掘和完整把握，来统一革命历史事件发生的时间、空间维度，尽可能无遗漏地发掘相关物质空间，全面掌握保护对象的物质载体。从保护与开发的角度看，这有利于将过去“散点式”的单体保护模式转变为整体性、系统性的保护，强化各场景之间的物质空间联系和历史脉络上的连续性。重点在于规划展示路线，强化景观节点之间的联系，进而进一步加强整体保护。

（2）有利于系统把握保护主题，对非物质遗产进行完整保护和持续再现

在“革命旧址”类保护规划中，表现革命事件的重要物件、文献（包括手稿、图书资料）、代表性实物等可移动文物至关重要。同样，对于革命事件的发生过程、相关活动（如讲演）、歌曲、仪式等非物质遗产的保护，也是不可或缺的重要内容。在“革命旧址”类保护规划中，充分挖掘革命事件的历史内涵，把握其“事件性”，对于明确保护对象、充分展示保护对象具有重大的积极意义。只有在研究其事件性的基础上，才能全面明确保护对象，制定有针对性的保护措施，从而全面展示革命事件，以保护遗产的真实性、完整性和延续性。

（3）有利于充分发掘相关展陈内容，丰富旅游活动项目，促进协调发展

中国红色旅游网记者就“红色旅游的来历和定义”采访了旅游专家。专家指出：各种形式的旅游一般具有吃、住、玩、游、购、娱这六大要素，但红色旅游还有其自身独有的特点，主要表现在：

学习性：红色旅游以学习中国革命史为目的，以旅游为手段，学习和旅游互为表里，实现“游中学、学中游”。

故事性：要让红色旅游健康发展，使之成为有强烈吸引力的、大众愿意消费的旅游产品，还需要妥善处理红色教育与常规旅游的辩证关系，其中的关键是以小见大，以人说史，避免枯燥说教。

参与性：有些红色旅游景点的游览过程较为艰苦，为改变这种状况，少数景点出现城镇化、商业化、舒适化的倾向，有损害红色旅游本质特色的危险。红色旅游点应紧跟体验经济的潮流，突出旅游项目的参与性。

扩展性：部分红色旅游产品涉及的革命遗物数量少、陈旧、分散，在内容、场地、线路等方面具有局限性。红色旅游要扩展产品链，延长旅游者的游览时间，增加其消费时间、内容和金额。

通过以上分析可以发现，红色旅游要发展，必须结合红色旅游对象包含的深层次含义，充分发掘革命事件的发生、发展。在此基础上，设置相应的服务设施及业态，适度提高收益，提高旅游开发的可操作性。通过各个节点的系统介绍、场景再现、大型主题文艺表演、历史影像资料演播等，还原历史的真实场景。

3“革命旧址”类保护规划中的“事件性”研究方法

“革命旧址”类保护规划的前提,首先在于对历史事件发生的全过程进行充分把握。

由于事件性的发掘强调事件的完整性和真实性，因此，必须基于建立在多学科基础上的技术平台，综合运用历史学、社会学、统计学、工程技术科学等多学科的研究方法，才能逐渐清晰地梳理事件历史脉络，避免缺失错漏，从而进行整体保护。

相关资料与文献解读

对“革命旧址”及其周边环境的充分理解需要利用多学科的知识和各种不同的信息资源，后者包括正式的记录和档案、艺术性和科学性的描述、口述历史和传统知识、对当地或相关地区的地域性以及近景和远景的分析等。同时，文化传统、精神理念和实践，如风水、历史、地形、自然环境，以及其他因素等，共同形成保护对象的物质和非物质价值和内涵。保护范围的界定应当十分明确地体现文物及其周边环境的特点和价值，以及其与遗产资源之间的关系。

文献的主要种类，不仅包括历史文献、志书等，还应充分重视当地民间传说、民谣，以及人们口耳相传的民间口述资料等。

为强调“革命旧址”类保护规划的事件性主题，解读相关资料与文献必须注意：全面掌握事件发生过程；逐一明确事件发生地点；系统认识事件发生环境。

现场调研勘察

理解、记录、展陈周边环境，对于评估古建筑、古遗址和历史区域十分重要。对周边环境进行定义，需要了解遗产资源周边环境的历史、演变和特点。对保护范围进行划界，是一个需要考虑各种因素的过程，包括现场体验和遗产资源本身的特点等。

现场调研勘察范围不仅包括规划范围内的建筑、环境、交通等物质形态，还应该因地制宜地确定更高层面上的研究范围，甚至可以扩大至城市、地区，以求对保护对象在更高的层次、更广的范围上进行研究。

为强调事件性主题，现场调研必须注意：事件与物质空间的对应关系；物质空间的现状及其对保护规划的制约。

建立事件空间档案

与现场调研相结合，理清事件发生的历史脉络，并标注各个重要关键场景的发生地点及事件发生时序，其中对事件发生流线的整理至关重要。并以此为依据，确定保护范围，力求囊括所有的历史信息。

建立事件与保护规划的物质空间对象之间关联的信息库，为明确保护主题、保护范围、环境氛围定位及项目策划建议建立基础信息库。

4“革命旧址”类保护规划中的“事件性”理念运用

以下以“南昌‘八一’起义指挥部旧址保护规划”[1]“抚顺平顶山惨案遗址保护规划”[2]的编制工作为例，概述“事件性”理念的运用。

南昌“八一”起义指挥部旧址保护规划

在革命事件“八一”起义指挥部旧址的研究过程及其保护规划的编制过程中，以旧址所属的“红色旅游主题”为参考线索，对旧址进行各专项评估，制定保护措施，进而配合“红色旅游主题”编制展示规划。

（1）红色旅游类型

反映新民主主义革命时期建党建军等重大事件，展现中国共产党和人民军队创建初期的奋斗历程。

（2）革命事件概述

1927 年，蒋介石、汪精卫先后背叛革命。为了反抗国民党反动派的屠杀政策，挽救中国革命，中共中央于 1927 年 7 月 12 日决定在南昌起义。8 月 1 日，周恩来、

1　规划编制单位：东南大学建筑设计研究院。项目负责人：陈薇、周小棣。项目组成员：沈旸、张剑葳、王劲。

2　规划编制单位：东南大学建筑设计研究院、辽宁省文物保护中心。项目负责人：周小棣、李向东。项目组成员：沈旸、张剑葳、邹晟。

贺龙、叶挺、朱德、刘伯承等领导国民革命军在江西南昌举行了震惊中外的武装起义，打响了武装反抗国民党反动派的第一枪。一支由中国共产党独立领导的崭新的人民军队从此诞生了。

（3）保护区划调整

本规划结合现已形成的城市肌理和景观要素，对保护范围和建设控制地带进行调整，强调可操作性。对保护区划的调整，是在结合历史环境、历史事件及路线的基础上进行的。这实际上是一种尊重文物背景环境的理念，并且体现了“文化路线”的概念。[1]

以朱德军官教育团旧址、朱德旧居保护区划调整为例[图1]：按照原有的保护区划，两处旧址各自处于“同心圆环”中，不仅实际控制效果不佳，而且两处旧址的历史联系也被割裂。史料载，朱德 1926 年冬来到南昌时，租住在现朱德旧居内。1927 年年初，国民革命军第 3 军军官教育团开办时，朱德亲任团长，团址即现在的军官教育团旧址。朱德当时只需出家门沿花园角街走过两三百米的距离，即可到达军官教育团，故每日步行往返于居所与教育团之间。而现在两处旧址之间的通路却被居民楼与其他单位阻断，必须绕行近 1 千米才能到达。针对此，本规划在调整保护区划时，将联系两旧址的街巷纳入保护范围，沿街划为建设控制地带，以表达特定历史时期的历史信息。而在此基础上进行的环境整治和展示规划也着重体现当时的历史信息和环境氛围。

（4）展示规划设计

由于旧址分布在南昌城内五处，因此展示线路的研究与设计是展示规划中的工作重点。本规划主要体现了以下两点：

其一，在历史研究的基础上，挖掘革命事件相关资源，整合展示路线。以规划游览线路之一“英雄城市、军队摇篮”展示游览线路为例：“八一”起义纪念馆（包括旧址、新馆和“八一”主题园）—起义军总指挥部旧址—贺龙 20 军指挥部旧址—朱德第 3 军军官教育团旧址—朱德巷道—朱德旧居—佑民寺—叶挺 11 军指挥部旧址。线路中的佑民寺始建于南朝梁代，初称为上蓝寺，1929 年起称为佑民寺，1997 年重建，是目前南昌市内仅存的一座完整寺院；寺内供奉的巨大铜佛高 9.8 米，重 36 000 斤，是一座享誉东亚、东南亚的古刹。据“八一”起义相关史料记载，此处在南昌起义前为敌军弹药库，起义战斗时被起义军 72 团占领。将佑民寺设计到游览线路中，既整合了资源，为旅游线路增添了一个重要景点，也能将“八一”起义的历史事件表现得更为完整。[图2]

1　在本规划的编制渐入尾声时，2005 年 10 月 21 日，国际古迹遗址理事会第十五届大会在西安发表《西安宣言》，强调了对古迹、遗址“周边环境”及“文化路线”的重视。本规划可视为对《西安宣言》相关理论的一次“先期”应用。

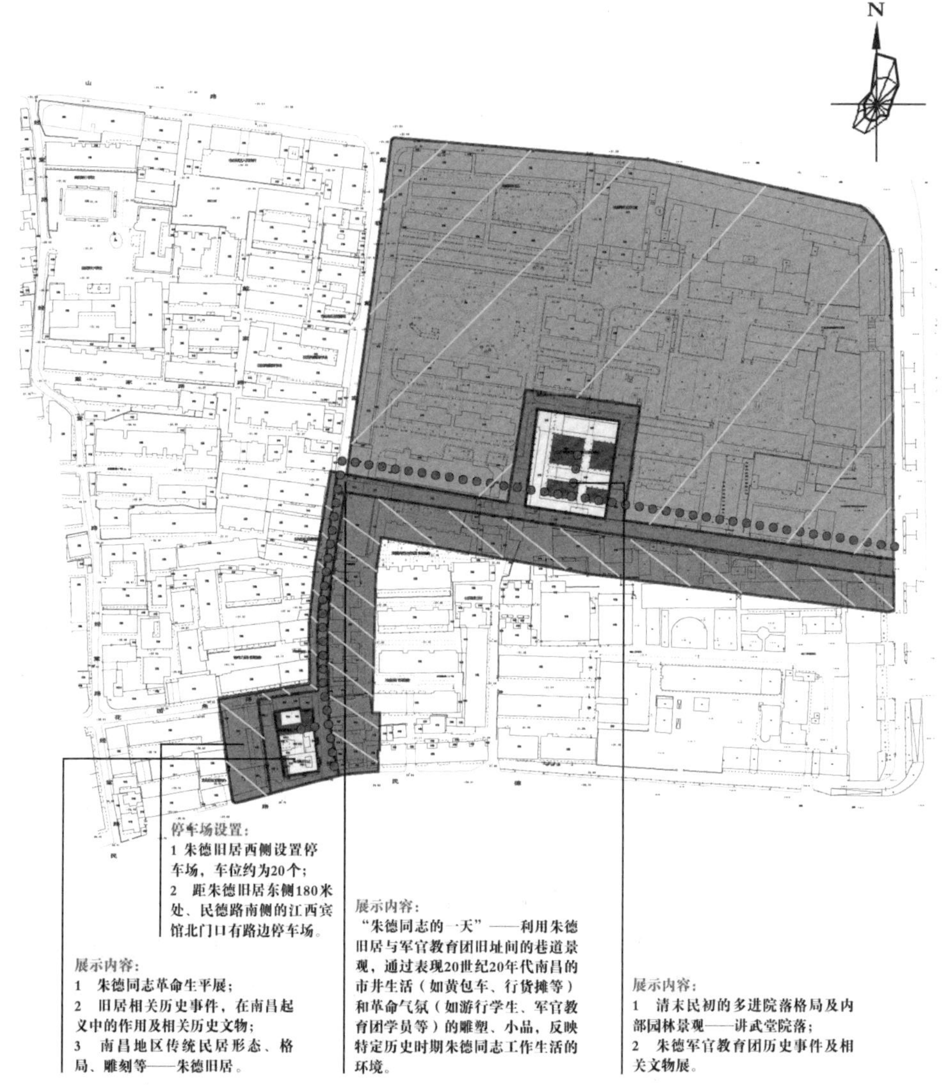
N
停车场设置：
1 朱德旧居西侧设置停车场，车位约为20个；
2 距朱德旧居东侧180米处、民德路南侧的江西宾馆北门口有路边停车场。
展示内容：
1 朱德同志革命生平展；
2 旧居相关历史事件，在南昌起义中的作用及相关历史文物；
3 南昌地区传统民居形态、格局、雕刻等——朱德旧居。
展示内容：
“朱德同志的一天”——利用朱德旧居与军官教育团旧址间的巷道景观，通过表现20世纪20年代南昌的市井生活（如黄包车、行货摊等）和革命气氛（如游行学生、军官教育团学员等）的雕塑、小品，反映特定历史时期朱德同志工作生活的环境。
展示内容：
1 清末民初的多进院落格局及内部园林景观——讲武堂院落；
2 朱德军官教育团历史事件及相关文物展。
展示区内游线示意
文物保护单位建筑本体
重点保护区
一般保护区
一类建设控制地带
二类建设控制地带
0 10 20 40 100m

图1 朱德同志主题展示区展示规划

其二，结合红色旅游规划考虑展示规划。“八一”起义指挥部旧址是南昌市最重要的红色旅游资源，而展示规划是与红色旅游规划直接衔接的部分。虽然根据《全国重点文物保护单位保护规划编制要求》，旅游规划并不是保护规划框架内的必要部分，仍仔细研究了国家以及江西省的红色旅游政策及相关文件，在此基础上综合考虑红色旅游空间结构，提出了展示线路设计。同时整合研究了省际及江西省内各红色旅游资源，在展示规划文本中落实为“红色旅游线路导引”，直接与红色旅游规划相衔接，为推动红色旅游事业向纵深方向发展打下基础。

抚顺平顶山惨案遗址保护规划

（1）红色旅游类型

反映各个历史时期在全国具有重大影响的革命烈士的主要事迹，彰显他们为争取民族独立、人民解放而不怕牺牲、英勇奋斗的崇高理想和坚定信念。

（2）革命事件概述

平顶山惨案遗址纪念馆未修建前是呈南北走向的一块狭长平地。早年其东侧不远处自北向南为市区通往南花园地区的乡路，路旁原有一条季节性小溪。随着西露天矿坑的开掘，这条乡路成为通往市区的干道，现已拓宽为 14 米的柏油路。平顶山村原来就位于公路东侧不远的山坡上，村民分坎上坎下居住。1932 年惨案发生时，“平顶山屠场是村子西面一块种植牧草的平坦草地，北临牛奶场和通向栗家沟的村口。屠场西面是今立有纪念碑的平顶山下高达 4 米的陡崖,东面是东山沟的一排蒙着布的机枪，南面是通千金堡的路口，北、南路口已被封锁，东有机枪，西有陡壁，屠场上的人们几乎无路可逃。这时候，屠场执行军官井上清一一声断喝，所有的机枪同时揭开伪装，向密集的人群扫射”[1] 图 3~图 5。事后，平顶山村为日军纵火烧毁。后来由于抚顺西露天矿的开采，这里成为矿区的一部分，修有铁路专用线和厂房。

（3）保护区划调整

建议调整后的保护范围新增了遗骨馆东侧，包括西露天矿一车间部分厂房在内的地段。根据历史研究和现场调查，此地段原为平顶山村被毁前所在地。日军把居民驱赶到现在大致是遗骨馆的位置，形成包围圈，用机枪对居民进行扫射。这是平顶山惨案发生的历史环境，有必要将此处划入保护范围，加以标示，使平顶山惨案这一历史

1　佟达．平顶山惨案 [M]．沈阳：辽宁大学出版社，1995：184．

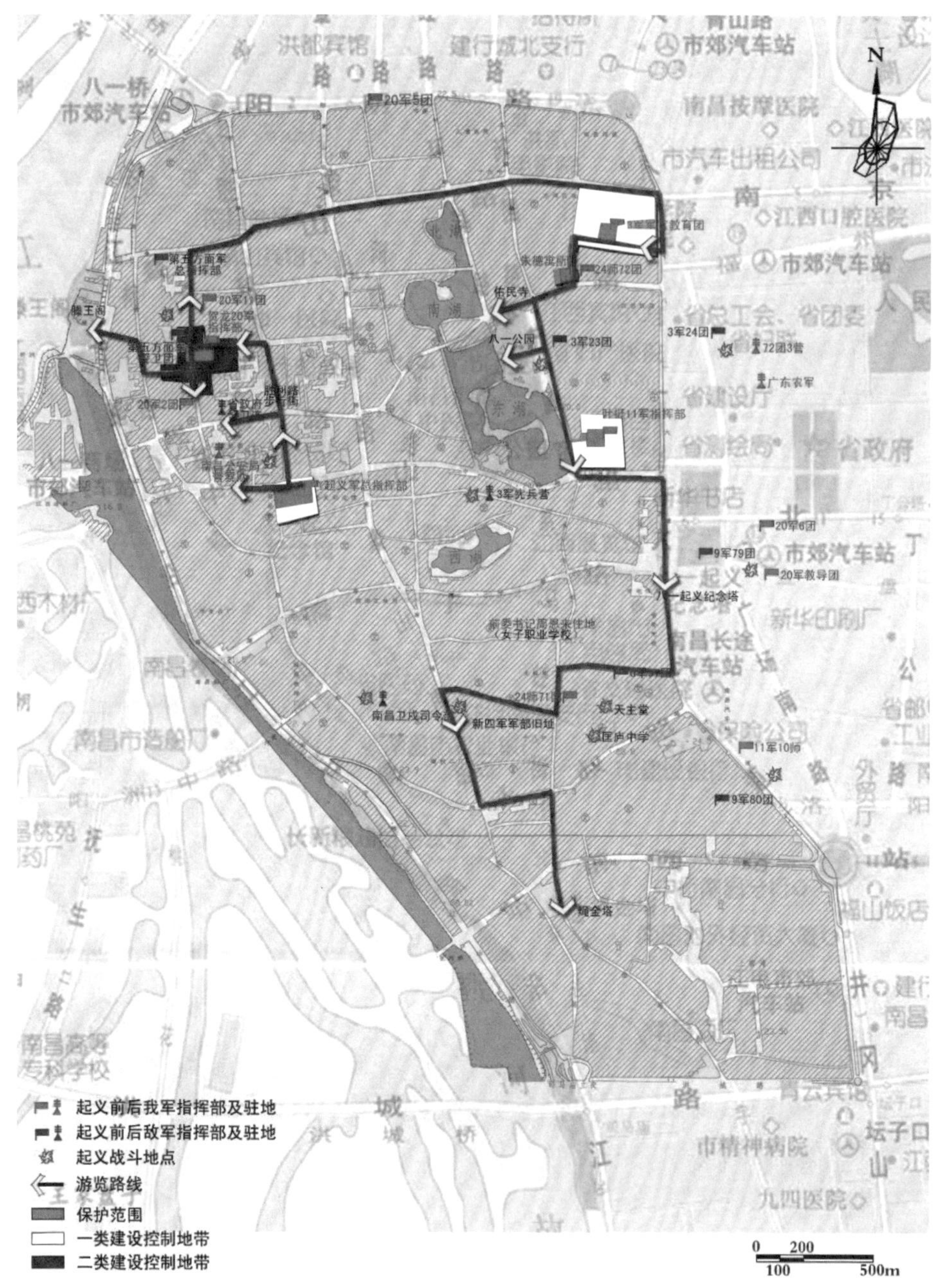

图2 “英雄城市、军队摇篮”展示游览线路

图 3　保护规划实施前组图

A 遇难同胞纪念碑　B 全国重点文物保护单位标志牌　C 文物库房　D 纪念馆办公楼　E 遇难同胞遗骨馆　F 北眺纪念馆

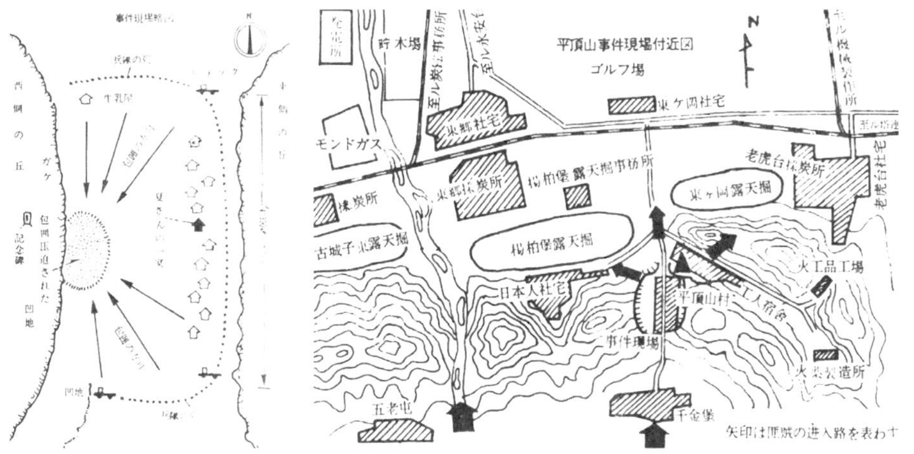

图 4　平顶山惨案现场及附近示意

引自佟达《平顶山惨案》

图 5　遗骨馆陈列遗骨

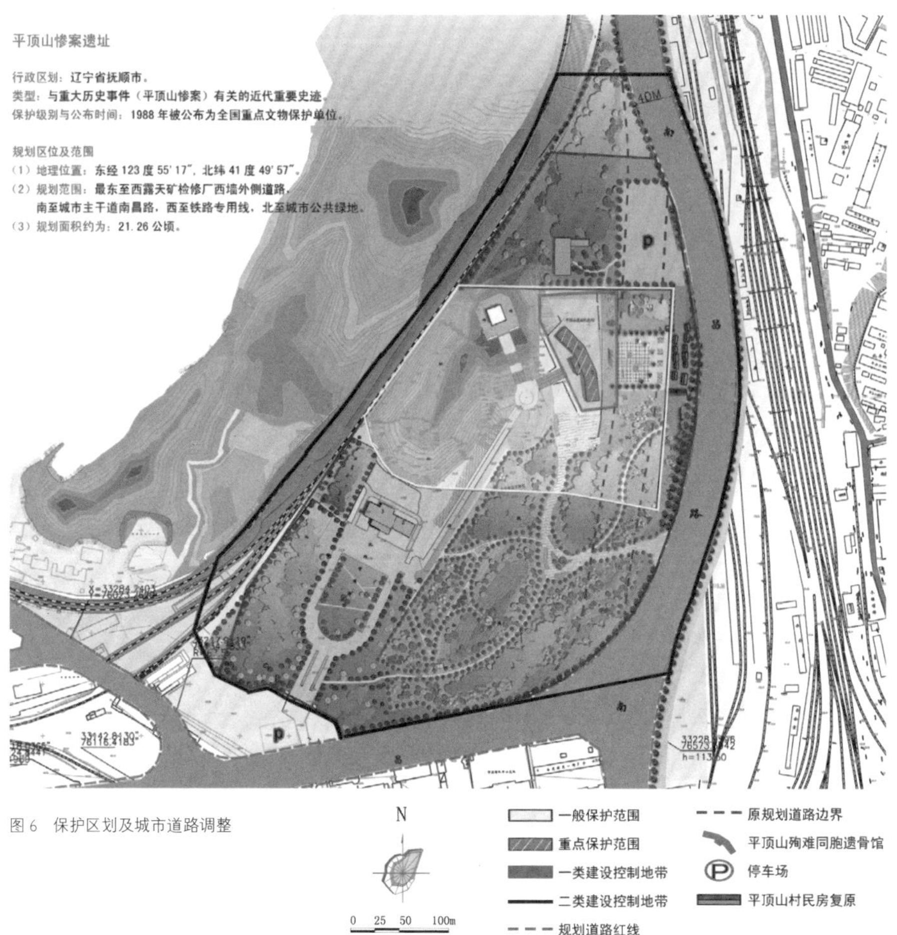
平顶山惨案遗址
行政区划：辽宁省抚顺市。
类型：与重大历史事件（平顶山惨案）有关的近代重要史迹。
保护级别与公布时间：1988 年被公布为全国重点文物保护单位。
规划区位及范围
（1）地理位置：东经 123 度 55′17″，北纬 41 度 49′57″。
（2）规划范围：最东至西露天矿检修厂西墙外侧道路，
南至城市主干道南昌路，西至铁路专用线，北至城市公共绿地。
（3）规划面积约为：21.26 公顷。
40M
P
N
0 25 50 100m
一般保护范围
重点保护范围
一类建设控制地带
二类建设控制地带
规划道路红线
原规划道路边界
平顶山殉难同胞遗骨馆
停车场
平顶山村民房复原
图 6 保护区划及城市道路调整

事件的各种历史信息完整地传诸后世。

规划分区中的惨案遗址展示区（Ⅰ区）是平民遇难处，平顶山村惨案历史环境区（Ⅲ区）是日军架设机枪的包围地，二者是历史事件的主要发生地。

Ⅰ区东侧南昌路按照抚顺市城市总体规划将拓宽至 40 米，将与建议调整后的保护范围相交，这对遗址保护是极其不利的。故规划将原规划道路自现遗骨馆北侧 300 米处起至南端南昌路丁字路口止的一段向东移至 40 米外，并与现有道路相接，从而绕过了Ⅲ区，使Ⅰ区与Ⅲ区相连接，同时也使城市干道尽量远离遗址，两者间设置的绿化隔离带将南昌路的噪声和降尘污染减至最小[图 6、图 7]。

相关的环境提升工程要达到的效果，即是对当年惨案的历史信息和发生场景做出提示与标识，维护文物及其相关环境的完整性，使历史信息传诸后世。故近期在Ⅲ区

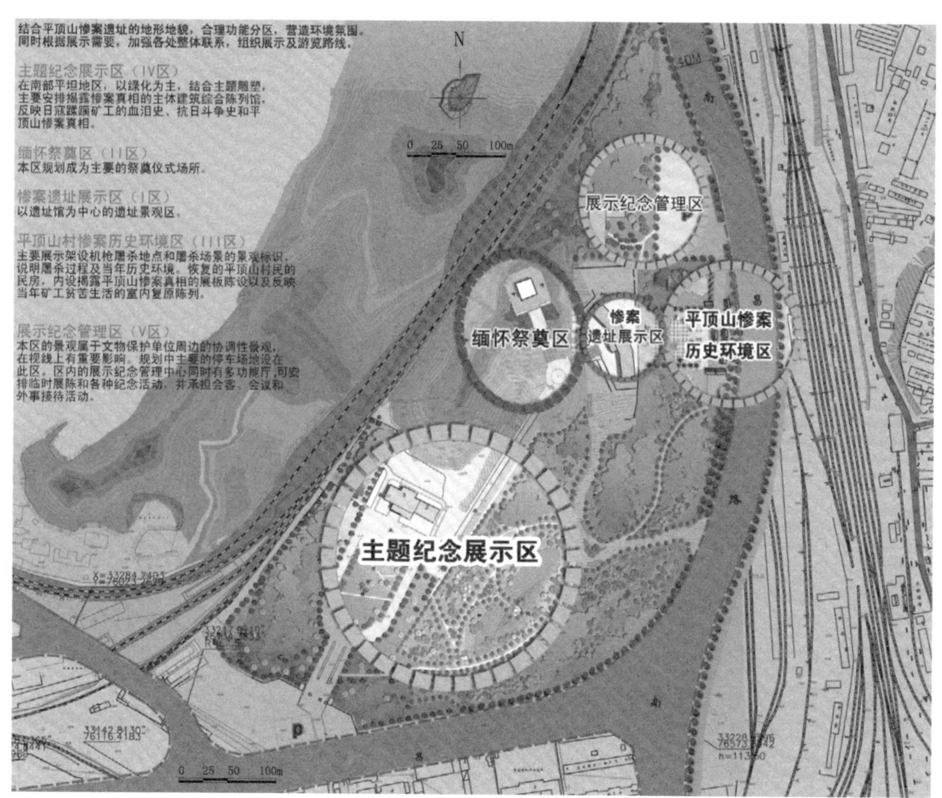

结合平顶山惨案遗址的地形地貌，合理功能分区，营造环境氛围。
同时根据展示需要，加强各处整体联系，组织展示及游览路线。
主题纪念展示区（IV区）
在南部平坦地区，以绿化为主，结合主题雕塑，
主要安排揭露惨案真相的主体建筑综合陈列馆，
反映日寇蹂躏矿工的血泪史、抗日斗争史和平
顶山惨案真相。
缅怀祭奠区（II区）
本区规划成为主要的祭奠仪式场所。
惨案遗址展示区（I区）
以遗址馆为中心的遗址景观区。
平顶山村惨案历史环境区（III区）
主要展示架设机枪屠杀地点和屠杀场景的景观标识，
说明屠杀过程及当年历史环境。恢复的平顶山村民的
民房，内设揭露平顶山惨案真相的展板陈设以及反映
当年矿工贫苦生活的室内复原陈列。
展示纪念管理区（V区）
本区的景观属于文物保护单位周边的协调性景观，
在视线上有重要影响。规划中主要的停车场地设在
此区。区内的展示纪念管理中心同时有多功能厅，可安
排临时展陈和各种纪念活动，并承担会客、会议和
外事接待活动。
N
0 25 50 100m
展示纪念管理区
缅怀祭奠区
惨案
遗址展示区
平顶山惨案
历史环境区
主题纪念展示区
0 25 50 100m

图 7　保护规划展示分区

立标志牌标明架设机枪屠杀的地点，以说明屠杀过程及当年历史环境。远期在与惨案遗址展示区相接处按照屠杀场景布置景观标识，铺地使用卵石、碎沙石与广场砖相结合，表现惨烈、压抑的屠杀现场。机枪架设点可考虑用抽象雕塑、景观小品表示，并辅以说明。总之要表现屠杀发生时悲肃、压抑的气氛，但不宜具象地宣扬暴力、渲染屠杀，目的在于引导参观者铭记历史惨痛教训，牢记和平来之不易，而非渲染恐怖、制造仇恨。并可适量恢复部分当年平顶山村的民房，内设揭露平顶山惨案真相的展板陈设以及反映当年矿工贫苦生活的室内复原陈列。民房的复原设计要参照历史资料和周边民居，本着严谨的态度进行[图8]。方案应由获得文物保护工程资质的设计单位设计，防止发生建筑史时间、空间上的错位。

附表：与“围绕八方面内容发展红色旅游”相关的前五批全国重点保护文物分类				
“红色旅游”内容	全国重点文物保护单位名称	年代	地址	公布情况
反映新民主主义革命时期建党建军等重大事件，展现中国共产党和人民军队创建初期的奋斗历程	中国共产党第一次全国代表大会会址	1921 年	上海	第一批
	嘉兴中共“一大”会址	1921 年	浙江嘉兴	第五批
	安源路矿工人俱乐部旧址	1922 年	江西安源	第二批
	中国社会主义青年团中央机关旧址	1920—1921 年	上海	第一批
	中华全国总工会旧址	1925—1927 年	广东广州	第三批
	中共琼崖第一次代表大会旧址	1926 年	海南海口	第五批
	“八一”起义指挥部旧址	1927 年	江西南昌	第一批
反映中国共产党在土地革命战争时期建立革命根据地、创建红色政权的革命活动	广州农民运动讲习所旧址	1926 年	广东广东	第一批
	秋收起义文家市会师旧址	1927 年	湖南浏阳	第一批
	海丰红宫、红场旧址	1927—1928 年	广东海丰	第一批
	广州公社旧址	1927 年	广东广州	第一批
	井冈山革命遗址	1927—1927 年	江西宁冈	第一批
	八七会议旧址	1927 年	湖北武汉	第二批
	红安七里坪革命旧址	1927—1934 年	湖北红安	第三批
	龙港革命旧址	1927—1930 年	湖北阳新	第五批
	武汉农民运动讲习所旧址	1927 年	湖北武汉	第五批
	平江起义旧址	1928 年	湖南平江	第三批
	湘南年关暴动指挥部旧址	1928 年	湖南宜章	第四批
	古田会议旧址	1929 年	福建上杭	第一批
	中国工农红军第七军、第八军军部旧址	1929—1930 年	广西百色、龙州	第三批
	长汀革命旧址	1929—1933 年	福建长汀	第三批
	右江工农民主政府旧址	1929 年	广西田东	第四批
	湘鄂西革命根据地旧址	1931—1932 年	湖北洪湖、监利	第三批

续表				
“红色旅游”内容	全国重点文物保护单位名称	年代	地址	公布情况
	瑞金革命遗址	1931—1934 年	江西瑞金	第一批
	宁都起义指挥部旧址	1931 年	江西宁都	第三批
	鄂豫皖革命根据地旧址	1931 年	河南新县	第三批
	湘赣省委机关旧址	1931—1934 年	江西永新	第四批
	闽浙赣省委机关旧址	1931—1934 年	江西横峰	第四批
反映红军长征的艰难历程和不屈不挠、英勇顽强的大无畏革命精神	红四方面军总指挥部旧址	1932—1935 年	四川通江	第三批
	红二十五军长征出发地	1934 年	河南罗山	第四批
	遵义会议旧址	1935 年	贵州遵义	第一批
	泸定桥（红军长征途中抢夺铁索桥战役的纪念地）	1935 年	四川泸定	第一批
	哈达铺红军长征旧址	1935—1936 年	甘肃宕昌	第五批

注
（1）红色旅游景点界定的前提是“中国共产党领导下”，因此某些文保单位，如纪念国民党抗战英雄的南岳忠烈祠等、纪念抗战全面爆发的卢沟桥等、纪念民主人士的宋庆龄故居等，未列入本文论述范畴。
（2）第一批于 1961 年 3 月 4 日公布；第二批于 1982 年 2 月 24 日公布；第三批于 1988 年 1 月 13 日公布；第四批于 1996 年 11 月 20 日公布；第五批于 2001 年 6 月 25 日公布。

图 8　平顶山村复原模型

「事件性」特征与「完整性」评估：近现代重要史迹的信息链接与史实表达

基金资助：国家自然科学基金青年项目（513C8100），主持：沈旸。原文刊载：相睿、周小棣、沈旸《近现代重要史迹的「事件性」特性与「完整性」评估》，《建筑学报》2008年第12期（总第484期）。录入本书有增删。

文物保护理念紧随着保护实践不断演进，保护对象更趋完整，保护内容更加完善，保护措施更加具有科学性和前瞻性。面对纷繁各异的保护对象，保护的理念如何体现到具体的保护工作中极为关键，需针对不同类型保护对象进行大量研究和探讨。

保护文物的真实性、完整性和延续性是文物保护的基本要求，诸多先进的保护理念即体现于此。其中完整性要求是重要组成部分，也是全面认识和分析文物构成、制定保护措施及其他专项规划的基础。本文结合近现代史迹的特点，针对完整性的价值评估进行策略层面的探讨。

1 “事件性”特征与“完整性”要求

完整性聚焦于对文物构成的理解。其概念最初应用于自然遗产中，后转而成为评估文化遗产的重要内容。而在对文化遗产的认识中人们从来没有停止关于完整性的探索。1964年《关于古迹遗址保护与修复的国际宪章》[1]（《威尼斯宪章》）提出了“完整性”

1　1964年5月25—31日在威尼斯召开的第二届历史古迹建筑师及技师国际会议中通过。其第六条称：古迹的保护包含着对一定范围环境的保护。凡传统环境存在的地方必须予以保存，决不允许任何导致群体和颜色关系改变的新建、拆除或改动。第十四条称：古迹遗址必须成为专门照管对象，以保护其完整性，并确保用恰当的方式进行清理和开放。

的概念，其关于完整性的认识涉及本体、环境和保护机制三个方面。

这些内容在其后各阶段的文物保护思潮中逐步得到充实和完善。完整性由对单体的要求逐步扩展到城市和历史街区，由对形式的要求逐步过渡到强调结构机能的保护，由对有形遗产的保护扩展到对功能、社会层面的无形遗产的保护。完整性内涵演化的过程反映了人们认识事物的过程，它由形式（关注形式要素的完整）开始，进而涉及结构（关注要素之间关系的完整，关注自然、历史环境及其与城市之间的关系）和功能，最终停留在一个自然和社会交织的复杂层面上。这个由本体、环境和社会等诸多因素组成的完整性，其内涵可谓丰富，但也意味着其在面对具体保护对象时具有多变性，面对不同的对象必然会有不同的侧重。比如，对于一个街区，其完整性的内涵最终要建立在社会和功能的基础之上，而对于一个历史遗存信息相对较少的建筑单体，其完整性可能只需停留在空间结构层面，这与不同文物历史信息的保存状况密切相关。

完整性的要求使得在进行文物保护时考虑的内容更加全面，也是采用先进理念、完善保护对象、采取适当保护措施、进行其他单项规划的重要基础。至于应当如何利用完整性的理念来指导对保护对象的完整性的认识与建构，则需要结合不同的文物保护类型进行探讨。

“文物指遗存在社会上或埋藏在地下的人类文化遗物。”[1] 不同文物依据其时代环境及自身特点而千差万别。我国的《文物保护法》将文物分为五大类，其中只有一类规定了具体的时代，即“与重大历史事件、革命运动或者著名人物有关的以及具有重要纪念意义、教育意义或者史料价值的近代现代重要史迹、实物、代表性建筑”，凸显了此类文物在时间上的近时性特质。这些文物都产生在近代，与特定的历史事件、历史人物相联系，具有“使用历史性”（use-historic）的特点，与“时间历史性”（time-historic）相对。文物产生时间相对较短，其价值更多地依附于历史事件或历史人物留存的历史信息。因此，能否真实、完整地体现其依附的对象就成为评估文物价值、实施文物保护过程中的重要内容。

近现代重要史迹是近代历史事件、历史人物活动的产物，通常具有详尽的文字记录和大量相关文物，依据这些信息可以了解相关事件过程和人物经历。其价值体现在对于某一重大历史事件和人物生活的记录，其完整性主要体现在对它所见证的历史进程的记录能力上，越是能完整详尽地记录那段历史的进程，说明其完整性越高，反之亦然。其保护的目标是：一方面要更好地保护它所蕴含的历史信息，另一方面，要使

1　辞海编辑委员会. 辞海 [M]. 上海：上海辞书出版社，2000：4367.

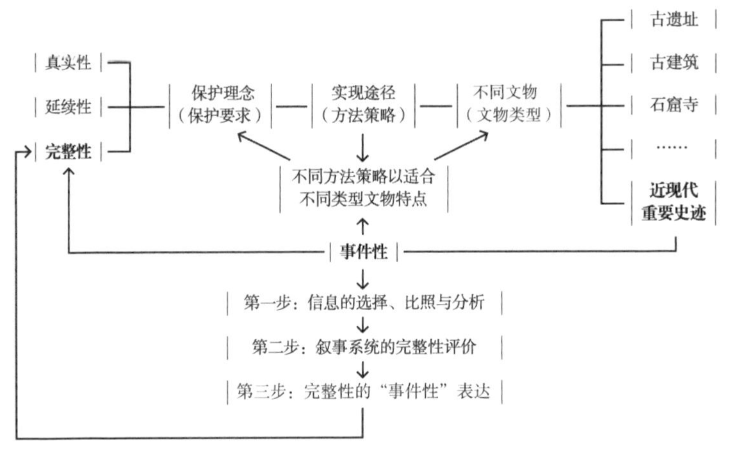

图 1　近现代重要史迹的完整性构建

之经过适当的保护、组织整理之后能够更加充分地展现其所见证的历史过程。

利用近现代重要史迹的“事件性”[1]特点，在对历史事件进行整理后，可以根据有序和翔实的历史事件记录对文物现存历史信息进行梳理和再组织，完善由文物及其历史信息与相关历史事件构成的叙事系统，在系统中评估文物的完整性和真实性，评估文物的价值，并针对评估内容确定保护措施和其他单项规划的组织。对“事件性”的掌握为理解文物构成提供了方法和策略。“事件性”在构建近现代重要史迹的完整性时具有独特的优势，这种优势源于近现代重要史迹的特性，体现在其完整而有序的方法上。所以，抓住近现代重要史迹的“事件性”特点是建构此类文物历史信息完整性的关键一环[图1]。

1　“事件性”是近现代文物的重要特点，详见沈旸等《“事件性”与“革命旧址”类文物保护单位保护规划——红色旅游发展视角下的全国重点文物保护规划》，《建筑学报》2006 年第 12 期（总第 460 期），第 48–51 页。

图 2　抚顺战犯管理所及周边现状全景

2“事件性”特性与“完整性”构建：以抚顺战犯管理所旧址为例

在我国现已公布的近现代重要史迹中，抚顺战犯管理所旧址[1、图2]就其功用来说可谓孤例，即使在世界范围内也很难找到与之相仿的例子。它不同于其他监狱或者集中营，“改造”这个特殊的使命赋予了它见证那段历史进程的独特视角。

第一步：信息选择、比照与分析

文物的信息通常通过文献查找、现场踏勘和问卷访查等途径来获取。在“事件性”的研究方法中要注意不同信息处理的次序。

首先，通过文献查找，构建事件的发展过程。战犯管理所的资料查找和整理涉及志书、地方档案、相关研究书籍、老照片等文献资料。其中《抚顺战犯管理所志》和抚顺市地方档案为研究提供了大量详细信息，相关研究书籍可以增加对宏观和具体问题的了解。经过对大量文字图片信息的总结整理，可以得出包括时间、事件和事件对象在内的表格[表1]，展现了战犯管理所见证的历史进程[图3]。

在上述工作的基础上开始对战犯管理所进行现场勘察。勘察内容除了对于文物本体及其环境现状的勘察外，还包括将每个具体地点与其历史事件进行关联，注重在历史事件中理解现有的场所及其历史信息[图4、图5、表2]。

1　抚顺战犯管理所旧址位于抚顺市浑河北岸高尔山下，由日本人始建于 1934 年，初为关押和残害我抗日军民和爱国同胞的场所，1948 年后改为“辽东省第三监狱”。20 世纪 50 年代，为接收、关押和改造日、满战犯及部分国民党战犯，将其改为东北战犯管理所。至 1975 年 3 月最后一批战犯被特赦，抚顺战犯管理所先后收押改造战犯 1381 名，其中包括末代皇帝溥仪和 982 名日本战犯。对战犯的成功改造使抚顺战犯管理所为世界所关注。

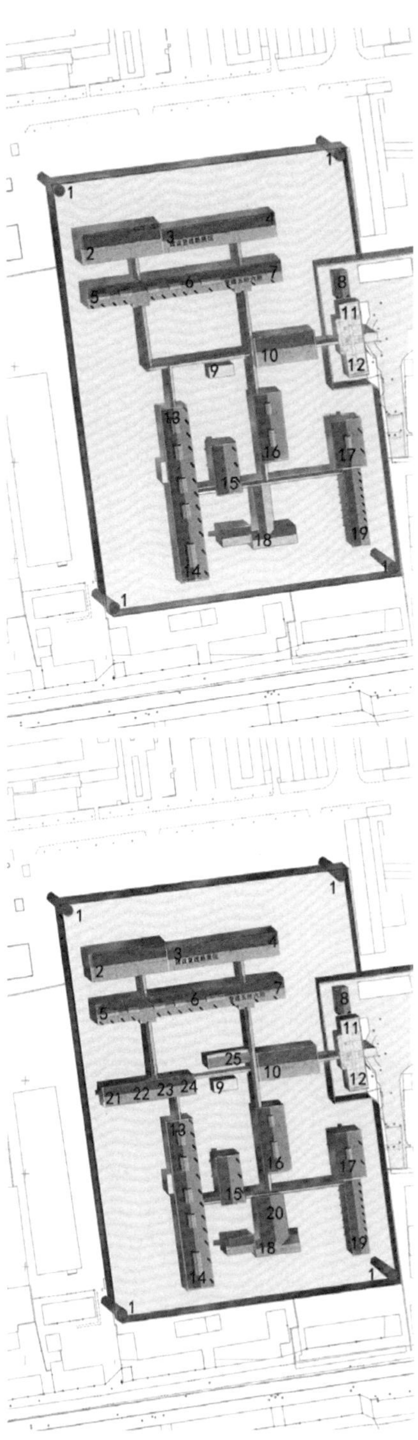

图 3-1　建筑布局沿革

1936 年建筑状况

1　角楼、围墙
2　大礼堂
3　铁工厂
4　草绳工厂
5　五所
6　六所
7　仓库
8　车库
9　露天舞台
10　办公楼
11　一号会议室
12　所长室、小会议室
13　四所
14　三所
15　俱乐部
16　伙房
17　一所
18　七所
19　二所

1950 年 6 月—1956 年 9 月

1　角楼、围墙
2　大礼堂
3　铁工厂
4　草绳工厂
5　五所（1950 年 7 月—1956 年 9 月关押日本校级战犯）
6　六所（1950 年 7 月—1956 年 9 月关押日本将级战犯）
7　仓库
8　车库
9　露天舞台
10　办公楼
11　一号会议室
12　所长室、小会议室
13　四所（1950 年 7 月—1956 年 9 月关押日本尉级或尉级以下战犯）
14　三所（1950 年 7 月—1956 年 9 月关押日本尉级或尉级以下战犯）
15　俱乐部
16　伙房（1950 年重建）
17　一所（关押伪满战犯。其中 1、3 号房间先后为溥仪的监室）
18　七所（1950 年 7 月—1956 年 9 月关押日本、伪满战犯病犯）
19　二所（1950 年 7 月—1956 年 9 月关押伪满战犯）
20　医务室
21　锅炉房
22　面包室
23　理发室
24　浴室
25　花窖

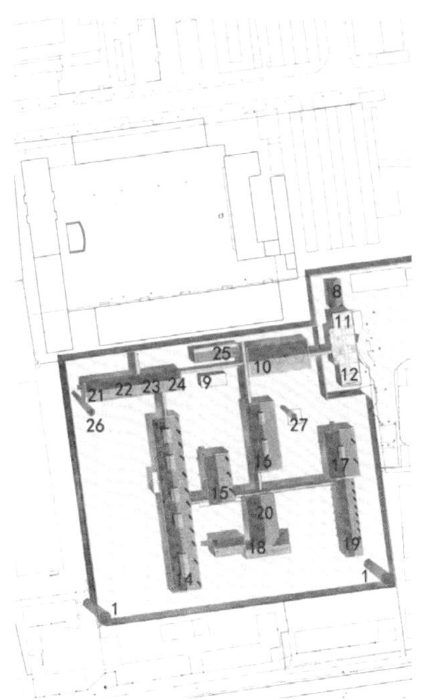

图 3-2 建筑布局沿革

1956 年 9 月至今建筑状况

原大礼堂、铁工厂、草绳工厂、仓库、五所、六所均于 1956 年 9 月划归抚顺监狱使用，1983 年毁于监狱重建。

1 角楼、围墙
8 车库
9 露天舞台
10 陈列室（原办公室，1989 年南侧监壁全部打开，设立“改造日本战犯陈列室”，1999 年监壁全部打开，设立“改造日本战犯陈列室”）
11 一号会议室
12 所长室、小会议室
13 四所（1956 年 9 月，56 至 65 号监室关押国民党战犯，67 至 71 号监室关押伪满战犯，其中，68 号为溥仪的监室，70 号为厕所。1986 年 5 月至今作为监舍对外展示）
14 三所（1956 年 9 月—1975 年 3 月关押国民党战犯，1989 年 5 月至今作为监舍对外展示）
15 俱乐部
16 陈列室（原伙房，1986 年 5 月至今改造为日本“中归联”陈列室）
17 陈列室（原一所，1956 年 9 月—1975 年 3 月关押国民党战犯，1986 年 5 月至今改造为日本战犯陈列室）
18 七所（1956 年 9 月—1975 年 3 月关押被判刑的 45 名日本战犯，1986 年 5 月至今作为监舍对外展示）
19 二所（1956 年 9 月—1975 年 3 月关押伪满战犯，1986 年 5 月至今作为监舍对外展示）
20 医务室
21 锅炉房
22 面包室
23 理发室
24 浴室
25 花窖
26 烟囱
27 谢罪碑（1988 年 10 月日本战犯捐款修建）

图 4 不可移动文物之主楼、一所、二所和谢罪碑

图 5 监舍内景、会议室和战犯使用过的器具

表 1　战犯管理所见证的历史进程

时期	时间	事件	事件对象
战犯管理所前期	1934 年	日本侵略者侵略抚顺时，在抚顺城西墙外强行征地，将千金寨原奉天第十五监狱迁于此地，作为专门关押和残害我抗日军民和爱国同胞的场所。监狱被称为抚顺典狱	监狱建筑组群及草绳工厂和大礼堂
	1948 年	此监狱被我人民政府接管，改建为辽东省第三监狱	
战犯管理所时期	1950 年	东北战犯管理所成立。同年，苏联移交的日本战犯经铁路抵达抚顺城站进入管理所接受改造	抚顺城站、监狱建筑组群、草绳工厂和大礼堂、战犯管理所农场、高尔山
	1956 年 6 月—1964 年 3 月	对日本战犯分批全部宽大释放回国	
	1956 年 9 月	日本战犯被宣判、处理后，五所、六所和大礼堂、铁工厂划归抚顺监狱使用	
	1959 年 12 月—1975 年 3 月	对伪满和国民党战犯分批全部宽大释放	
战犯管理所后期	1976 年 1 月—1984 年	抚顺战犯管理所由辽宁省人民边防武装警察总队管理。后由公安部收回，由辽宁省公安厅代管	“中归联”、向抗日殉难烈士谢罪碑（简称“谢罪碑”）
	1986 年	按原貌部分恢复抚顺战犯管理所，作为改造战犯的旧址对国内外开放，后将原办公室、四所的一部分和一所分别改建为综合陈列室、末代皇帝陈列室和日本“中国归还者联络会”（简称“中归联”）陈列室	
	2006 年	被国务院公布为全国重点文物保护单位	

通过上述工作就可以将每一个现存场所与相关历史进程相对应，并将遗存放在自身历史进程中加以理解和认识。这对于深入理解文物构成、评估文物价值、考虑保护措施都有重要的决定作用。

此外，还应将历史文献中整理出的事件对象与现存空间场所一一对照，寻找事件对象与现存保护对象之间的差异，针对现状发现完整性的缺失环节。在将战犯管理所的事件对象与现存保护对象对照时发现了如下问题：

（1）抚顺城站作为日本战犯到达抚顺的第一站，也是其改造的起点，并未纳入保护系统之中。

表 2　建筑与历史事件的关联

建筑	时间	事件
五所	1936 年	由日本人始建
	1950 年 7 月—1956 年 9 月	关押日本校级战犯
	1956 年 9 月	划归抚顺监狱使用，1983 年毁于监狱重建
六所	1936 年	由日本人始建
	1950 年 7 月—1956 年 9 月	关押日本将级战犯
	1956 年 9 月	划归抚顺监狱使用，1983 年毁于监狱重建
七所	1936 年	由日本人始建
	1950 年 7 月—1956 年 9 月	关押日本、伪满战犯病犯
	1956 年 9 月—1975 年 3 月	关押被判刑的 45 名日本战犯
	1986 年 5 月至今	作为监舍对外展示
谢罪碑	1988 年 10 月	日本归国战犯捐款修建

（2）五所、六所是改造和关押日本将、校级战犯的监舍，是重要的事件对象，但已经遭到彻底破坏[图6]。

（3）战犯管理所农场曾是战犯劳动改造的农园，是事件对象的重要组成部分，却并未成为保护对象。

（4）“中国归还者联络会”是归国日本战犯自发组成的和平组织，致力于中日友好，是战犯管理所和平精神的延续，是事件链条上的重要环节，但并未受到重视。

（5）部分战犯管理所改造战犯的历史仅存于日本老兵的记忆之中，濒临消失却不能得到保护和挖掘。

这些问题的发现有利于进一步完善保护对象范围，完整地保护战犯管理所的历史价值和社会价值。合理地解决上述问题也就成为保护规划工作中的重要内容。

最后为访查和问卷调查，其对象包括战犯管理所的管理和研究人员，甚至普通游人，用以考察战犯管理所在当今大众心目中的价值和形象，这是战犯管理所事件链条中的最后一环，将调查结果与战犯管理所在历史事件中所对应的形象和价值加以比照，理想状态下二者应当一致，如果出现一定程度的差别，就可反思现今对历史信息的表

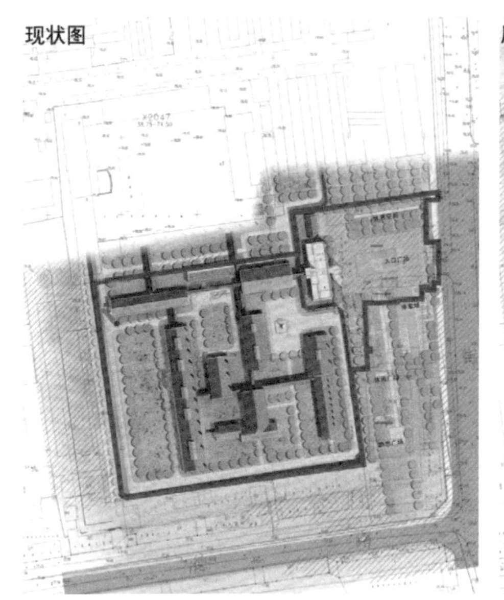

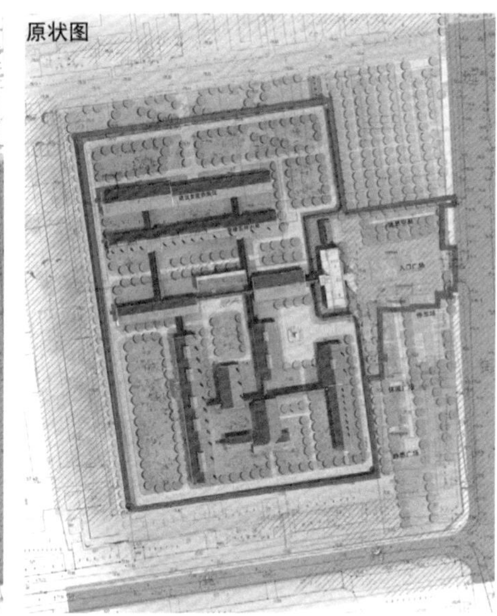

图 6　历史原貌与现状对比

述，进行核查调整。

通过访查和问卷调查结果的综合分析，可以发现：周边混乱的建筑环境和交通噪声影响了建筑群本应有的庄严与肃穆，战犯管理所内部的环境未能表达出生活、改造的环境氛围;缺失的五所、六所、铁工厂和大礼堂使人们对于战犯管理所的原有规模、形制存在较大认知偏差；现有的展示场所空间有限、手段单一，不能全面、完整地展示历史过程；此外，抚顺城站和战犯管理所农场的缺席也导致了人们对于历史事件认识的缺环。上述问题使得战犯管理所对其见证的历史信息表述不清，人们很难通过文物现状对历史过程产生相对真实、完整的认识。鉴于此，需要采取适当保护措施以改善文物历史信息的叙事系统。

需要说明的是，前文只是简单地罗列了相关步骤，在具体工作中往往需要多次重复上述步骤，才能构建出一个相对完整的历史过程并使之与现存历史遗迹相对应，进而加以对照和分析。

图 7　战犯管理所农场（将军北沟农场）（左下）与抚顺城站

第二步：叙事系统的完整性评价

在战犯管理所保护规划编制过程中，利用文献等提供的相对完整的历史信息，构建出历史事件的整个过程，进而以之为标尺来理解和认识管理所旧址的文物构成、完整性和真实性状况。通过比照和分析，可以发现战犯管理所的完整性受到了抚顺城站、战犯管理所农场[图 7]、五所、六所、草绳工厂、大礼堂等缺失的影响，以及繁杂的周边环境的干扰[图 8、图 9]，不能完整地表述其对应的历史事件。此外，对于相关历史记忆的搜集整理以及对于相关组织的研究支持的缺乏使得其完整性进一步受到威胁。

第三步：信息的链接与完整表达

有了对保护对象完整性的认识，就要通过一定的方式将其表达出来，使其与具体规划内容良好地衔接。前文所述强调了缺失环节对于完整性的影响以及现存状况，便于掌握历史和现实两种场景，为采取适当的保护措施和编制单项保护规划提供了依据[表 3]。

图 8　周边环境

表 3　完整性缺失分析			
缺失环节	对应历史环节	对于完整性的影响	缺失环节的现状
将军北沟农场	是战犯进行劳动和接受改造的农园，是改造方式、手段的重要见证	使对战犯改造事件的表述中缺少了关于改造方式、手段以及战犯生活状况的重要内容	农场因地处偏僻，尚未受到城市化的影响，其功能未变，现为省公安厅农场
抚顺城站	战犯到达中国接受改造的起点	使对改造事件的表述缺少了开头	抚顺城站位置未变，但已经被重建一新

图 9　自北侧高尔山南望管理所周边

3“事件性”在实际运用中的问题

运用“事件性”特性构建不同类型近现代文物的完整性时，应依据文物自身状况灵活调整，比如对于名人故居，其信息搜集、比照分析不同于革命旧址，要以人物的生命历程而不是革命过程为主线。对于与短期事件相关的史迹，要更加关注事件发生过程中空间范围上的广泛性，而对于与长期事件相关的史迹应更加注重在时间纵深方向上的挖掘。抓住近现代史迹的“事件性”特点，可以充分利用大量相关历史信息来构建相关历史事件的过程，再通过相对完整的时间过程来判断史迹的完整性和真实性，进而制定保护规划。此类操作对于全面建构近现代史迹的完整性，因循史迹自身特点对其实施全面、有效的保护具有重要意义。

「革命烈士纪念建筑物」类文物的保护对象构成及战场遗存的保护模式

基金资助：国家自然科学基金青年项目（51308100），主持：沈旸。原文刊载：沈旸、周小棣、汪涛《「革命烈士纪念建筑物」类文物的保护对象构成与保护规划策略——兼论战场遗存的保护模式》，《建筑学报》2010年10月（学术论文专刊04）。录入本书有增删。

革命烈士纪念建筑物，指在《革命烈士纪念建筑物管理保护办法》[1] 中所定义的“为纪念革命烈士专门修建的烈士陵园、纪念堂馆、纪念碑亭、纪念塔祠、纪念雕塑等建筑设施”。此类文物的纪念对象是革命烈士，根据《革命烈士褒扬条例》[2]，其定义为“我国人民和人民解放军指战员，在革命斗争、保卫祖国和社会主义现代化建设事业中壮烈牺牲的，称为革命烈士”。

由此可知，纪念革命烈士的目的是弘扬以爱国主义为核心的民族精神，加快社会主义核心价值体系的建设。其核心是以纪念性的方式，使得相关事件在一定程度上得以重构，使观者对其进行认知并有所感悟。所以，与此相关的文物保护对象的本质是“事件的”。针对“革命烈士纪念建筑物”类文物的保护，不仅要保护纪念建筑本体及相关的纪念性物件，而且要对其背后蕴含的“事件性”特征加以保护。基于对此类文物构成结构的理解，在保护中应紧抓其“事件性”本质，以“完整性”理念为指导，以充分挖掘和反映革命历史事件所有信息为主要手段，以表述革命事件的“真实性”为目的，使得保护对象所指向的革命事件或活动等历史信息最大限度地得以传承，充分实现对历史事件的追忆和重构。

1 《革命烈士纪念建筑物管理保护办法》由中华人民共和国民政部于 1995 年 7 月 20 日颁布。

2 《革命烈士褒扬条例》由中华人民共和国国务院于 1980 年 6 月 4 日颁布。

“革命烈士纪念建筑物”类文物主要是通过有意识的建造，达成对革命烈士的深刻追忆和纪念。而对于此类文物纪念对象所蕴含的“事件性”的解读，也为保护规划的编制提供了更为广阔和深远的视野。本文从“革命烈士纪念建筑物”类文物的保护对象构成入手，探讨事件的“真实性”和“完整性”表达。

1 革命烈士的纪念与事件之关联

“革命烈士纪念建筑物”类文物是通过有意识的建造，实现对革命烈士所代表的精神的承载，其多由于与革命事件发生场所在空间上的割裂，或可直接纪念革命事件的相关物质实体消失等原因，与革命事件之间缺乏直接的联系，需要通过他物的提示、引导和说明才能完成对革命事件的转述和追忆。这种与事件无直接联系的纪念建筑物，作为一种景观性的呈现，对于事件的陈述和还原，在语汇上和内容上显得较为无力和匮乏。

革命事件与纪念物之间的联系越紧密，相关的历史信息越全面，对事件的还原度就越高，对其重构就越能接近事件的真实情况。而这种对事件“真实性”的表达只有在“完整了解”的前提下才可能得到保障。所以充分理解“完整性”的理念并合理运用，便是解决这一问题的关键所在。

“完整性”理念能使保护规划跳出仅围绕纪念性建筑物本体加以保护的范畴，加强对纪念对象的“事件性”的关注。首先对保护对象所指向的事件加以了解和分析，对事件的主体、主体行为模式、时间、空间分布及相关要素之间的联系进行系统、深入的发掘；其次关注保护对象与其所处环境乃至所在城市之间的关系，确定事件发生的全过程在空间上的物质性投影和印记；最终形成一个涵盖环境和社会因素的综合性成果。

2 保护革命事件历史信息的完整性

在葫芦岛塔山阻击战革命烈士纪念塔[图1]的保护规划中，对以重构事件“真实性”为目的、以“完整性”为理念指导的“革命烈士纪念建筑物”类文物的保护进行了探索和实践。在此类文物的保护规划中，“真实性”和“完整性”主要体现在两个方面：一是革命事件历史信息的完整表达；二是建筑物本体景观纪念意义的完整性。

革命事件概述

塔山阻击战[1]是在辽沈战役第一阶段中，为保证我军主力顺利攻占锦州，配合加速东北全境解放乃至全国解放的战略部署，在塔山地区阻击自葫芦岛增援锦州的国民党“东进兵团”的一场阵地防御战。

选择在此阻击国民党军，是因为塔山位于锦州和葫芦岛之间，是国民党军北上增援锦州的必经之处，且其东临渤海，西靠白台山，二者之间仅有 10 余里（约 5000 米）的狭长地带。依托白台山、塔山和沿海的打渔山构筑防御阵地，便能在此有效打击敌人。此次战役是中国人民解放军战史上规模最大、时间最长、最为残酷的阵地防御战，是野战阵地坚守防御的范例。

为纪念此次战役和在战役中牺牲的烈士，于 1963 年建塔山阻击战革命烈士纪念塔，后加建塔山烈士陵园。

保护对象拓展

在规划编制初期，由于理念的不明晰以及任务要求，保护对象局限在以纪念塔为中心的塔山烈士陵园范围内。但随着编制工作的深入，规划团队意识到，仅以烈士陵园为规划的外限范围会割裂场地与事件之间的联系，不能全面真实地传递塔山阻击战的历史信息。

纪念塔[图2]是为纪念在塔山阻击战中牺牲的革命烈士而设的，与其他革命烈士纪

1　塔山阻击战自 1948 年 10 月 10 日拂晓打响，至 15 日我军主力攻克锦州后结束。战役中，中国人民解放军东北野战军 4 纵、11 纵、独立 4 师、6 师在东起渤海畔的打渔山，西至白台山一线的塔山地区，成功阻击自葫芦岛增援锦州的国民党“东进兵团”，创造了一个以少胜多、以劣胜强的光辉战例。

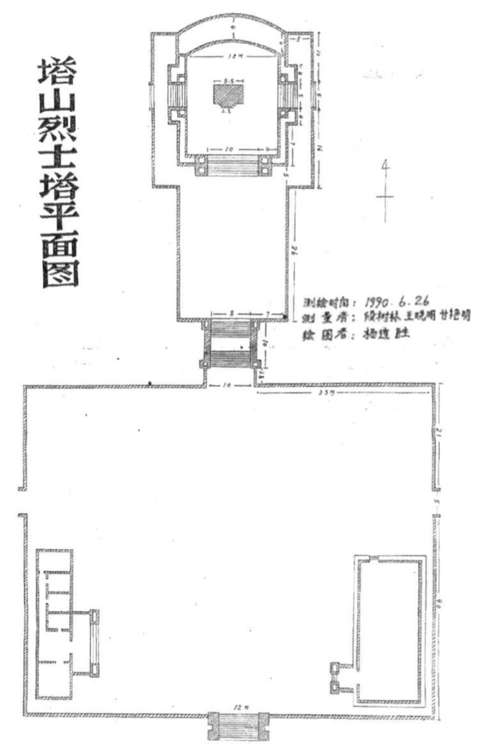

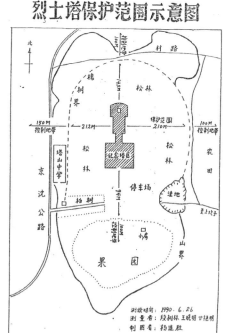

图1　塔山阻击战革命烈士纪念塔平面及保护范围示意
塔山烈士陵园管理处提供

念建筑物相比，其特殊之处在于它与战场是紧密结合在一起的，纪念塔所在便是塔山阻击战前沿阵地指挥部。从革命事件历史信息完整传承的角度看，单独保护纪念塔本体的意义并不大。正如上文所述，纪念塔本体与塔山阻击战这一历史事件并无直接联系，必须通过相关资料、烈士生前物件等建立联系，而这种联系尚无法充分实现对事件的“真实”重构。

由于塔山阻击战战场环境保存至今，可通过直观的观察了解战术布置，学习解放军战史中这一重要的战役，并通过对战场的认知，完成对事件的追忆重现，对死难烈士的追思。且战场是塔山阻击战的直接发生场所，是对于事件最为直接的纪念实体，所以对战场这一物质实体的完整保护是确保塔山阻击战这一重要事件的历史信息得以真实、完整传承的重要因素。基于这一角度，将保护规划从单纯的对纪念塔及烈士陵园的保护扩大到对整个战场环境和相关军事设施的保护。

图 2 塔山阻击战革命烈士纪念塔

战场保护模式

现有的前六批全国重点文物保护单位中有 9 处战场遗址 [1]，却鲜有针对战场的系统保护文件。其主要原因是战事发生背景、时间及地点等的不同导致了战场环境的千差万别，无一定式；且战场覆盖范围较大，随着城市扩张现多已不存。故对战场的保护无例可循，只能针对具体个案单独研究。

塔山阻击战战场地处城市边缘，现基本保持着战时原貌。但随着城市的扩张，这一完整的战场遗存已岌岌可危。如打渔山山体的挖掘行为已威胁到了战场景观的完整；战壕由于果园及农田的开垦现已近消失殆尽；塔山地区的无规划发展已对战场环境风貌产生破坏，等等。若不及时对战场环境加以保护，则直接承载事件信息的物质实体即将消失。

虽然战场范围广袤，流线难以完全覆盖，但由于塔山正处于此地的制高点，所以

1 9 处战场遗址分别是：第一批全国重点文物保护单位中的平型关战役遗址、冉庄地道战遗址；第三批全国重点文物保护单位中的北伐汀泗桥战役遗址；第六批全国重点文物保护单位中的平西河头地道战遗址、半塔保卫战旧址、湘江战役旧址、昆仑关战役旧址、红军四渡赤水战役旧址和松山战役旧址。

图 3　在塔山阻击战纪念馆环视整个战场环境

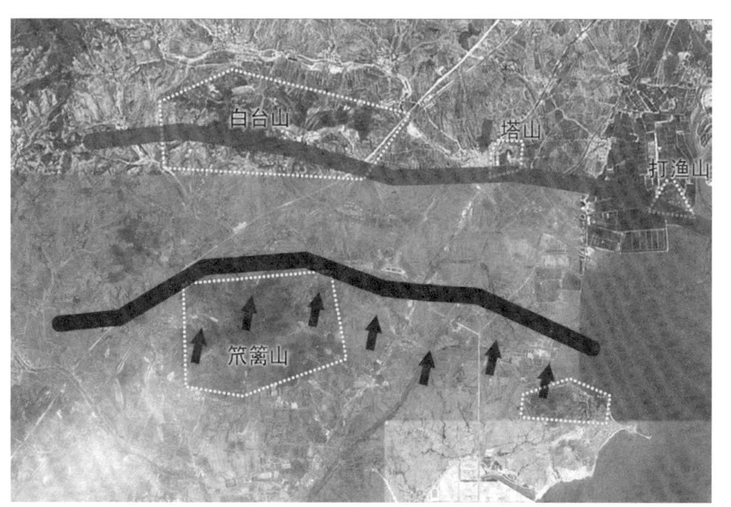

图 4　战场敌我态势

对战场环境进行整体的视觉感知规划便成了实现完整性的重要手段[图 3、图 4]。以此概念为出发点，在规划编制中将从点到点的线性保护转变为从点到面的整个场地的保护。

首先确定战场上的重要节点，即我军防御战线所依托的打渔山、塔山和白台山，以及国民党军进攻所依托的笊篱山[图 5]。以塔山阻击战革命烈士纪念塔为中心，以连接打渔山、白台山和笊篱山主体的视廊空间范围为建设控制地带[图 6]，严格控制在此范围内的建筑体量、高度、风貌和功能，保证视廊范围内的景观不被破坏。以烈士陵园围墙范围内为保护范围，这种保护区划虽有利于建立部分重要战场节点之间的视线联系，却忽略了对战场整体进行保护的重要性。随着郊区城市化进程的推进，未被保护的战场范围内的各类建设活动，将不可避免地影响甚至破坏战场的整体完整性并削弱景观的纪念意义，不利于事件历史信息的完整传达，且放射状的建设控制地带从实际操作层面上不利于管理。

为保证事件历史信息的完整传达调整保护区划，将主要战斗场所（包括上述几个

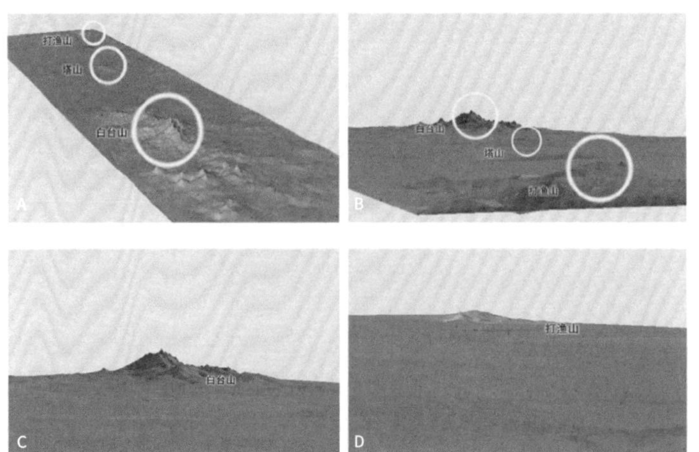

山体范围
■ 塔山阻击战革命烈士纪念塔

图 5 战场地形 GIS
A B 打渔山—塔山—白台山防御总线 C 自塔山西望白台山 D 自塔山东望打渔山

山体主体在内的空间范围）设为风貌协调区[图 7]。在此区域内以控制建筑的风貌为主要手段，对建筑功能不作具体要求，但应避免兴建破坏各山视线通廊的建筑，其目的在于保证战场主体的视域范围内景观的和谐性和完整性。将塔山主体范围（包括现存的战壕遗址）划定为建设控制地带，烈士陵园围墙范围内依然划定为保护范围。此保护区划层次明晰，将战场的保护范围由散射的线扩大到整体的面，加强了对战场这一事件直接载体的整体保护，保证了主体战场环境景观不被破坏，且在实际操作层面上更为合理有效。

风貌协调区的面积约有 7900 公顷（79 平方千米），势必对城市的发展特别是在此区域内的塔山镇的发展造成一定的限制和影响。为保证规划目标的实现且不阻碍城市的合理发展，应结合葫芦岛市的城市发展规划，在保证土地现有使用性质不变的前提下，引导此区域内的产业结构调整，坚持发展生态旅游、农业种植等不破坏历史风貌的产业项目，使得该区域步上可持续发展之路。

相关军事设施

塔山阻击战属于阵地防御战，战壕是较为重要的战场工事，所以对战壕的保护更能体现和充实战场的真实性与完整性。

通过资料分析和现场勘察，发现现存 3 条战壕：一条在烈士墓前，东西长约 40 米，

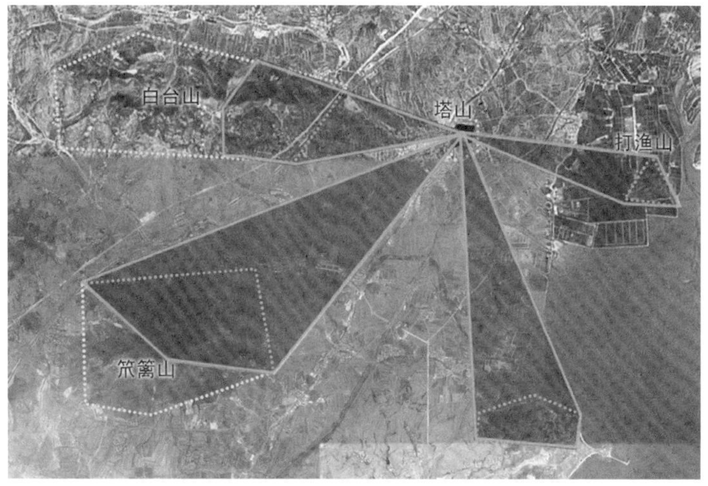

图 6　以战场重要节点保护为目的的保护区划

图 7　对战场整体保护的保护区划

图 8　战壕遗址

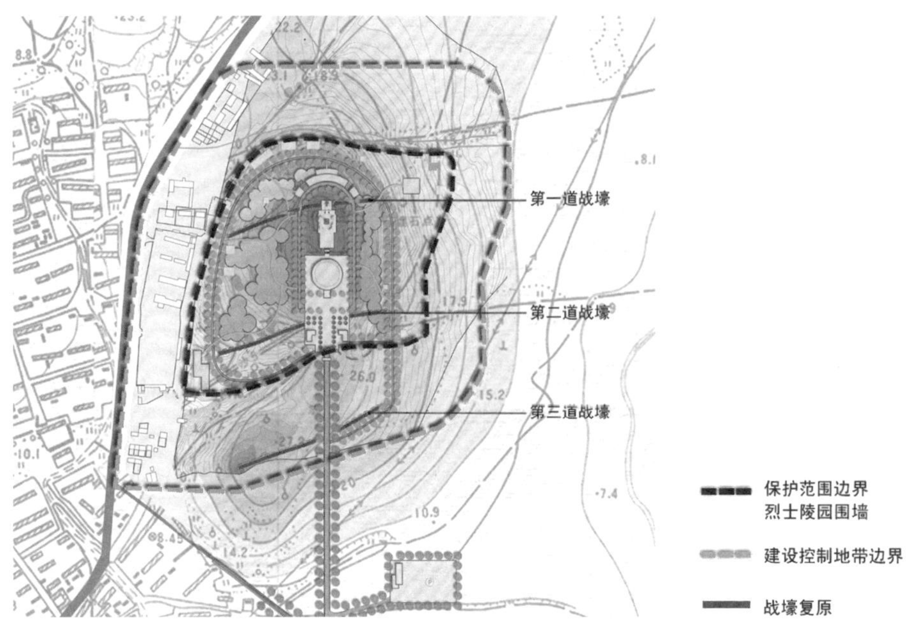

图 9　现存的 3 条战壕分布

保存得较为完整；一条在现有入园道路北侧，长约 80 米，遗迹不明显，杂草丛生[图 8]；第三条战壕在塔山烈士陵园外南侧果园内，由于垦荒等原因现已近乎无存。

在规划中将 3 条战壕囊括在保护范围和建设控制地带内，杜绝了相关建设活动对战壕的破坏。对前两道战壕主要进行清理和修复工作，清理壕沟内的垃圾和深根植物，并对壕沟进行加固处理；对第三条战壕，通过现场遗存勘查并结合资料研究确定其走向和方位后，并进行复原[图 9]。

3 革命烈士纪念塔的纪念性景观

纪念塔由于其单一向上的标志物形象所带来的向心力及其形体的符号象征性，本身具有一种纪念性的景观意象。但纪念塔本体除了纯粹的纪念象征意义外，没有任何价值指向和实用功能属性，故对此类纪念性建筑物的纪念性景观意象的塑造和强调，是保证其作为事件承载物的基础。

纪念塔的标志物形象首先必须可见，其象征意义才能被认识并感知，所以保证纪念塔在区域中的主体控制力、突出其景观的纪念意义是首要的任务。其手法主要是景观视线的控制和纪念性氛围的塑造和强调。

纪念性景观的视线控制

在缅怀纪念的过程中，应使情感持续地积累和叠加，并在到达纪念塔时达到顶点，完成情感上的冲击。对于此过程，最主要的是保证行进中观者与纪念塔这一象征性形象之间的视觉联系不被阻断。

纪念塔建在塔山最高点上，与缅怀纪念路线起始点有近 30 米的高差，其本身高 12.5 米，故观者在缅怀纪念线路上对纪念塔一直处于仰视状态，且纪念塔本身凸显在天空这一单纯的背景中，这种景观意象造成的心理上的隐示对于纪念性的塑造有着先天的优势。但在保护规划编制之前塔山阻击战纪念馆已修建，其距离纪念塔约 90 米而仅比纪念塔低 10 米左右，加上纪念馆建筑形体较大，削弱了缅怀人群与纪念塔的视线联系[图 10]，为纪念氛围的营造带来十分不利的影响。在此现状的基础上，对纪念馆的改造便成了重现视线通廊的唯一手段。

然而，由于纪念馆选址恰是在眺望战场环境的最佳地点，且只有达到一定的高度才能在屋顶平台上更为全面地观察战场[图 11]，所以纪念馆的改造既应满足观察战场的高度要求，又要恢复纪念塔在视线上对战场区域的控制力。在此要求下，以纪念馆原有建筑形体为基础，根据视线分析，拓宽三层环形观景平台中部空间，同时扩大二层的通道平台，使得纪念塔能更为完整地呈现[图 12]。

纪念性氛围的营造和强调

只有通过对整体环境的情境氛围和空间所带来的体验式景观进行营造，才能成就场所的纪念意义。纪念塔作为景观中的一个重要元素，须与其所处的环境紧密结合，才能完整地形成纪念性景观并传达其意义。

在纪念性场所的氛围塑造中，中轴对称是典型的景观设计手法，其旨在为景观赋予一种秩序的象征，通过人们的经验性感知显现出场所的纪念涵义。[1] 烈士陵园现有

1　刘滨谊，李开然．纪念性景观设计原则初探 [J]. 规划师，2003（2）：22-25.

图 10　原纪念馆隔断了观者与纪念塔之间的视线联系

图 11　以塔山阻击战纪念馆为中心的 GIS 视域分析

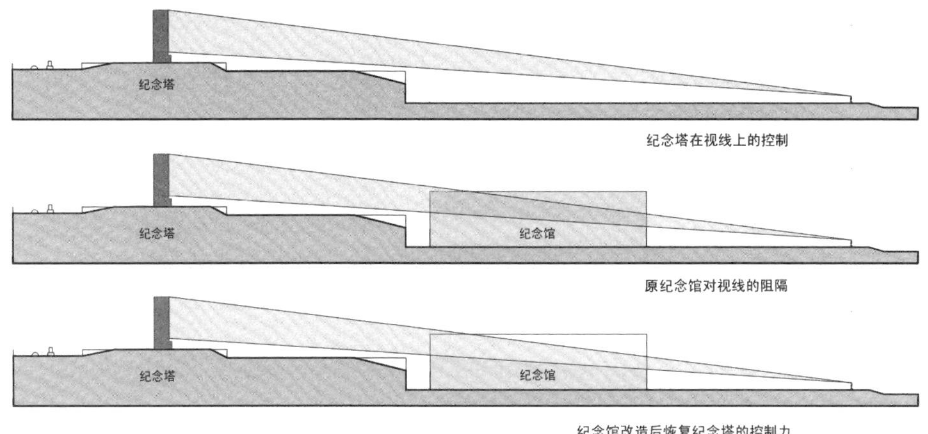

图 12　塔山阻击战纪念馆改造：视线控制分析

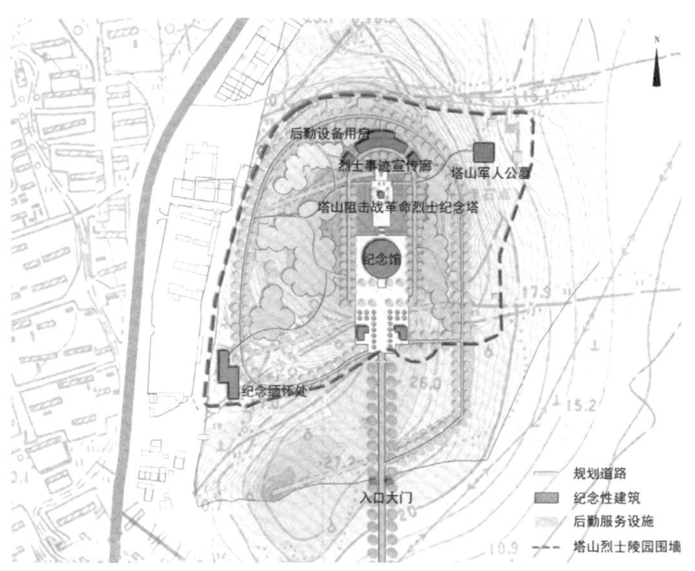

图 13　规划总平面

轴线由于整体布局缺乏规划性而显得较弱，对于纪念氛围的营造作用不大。

在保护规划中，我们有意识地对轴线进行强化[图 13]。结合道路和环境改造，将轴线向南延长 500 米，创造出一种纪念性的线性空间。道路的设计充分结合山势，采用层层递进向上抬升的模式，并沿其两侧种植松柏等常绿针叶林加以围合，以增强空间纵深感，突出烈士陵园布局的中轴对称关系，通过线性的无限延长和上升感来衬托纪念塔的主体地位。

城市问题

基于展示利用的城市缝隙中「一般性」文物建筑的生存

基金资助：国家自然科学基金青年项目（51308100），主持：沈旸。原文刊载：马骏华、沈旸、周小棣《城市缝隙中的「一般性」文物建筑生存：基于展示要求的保护规划策略》，《建筑与文化》2012年9月（总第102期）。录入本书有增删。

在当今的中国城市中，存在着这样一类为数可观的文物建筑："由于时光流逝而获得文化意义的在过去比较不重要的作品"[1]。亦即，在既往的传统城市中，它们是较为普通的建筑，但随着大量传统建筑在现代城市建设大潮中被摧毁，留存下来的那些便因其承载着过去时代的历史文化信息而成为文物建筑。为表述便，本文将这类建筑中尚未成为法定全国重点文物保护单位的那一部分称为"一般性"文物建筑。

在城市持续、快速发展的大环境下，城市遗产保护与城市发展认知之间不可避免的偏差，导致大量处于高密度、快速发展的城市区域的文物建筑生存与发展面临着"前所未有的重视和前所未有的冲击"。[2]而较之那些通常意义上的重点（主要指保护级别或在传统城市中的重要程度）文物建筑，大量的"一般性"文物建筑所受到的保护力度和重视程度明显不够，在保护工作不完备和城市发展大冲击的双重压力下，其生存与发展的前景不容乐观。文物建筑内在的历史空间结构的不完整，外部城市环境氛围的不协调，不仅给保护工作的开展带来难题，也阻碍了这一类文物建筑社会价值的发挥。在确保"一般性"文物建筑本体安全性的前提下，如何突破城市发展的重重压力，充分发挥其社会效益，将其自身所蕴含的历史文化信息传递给公众，是保护工作中需

1　第二届历史古迹建筑师及技师国际会议《关于古迹遗址保护与修复的国际宪章》（《威尼斯宪章》）第一项，意大利威尼斯，1964。

2　出自：单霁翔. 城市文化遗产及其环境的保护 [R]. ICIMOS 第十五届大会主题报告，2005-10-17. 转引自：朱光亚，杨丽霞. 浅析城市化进程中的建筑遗产保护 [J]. 建筑与文化，2006（6）：8.

要重点解决的问题之一。

本文即以相对独立地存在于高密度、快速发展的城市区域中的“一般性”文物建筑为研究对象，基于文物建筑保护中的展示利用要求，探讨其本体及环境保护的规划策略。而文物建筑在得到展示、增进与大众之间的交流、发挥社会价值的同时，也因其类型、特征的差异而暴露出保护工作中的具体、复杂的问题，本文探讨的“一般性”文物建筑即为一类案例。推广来看，文物保护中的展示工作绝不是内容的简单陈列，而应当是通过具有针对性的保护规划编制将其蕴含的特殊历史信息予以系统、完整地传递与表达；换言之，合理有效的展示系统和表达方式，是文物得到保护并发挥价值的必要保证。

1“展示”是文物建筑保护的重要组成部分

随着对文物建筑保护理念的探讨不断深入，保护工作的内容已经从对文物建筑物质实体的“保护”与“修复”，扩展到对本体及其环境的整体性保护，进而发展到关注物质实体及历史文化内涵的展示[1]，即文物建筑社会价值的实现。可以说，文物建筑的展示利用越来越受到保护工作者的重视。

2008年10月通过的国际古迹遗址理事会（ICOMOS）《文化遗产地诠释与展陈宪章》（The ICOMOS Charter for the Interpretation and Presentation of Cultural Heritage Sites）将“展示”定义为“一切可能提高公众意识、增强公众对文物建筑地理解的活动”[2];《巴拉宪章》认为“展示”是“能够揭示场所文化意义的一切方式”[3]。可见，文物建筑的展示以其本体组成部分的物质与非物质要素的展陈为主要手段，最终目的是揭示其历史及文化意义，将之信息化、公众化，在明晰文物建筑认知和扩大其普及性的同时，更加有利于交流与借鉴。《中国文物古迹保护准则》指出：展示（陈）是文物古迹保护与管理中创造社会效益的最直接手段，对文物建筑自身的维护与发展具

1 参阅郭璇《文化遗产展示的理念与方法初探》，《建筑学报》2009年第9期第69页。

2 宪章由国际古迹遗址理事会第16届大会于魁北克（加拿大）正式批准，2008年10月4日。

3 Australia ICOMOS. The Burra Charter, 1999, A25.

有重要的作用。所以，通过合理的利用充分保护和展示文物古迹的价值，是保护工作的重要组成部分。[1]

展示直接关系到文物建筑的保存、管理和社会价值的实现，因此，首先应当遵循[2]：

（1）真实性（Authenticity）和完整性（Integrity）原则

只有基于文物建筑的真实性、完整性的表达，展示所传递的历史信息、人文信息才真实有效。真实性和完整性是文物建筑价值评估的重要依据，表现在物质形态和非物质形态要素的各个方面，不仅包括文物建筑本体结构信息的真实完整，也涉及文物建筑周边环境和更大范围内可感知的城市信息的真实完整。

（2）可达性（Accessibility）原则

文物建筑的信息展示应尽可能面向不同层次和文化背景的受众。这里所说的可达性有多重含义，不仅包括规划有效的到达路径，也应当包括展示的全面性、有效性——提供有组织的展示路线和合理的展示分区，布置展示设施和策划展示内容，提供专业的信息介绍（如标识、视听资料及出版物、专门培训的导游等）。

（3）可持续性（Sustainability）原则

文物建筑的展示利用功能和开放程度，要以其本体不受损伤、公众安全不受危害为前提[3]，以文物建筑所在地的社会、经济、文化和环境的可持续发展为根本目的。文物建筑展示应该是专业人士、社区原住民、政府决策者、旅游开发商以及其他利益相关者共同协作的结果。展示基础设施的建立和参观游览活动的完成并不意味着展示工作的完结，应该对文物建筑进行后续的回访、监测与评估，了解展示活动对文物建筑及相关环境造成的影响，从而为今后修正和拓展展示的方式和手段提供依据。

1　参阅中国古迹遗址理事会、澳大利亚遗产委员会、美国盖蒂保护所合作制订，中国国家文物局批准《中国文物古迹保护准则（2004）》阐释 4.0。

2　参阅郭璇《文化遗产展示的理念与方法初探》，《建筑学报》2009 年第 9 期第 69-70 页。

3　《中国文物古迹保护准则（2004）》阐释 4.1.2。

2 “一般性”文物建筑展示面临的问题

文物建筑的展示绝不是无水之源、无本之木，必须立足于文物建筑自身具备的物质与非物质历史文化信息。而对于处在城市快速发展区域的“一般性”文物建筑，该项工作的基础条件更为薄弱，不仅建筑自身可供发掘的信息资源常常受损，其生存环境也由于城市建设密度的迅速提高而日益恶化。

（1）生存空间被蚕食

城市规模的急剧扩张、城市人口的迅速膨胀，使土地成为最具价值的资源。在这种城市用地紧张的紧迫形势下，“一般性”文物建筑保护范围内的土地资源常成为被觊觎的目标，或因为保护不力已渐被蚕食。保护范围内尚且如此，建设控制地带的划定更是常被视若无睹，城市建设项目的越界现象并不鲜见。

在寸土寸金的城市高密度区，建筑体量在空间维度上的尽量扩张是土地获得最大利用效益的普遍做法。而“一般性”文物建筑通常具有规模不大、体量矮小的特点，当其遭遇城市现代建筑时，在建筑尺度感和空间领域感上的巨大反差往往更加凸显。这些“一般性”文物建筑处在高楼大厦的包围之中，仿佛陷落在城市的“缝隙”里，成为需要寻找才不至于被遗忘的城市记忆。

（2）单体与布局受损

即使文物建筑本体得到了一定程度的保护,但研究工作不够深入或重视程度不足，也会导致如建筑布局结构因素缺失、单体残损后维修不当等诸般恶果，不仅破坏了文物建筑本体的完整性，也影响了对于文物建筑真实性的认知。

（3）环境氛围的缺失

2005 年 10 月 ICOMOS 通过的《西安宣言》突出强调了周边环境对文物建筑保护的重要性，指出文物建筑的周边环境不仅包括建筑、街道、自然环境等有形文物环境，还包括社会习俗、精神文化和经济活动等无形文物环境。[1] 文物建筑的周边环境是展示文物建筑真实性、完整性的重要组成部分。

现代城市发展有一个显而易见的通病：在追求效率的同时往往忽略了传统文脉的延续，城市生活在发生巨大改变的同时，也在逐步远离一些世代相传的社会习俗、精神文化。特别是处于高密度城市发展区域的“一般性”文物建筑，更容易陷落在与之

1　详见国际古迹遗址理事会《西安宣言》，中国西安，2005。

图1　沈阳故宫周边环境

图 2　南京总统府煦园周边环境

体量、风格、比例、色彩等诸多方面均不协调的城市环境之中。传统风貌消隐背景下的城市形态的改变,恰恰是对文物建筑历史环境氛围营造和展陈极为不利的外部因素。

（4）观察视廊的破坏

人们往往会在游走于历史文物建筑中、感受人文历史氛围的同时，慨叹城市现代建筑不时闯入视域范围的扫兴，其原因无外乎外围城市现代建筑体量缺乏控制，突破了可以接受的文物建筑内部观察视廊的尺度限制。此现象在世界文化遗产或全国重点文物保护单位中尚时有出现[图1、图2]，对本文探讨的“一般性”文物建筑而言更是如此。

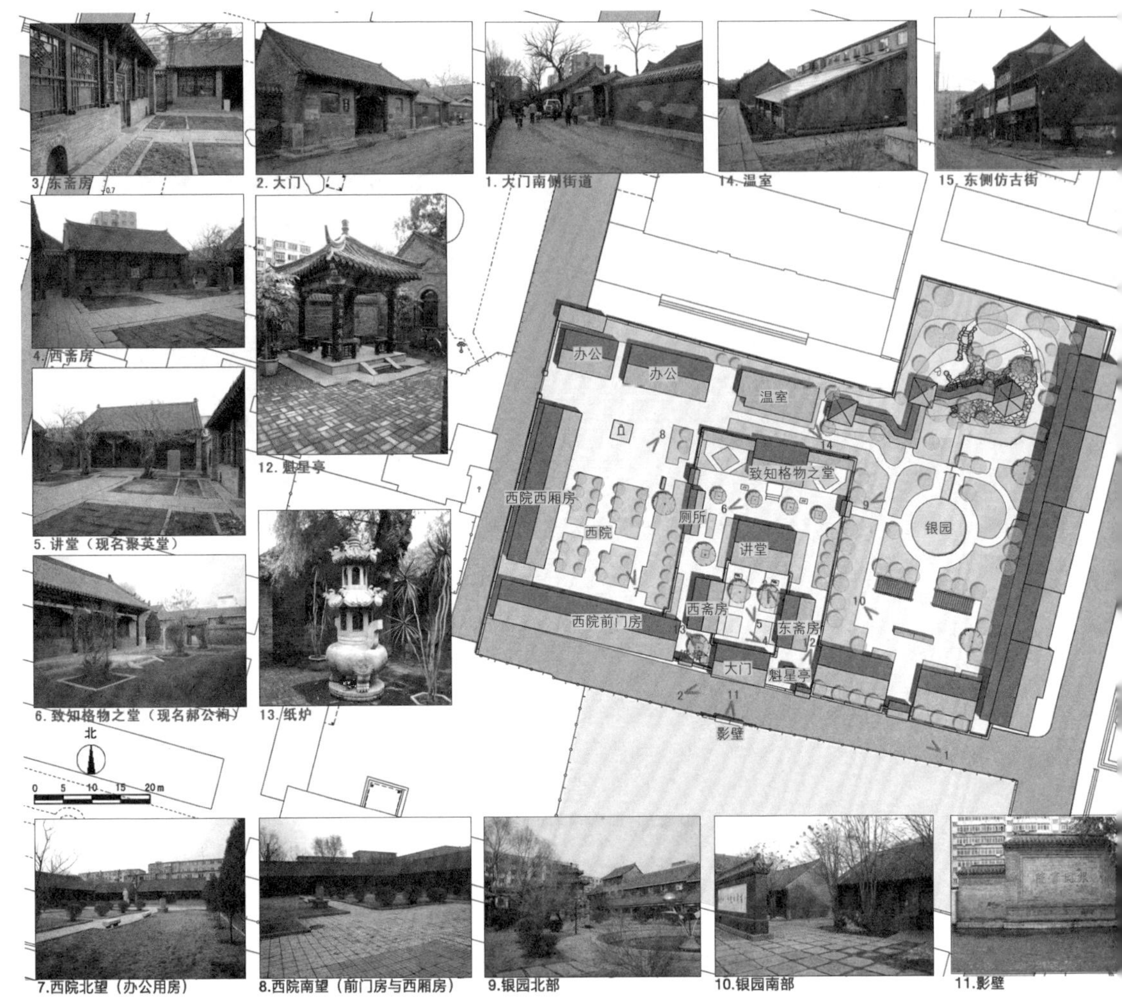

图 3　银冈书院现状

3 基于展示的“一般性”文物建筑保护

辽宁省省级文物保护单位——铁岭市银冈书院（又名“周恩来少年读书旧址纪念馆”），是东北地区唯一保存完好的清代书院，迄今已有三百五十多年历史，之前一直接受传统私塾教育的周恩来，在此开始接受现代学校教育。银冈书院现存有东（银园）、中（书院主体）、西（周恩来少年读书旧址纪念馆）三路院落，占地面积约 2300 平方米。书院四周是高耸的现代住宅、办公、博物馆建筑[图3]，可以说是前文所描述的现代城市“缝隙”中“一般性”文物建筑的典型实例。

本节即以之为例，基于文物建筑的展示利用要求，逐一解析针对此类文物建筑的合理、有效的保护规划策略。基本步骤为：首先，保护真实性、再塑完整性，保证历史信息的准确传递和全面表达；其次，整治文物建筑周边环境，确保保护范围和建设控制地带内土地的合法使用，进行契合保护对象特征的氛围营造，并合理调控文物建筑外围的城市环境，此举不仅是为了避免观察视廊的破坏，更关乎文物建筑在城市层面的生存问题。

真实完整的本体展示

文物建筑的展示，主要是通过自身（包括不可移动和可移动文物）所携带的历史文化信息的展示，以及保护工作者通过研究整理得出的宣传资料（包括展板、书籍和音像制品等）的介绍来进行的。所以，只有保证文物建筑的真实与完整，其所提供的信息才有意义。对于处于城市高密度区域中的“一般性”文物建筑，其所面临的问题主要体现在布局结构的不完整和构成要素的非原真。

（1）布局结构的不完整与再塑

文物建筑整体布局结构的真实与完整主要涉及作为构成部分的建筑单体、院落以及重要的景观小品的存在情况，其中任何一部分的缺失或者改变，都会造成历史信息不同程度的受损。前期需进行的基础工作为：根据历史文献资料的描述，厘清历史发展脉络，并尽可能将重要的历史发展阶段呈现为图像，进行比对研究，判断文物建筑现有遗存的真实度和完整度。

银冈书院由清湖广道御史郝浴创建于顺治十五年（1658），其历史沿革主要分为四个阶段。[1] 绘制各阶段的书院平面并与现状进行对比[图4]，发现现存的书院布局结构存在多处缺失：书院西北角的凹入地块，原是书院本体的一部分，目前被住宅楼侵占，并且越过了现有保护范围的边界；东路中部原有瓦房八间，中路轴线上的主要建筑致知格物之堂（现名郝公祠）两侧有耳房，现皆已不存；郝公祠北侧原有五间房，曾先后作为校舍和饭堂，现址则赫然立着一座玻璃温室……如此诸般，均破坏了文物建筑应当具有的真实性和完整性。

1　详见：李奉佐等 . 银冈书院 [M]. 沈阳：春风文艺出版社，1996：199-209.

1　顺治十五年（1658）至康熙十六年(1677)

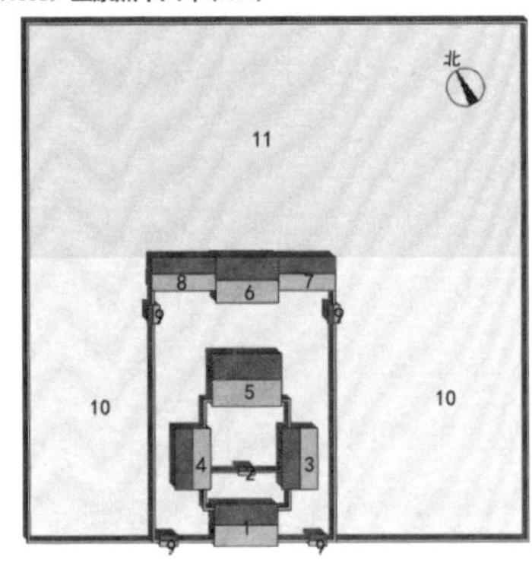

3　光绪四年（1878）至三十二年（1906）

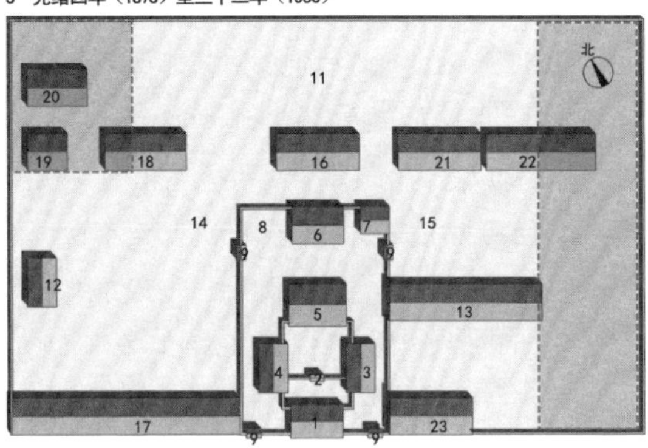

2　康熙四十九年（1710）至雍正末年（1735）

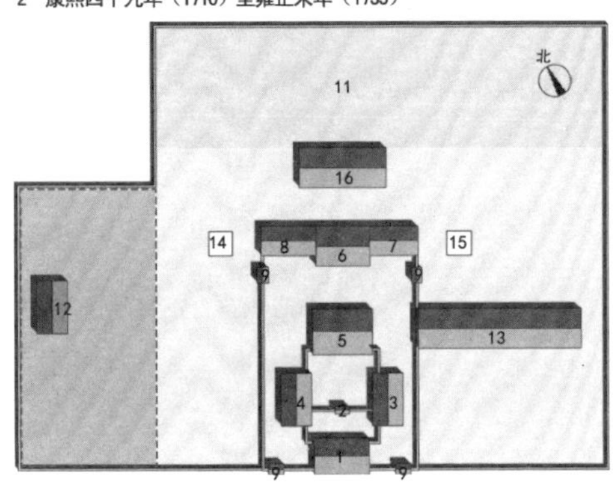

4　现状

银冈书院建筑沿革表

	建筑	建筑功能	修建年代	建筑功能变迁
1	大门一间	大门	顺治十五年（1658）	
2	二门一间	二门	康熙年间	
3	东厢房	家人居住	康熙年间	康熙十六年（1677）设文庙于银冈书院前院正房与东西厢房中。
4	西厢房	家人居住	康熙年间	
5	正厅三间		康熙初年	
6	正室三间（致知格物之堂）	郝浴书房	顺治十五年（1658）	康熙二十二年（1683）郝浴逝世，其书房改为祭堂。
7	正室东耳房	郝浴卧室	顺治十五年（1658）	
8	正室西耳房	客房	顺治十五年（1658）	
9	角门	过门	顺治十五年（1658）	
10	菜地		顺治十五年（1658）	
11	园林		顺治十五年（1658）	
12	西院西厢房三间	校舍（具体用途不详）	康熙五十二年（1713）	
13	东院中瓦房八间	讲堂及教员室	雍正十年（1732）	
14	西纸炉		康熙五十三年（1714）	
15	东魁祠		康熙五十三年（1714）	
16	正室后五间	校舍（具体用途不详）	康熙五十三年（1714）	
17	西院倒座十二间	宿舍	光绪三十二年（1906）	
18	西院北瓦房五间	讲堂	光绪三十二年（1906）	
19	西院北瓦房两间	沐浴室	光绪三十二年（1906）	
20	西院北瓦房三间	校舍（具体用途不详）	光绪三十二年（1906）	
21	东院北瓦房五间	宿舍	光绪十六年（1890）	
22	东院北瓦房七间	宿舍	光绪四年（1878）	
23	东院倒座五间	宿舍	光绪十六年（1890）	

本阶段书院新购入地块位置示意

银冈园林位置示意

推测本地块原为银冈书院用地

图 4　建筑历史沿革示意

据李奉佐等《银冈书院》第 199-209 页绘制

图 5　侵入保护范围的建筑

对于银冈书院西北角侵占保护范围的建筑[图5]首先应予清除，还原为文物古迹用地，但考虑到目前的实际情况，建议不要简单地修建围墙，将地块直接纳入书院，而是将其设置成一个书院与外界环境进行展示交流的缓冲地带。

对于银冈书院格局的展示，在充分研究和论证的基础上，建议有选择地复建部分原有建筑，如中路的郝公祠两侧耳房和北侧五间房，可作为多功能室加强对书院文化的展示，同时进一步强化中路轴线。此外，还有一个被忽略的重要历史价值必须提及：银冈书院是清代流人促进东北地区文化教育事业发展的重要实物证据，是流人文化的典型建筑代表。清代辽宁有大量流人，其中有许多是受过儒学教育的文人、官员，他们带来了中原地区的先进文化，且多数以讲学教书为生，在东北地区产生了重要的影响，书院的创办者郝浴即为贬谪至铁岭的朝廷大员。因此，建议在东路填埋现有水池，拆除水泥花架，复建原有的五间瓦房，与南侧九间房共同展示以郝浴为代表的流人文化，并以之为讲堂，举办讲学等公益文化活动[1]，亦符合书院的功能特点。

1　2005 年 8 月，银冈书院特邀时任辽海出版社副总编、辽宁大学硕士生导师的于景祥先生，在中路聚英堂（原书院讲堂）内举行讲学活动，这是银冈书院自 1903 年末兴办新式学堂以来的第一次讲学活动，银冈书院自此又恢复了清时的讲学功能。

西路展示目前以纪念周恩来少年读书经历为主题，但展示内容偏少；清末民初，一大批革命志士曾在银冈书院受到良好的启蒙教育，而书院一直没有对该内容进行展示，建议统一设置为周恩来及革命志士展示区。从空间上看，目前没有区分管理区与游览区，不利于展示路线的组织，建议在北侧建绿篱，使展陈区与管理办公区分离，同时使西路形成合院式布局[图6]。

（2）构成要素的非原真与还原

如前所述，“一般性”文物建筑常会由于研究工作不够深入或重视程度不足，在建筑风格、建造技术等方面与本体不协调，如果不及时地调整修正，将会愈发影响文物建筑历史信息的真实传递。

银冈书院中路轴线上最重要的建筑——聚英堂（原书院讲堂）的内部梁架为桁架结构，不符合中国古代木构建筑的结构特点，显然是在后期的修缮过程中改造而成[图7]，原真性遭到破坏，且易误导参观者。建议在充分进行前期研究的前提下，按照当地传统民居做法重新修缮。依据《清式营造则例》验算，聚英堂现有主要梁柱尺寸基本满足构架要求，建议保留现有平面柱网形制，沿用现六架大梁、檩条及步架间距，改六架大梁上桁架结构为抬梁式，六架梁上以瓜柱承四架梁，四架梁上再承双步梁，双步梁上再以脊瓜柱承脊檩[图8]。

东路的银园，现代设计倾向严重，水池、绿化等过于规整，建筑过于官式化，与书院整体的民居风格不协调。建议对银园进行重新改造，在理水、叠山、建筑、绿化等方面以东北地区清代园林为参照，力求古朴典雅，表现古代书院园林的意境[图9]。文献记载银冈书院原来依托而建的土丘“银冈”位于书院北侧，但具体位置尚不明确[1]，有待考古发掘。而银园改建后将隅于东路北侧，与书院的相对位置关系至少符合文献记载。

城市环境的展示调控

文物建筑的周边城市环境，是参观者由现代城市氛围进入文物建筑内部，并在此获得对文物建筑的最初印象的过渡空间。这部分空间应当具有较好的可达性与引导性；同时，应在城市设计的层面尽可能地塑造可以传达文物建筑性格的空间特性。

银冈书院东侧 100 米处即为城市交通干道文化街，但由于铁岭市博物馆前城市广

1　李奉佐等．银冈书院，200.

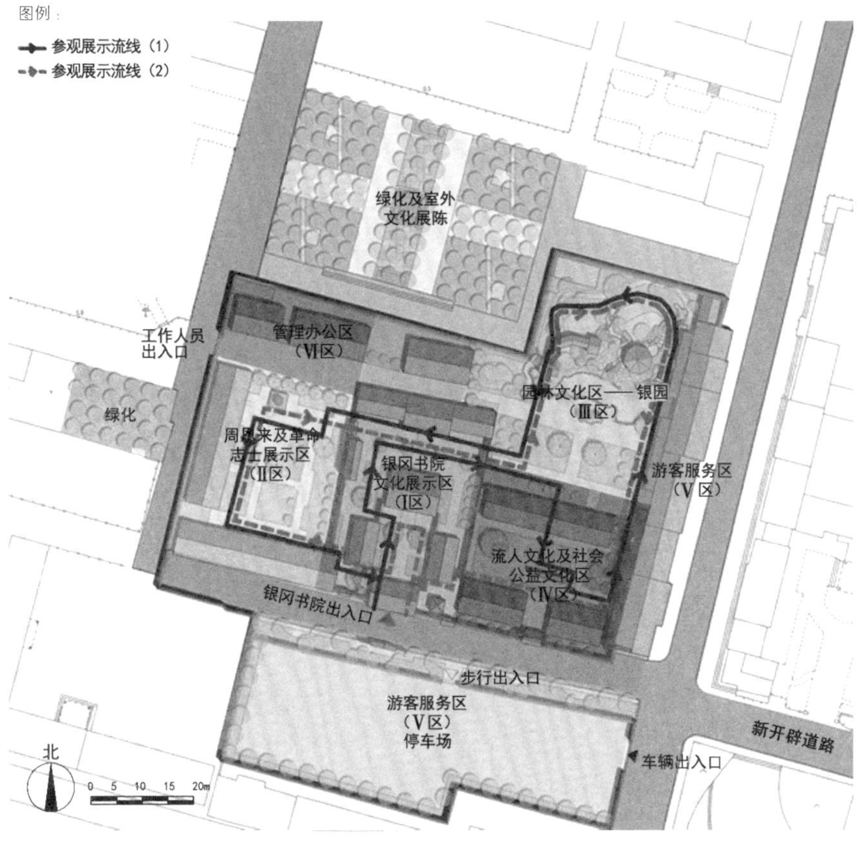

图 6　展示规划分区与参观流线

图 7　聚英堂的桁架结构

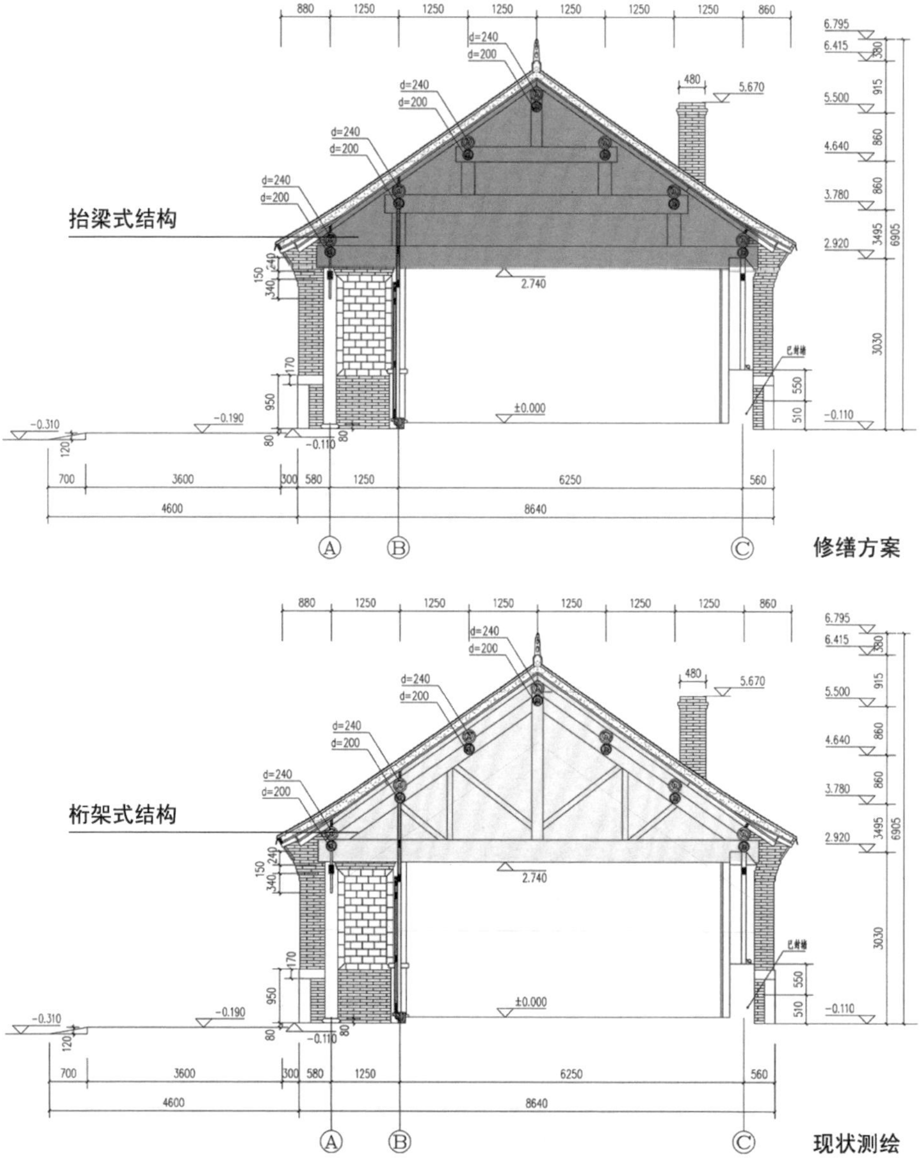

抬梁式结构

修缮方案

桁架式结构

现状测绘

图 8　聚英堂的梁架修缮方案

银园改造意向

场（高出城市道路标高 0.6 米）的阻挡，进出书院区域的车辆只能绕道书院南侧农贸路或者北侧繁荣路，极为不便。为了提高书院周边城市道路的可达性，规划在铁岭市博物馆南侧新辟东西向车行道，宽 9 米，长 45 米，使机动车辆进出不必绕道。

书院入口前的巷道是由城市进入书院的前导空间，应当传递一定的建筑景观信息来提醒参观者空间氛围的转换。但是目前路南侧的停车场与书院之间没有任何隔离措施，不仅破坏了文物建筑的环境氛围，还造成不必要的视觉污染。解决的办法是拆除停车场水泥栅栏，设置 5 米宽的绿化隔离带，并在北侧砌筑青砖围墙，采用美观而富有特色的路灯替换现有路灯，营造书院入口前巷道古朴、宁静的历史氛围[图 10]。

以上仅是对于银冈书院的道路可达性和周边小环境氛围营造的调控策略，而其周边大范围的文物保护缓冲地带（或称之为文物生存环境）的城市环境调控则更为复杂，需要在合理全面的分析基础上进行，具体内容如下。

1

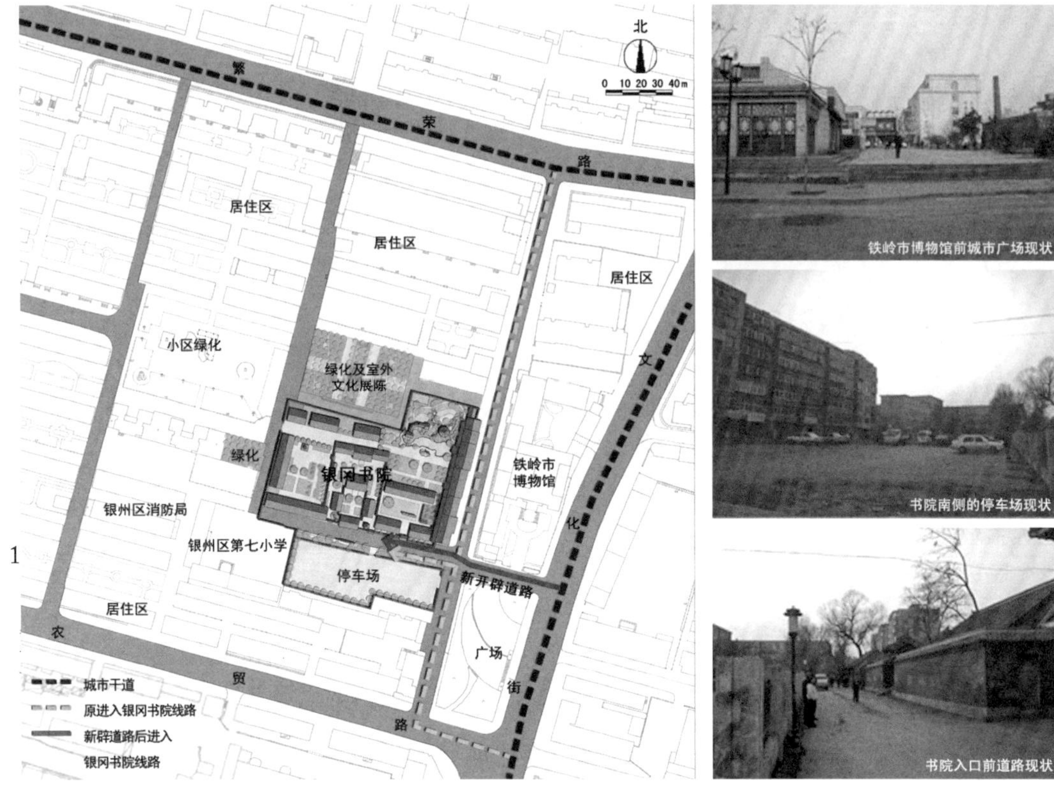

图 10　入口交通梳理

（1）利于操作的缓冲区域

调控文物建筑周边的城市环境，普遍采用的做法是在文物建筑外围设立“保护范围”和“建设控制地带”（特殊情况下还会加设“风貌协调区”）。根据《中华人民共和国文物保护法》，保护范围内的土地性质为“文物古迹用地”，相应的操作规定亦十分明确，应按照要求严格执行。对于建设控制地带，则是通过对范围内城市构成要素的高度、风貌、功能等进行控制，防止文物建筑周边城市环境的无限制蔓延。[1] 在以往的文物建筑保护中，建设控制地带的划定通常是以保护区中心为圆心或以保护范围为内边界，以一定距离为半径向外扩展；就文物建筑周边的城市建筑而言，则相应地

1　《中华人民共和国文物保护法》第十八条，2002 年 10 月 28 日第九届全国人民代表大会常务委员会第三十次会议通过。

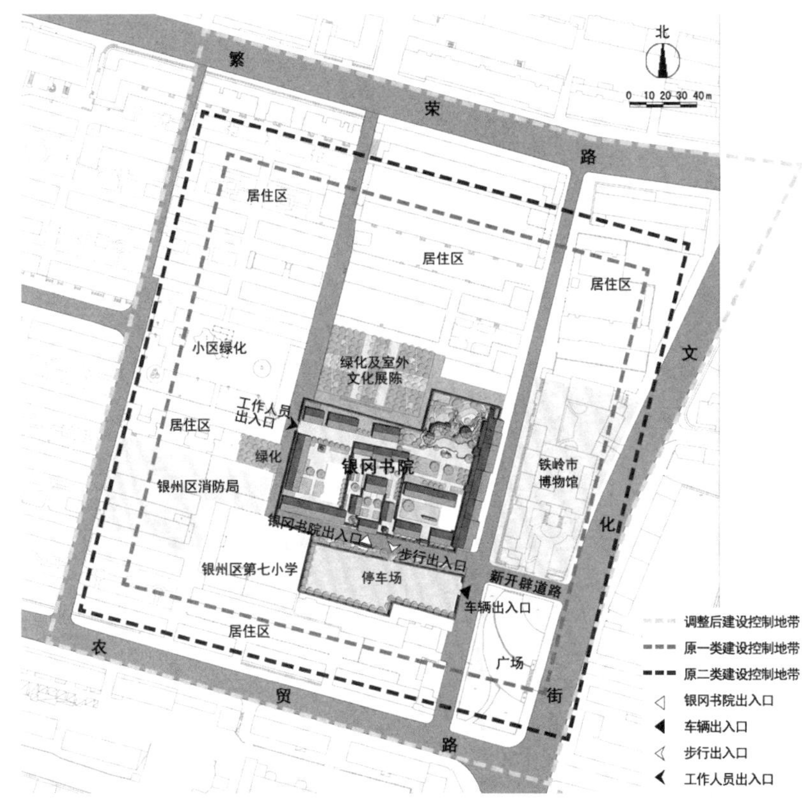

图 11　建设控制地带调整

遵照内外几重高度递增、力度递减的控制方法。[1] 显然，这样的控制无法有效应对不同形态的文物建筑及其周边千差万别的城市环境，而且常常会出现一个街区或一幢建筑被划分成边角余斜的情形，给具体操作带来莫大的障碍。同时，笼统的控制要求更是无法避免或调和文物建筑保护与城市建设之间的矛盾。

银冈书院曾先后两次划定和公布保护范围及建设控制地带，且建设控制地带的划定皆为以保护范围为界向外扩展。[2] 其中，保护范围的划定较为全面准确，能有效保

1　潘谷西，陈薇. 历史文化名城中的史迹保护：以南京明故宫遗址保护规划为例 [J]. 建筑创作，2006（9）：74.

2　第一次公布：1986 年 9 月 25 日，铁岭市人民政府下发“铁政办发 [1986] 61 号文件”，保护范围为围墙外 20 米内只能绿化，不得建筑，现有建筑物要逐步拆除；建设控制地带为以围墙为起点，50 米内不准建高于 9 米的建筑物，70 米内不准建高于 18 米的建筑物。第二次公布：1993 年 4 月 13 日，辽宁省人民政府下发“辽政发 [1993]8 号文件”，保护范围为院内及院墙外，南至影壁南 5 米，北 45 米至开发公司后楼南墙基，东 21 米至市博物馆办公室西山墙西 2 米，西 41 米至银州幼儿园西墙西 5 米以内；保护范围外 50 米以内为三类建设控制地带，三类建设控制地带外 70 米以内为四类建设控制地带。

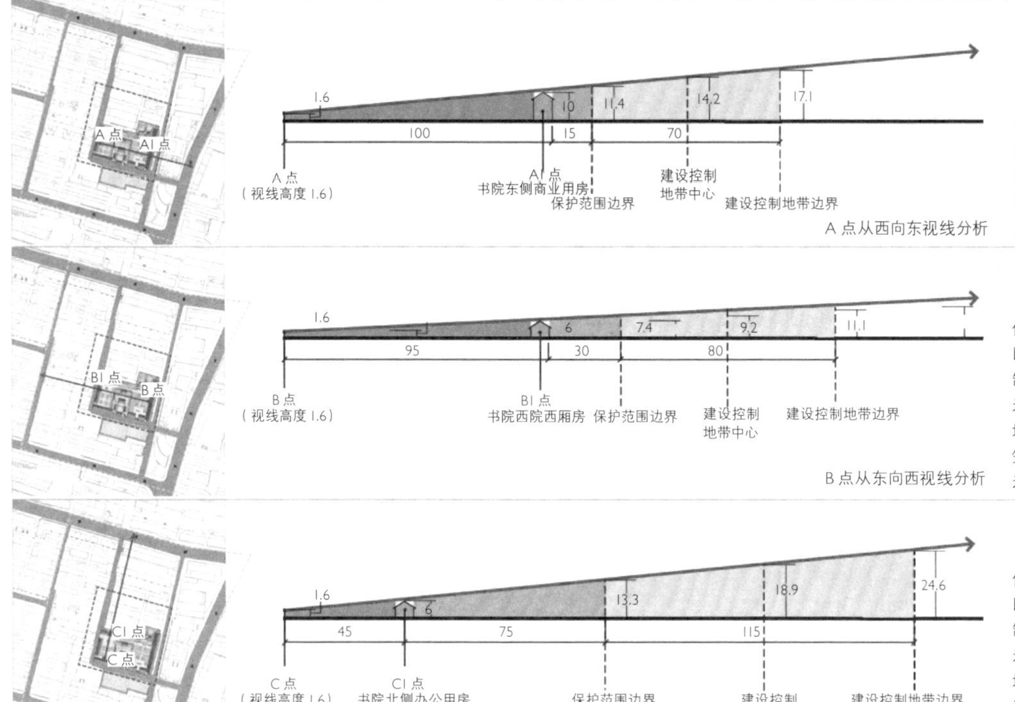

保护范围外
以内，建筑
制在 12 米以
米以外、建
地带范围以
筑高度控制
米以下。

保护范围外
以内，建筑
制在 8 米以
米以外、建
地带范围以
筑高度控制
米以下。

保护范围外
以内，建筑
制在 15 米以
米以外、建
地带范围以
筑高度控制
米以下。

保护范围外
以内，建筑
制在 9 米以
米以外、建
地带范围以
筑高度控制
米以下。

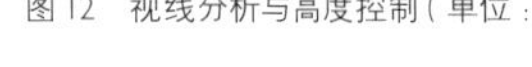

图 12　视线分析与高度控制（单位：米）

护文物建筑，因此维持原状，不作调整；但建设控制地带的可操作性不强，不能准确应对保护要求，建议对其进行调整，以城市用地边界和道路骨架为依据划定合理范围[图11]，注重文物保护与城市结构之间的空间关系。

（2）梯度变化的高度控制

为避免观察视廊的干扰和不切实际的城市建设容量限制，对银冈书院周边四个方向分别作视线分析，根据分析结果作出不同的建筑高度控制要求；同时，由于划定的建设控制地带占地面积较大（约 8.83 公顷，88 300 平方米），四个方向上的建筑高度控制还采用了梯度变化的方式，分别选取三个参考点（保护范围边界、建设控制地带中点、建设控制地带边界）进行观察和分析[图12]。

（3）分批次的渐进式调控

银冈书院周边建筑的空间压迫感强烈（最近一栋住宅楼距书院北侧围墙仅 3 米），且这些建筑大多建造年代较晚、建筑质量较好，从城市发展的角度来看，不可能在短时间内将这么多建筑拆除或改建以实现与书院体量、风貌的协调。因此，在对建设控制地带内的建筑作出基于视线分析的高度控制的基础上，需进一步采取分批次、渐进式的动态调控策略。

首先，通过现场感受和视线分析确定改造整治对象。以参观者能够到达的书院内最靠近四面边界的位置为视线的起始点，向其对面的围墙或建筑望去，视线沿围墙和建筑的上边线所涉及的，与书院建筑在体量、风格方面不协调的外部城市建筑即为改造整治对象。再关注银冈书院的边界，东侧是具游客服务性质的街道，南侧则是进入书院的入口街道，西侧和北侧亦为重要界面，皆是参观者感受书院历史文化氛围的体验场所，对可以直接感知的建筑立面、街道空间氛围等应作出相应调控。

在此基础上，根据周边建筑与银冈书院展示要求不相符的程度，进行分批次、渐进式的调控。在保护规划的近期实施阶段，首先拆除书院外围距离最近且在保护范围以内的建筑，完成铁岭市博物馆南侧东西向道路的开辟和书院南侧巷道空间的氛围营造；中期对书院外围距离稍远，但对展示视廊造成不良影响的建筑进行立面和屋顶改造（如墙面的色彩调整、平改坡等），使之与银冈书院风貌协调；远期则根据实际情况对建设控制地带内不符合控制要求的建筑进行改造或重建（如降低高度、置换功能等），对书院以北保护范围内的用地进行合理的规划利用，可设置与银冈书院保护相关的非永久性文化设施，举办一些临时性的文化展示活动，以丰富银冈书院的文化内涵。

约束的窗口：城市高密度地段的城墙保护与呈现

原文刊载：周小棣、沈旸、刘溪《约束的窗口：城市高密度地区文化遗产的保护与呈现策略》，《现代城市研究》2012年1月。录入本书有增删。

面对快速发展变化的城乡环境，受到最大冲击的无疑是处于城市建成区中的文化遗产，尤其在高密度、快速发展的城市区域，文化遗产的保护与城市的发展似乎总是矛盾重重。被掩埋在密集、混杂的建筑群之间的文物、遗址及其周边的景观环境，该怎样透一透气，显现出其本身真正具有的优美形象？文化遗产在高速发展的城区中应当怎样保持其活力？

众多的问题与矛盾之下，过去对文化遗产及其周边环境简单地设立同心圆式保护范围的做法不仅不够，反而会更激化保护与发展的矛盾。值得担忧的是，遗址文物生存的环境正急剧恶化，原本有着深厚底蕴的文化遗产正在被城市发展的步伐迅速吞噬，因此，对于这类文化遗产的保护迫在眉睫。

1 城市高密度地段的城墙遗存

作为保护对象，文化遗产小可至一座园林，大可至整个风景区域。文化遗产可以有多种功能，且它的一项重要特征就是在不断发展变化。因此，应当将保护对象看成是不同历史阶段层层叠加的结果，这就与传统的保护观念不同，后者以文物或者建筑本体为中心，保护过程中常把当时认为“不重要”的层面去掉。而注意到保护对象的历史和价值的层叠性与累加性，以及价值表现形式的丰富性，将保护对象看作一个动态的发展过程，自然系统、文化系统的变化都会为景观带来变化，这也给保护工作带来很大困难。同时这也是一个挑战——能不能以保护的态度来控制变化发展?

具体到保护手段，就要求不能像对待博物馆藏品那样，把文物从原环境中割裂出来，而应当将它们整体保存，维持保护对象与环境的联系。在原环境内整体保护的遗产，比割裂出来保护效果好得多。景观保护不仅关注历史片段的保护和整理，还关注公众解说、宣传、参与，以及多种相关规划议题，如经济管理、生态保护、建筑保护、新建设等等。

（1）文化价值：在高速发展的现代社会中，文化遗产的保护相当于在不断变化的社会当中，树立相对稳定的坐标和参照物，从而满足保存集体记忆，维持文化、政治身份认同的需求。

（2）生态价值 / 环境价值：文化遗产对于可持续发展、生态保护、提升社会公共卫生品质有积极作用。

（3）经济价值，主要体现在：①保护项目能提供大量公共产品；②保护项目能为当地带来就业机会，也能提升地块价值，因为人们大多喜欢住在有历史底蕴的地方；③城市保护、更新再利用项目能带动经济可持续的、非外向型的增长；④保护项目能带来旅游业的持续增长。

上述价值中前两项属于长期才能见效的价值，也是保护专业的工作者经常强调的。短期见效的价值主要是指经济价值。这些议题，从理论上来说是与现代化以及城市化紧密结合在一起的，即使在不同的文化背景下也表现出一定的共通性——这也是现代化的标志之一。

珍贵的文化遗产及其周边环境正遭受不同程度的破坏，一方面是由年久腐变所致，另一方面，变化中的社会和经济环境也会使情况恶化，造成更加难以预测和避免的破坏，这一点对于处在城市中的文化遗产特别是应运而生的文化遗产来说影响更加深刻，本文以南京明城墙中央门西段的研究课题为契机，探讨针对这一类文化遗产的保护和利用策略。

研究对象为明城墙中央门西段，研究范围东以中央路西侧为界，南以黑龙江路北侧为界，西至钟阜路东侧，北至建宁路南侧，面积约为 40.55 公顷（405 500 平方米）。

南京明城墙建于14世纪中期，设计独特，气势恢宏，结构复杂，城高池阔，设施完善，是世界上规模最大的砖石砌筑的城墙，历经六百多年的风雨，现存长度为25.091千米，是城市的重要标志。随着城市的发展与城区范围迅速扩张，城墙所在位置早已是南京城市建成区的核心部分，融入城市汹涌的人流、车流以及建筑群之中。因此，它属于典型的城市建成区中的文化遗迹。

南京明城墙不同于其他城市的历史城墙之处在于，它的形态是顺应周边的自然环境而形成的，这也是明城墙的独特魅力所在。现存明城墙的缺失段正好是原本城墙形态比较特殊的部分，中央门西段正是如此，由于其地面以上部分几乎已不存，原来城墙的大转角在今天的城市中几乎无法被感知；加之它所处南京城市重要发展地段，是城市的高密度区域，紧邻中央门交通枢纽，更是被周边的车水马龙所掩埋，使人完全察觉不到原有的痕迹！现状遗迹仅存的残垣，根据实地调查，为墙砖脱落后墙芯的残体。因此，遗址所处的环境可谓破坏严重，保护面临重重困难。

2 城市发展对遗址环境形成的威胁

中央门西段的城墙虽只剩下残垣断壁，却传达出重要的历史文化信息：城墙本体砖包土的做法，以及后期对原有城墙基础进行的加固和加建、有效简洁的断面结构和基础设计，都表现出古代城市建设技术的成熟和精妙；城墙外围利用自然河流金川河为护城河，形成独特的水关处理，是此处明城墙独特的景观，也是城市景观空间的重要节点。同时，此次研究范围内的城墙遗迹是具有不可再生性、独特性的遗迹资源和文化遗产资源。以上所述综合反映了该遗迹的稀缺性，以及该景观的重要性。因此中央门西段的城墙遗迹和与之相连的金川河（护城河）有着巨大的历史价值和城市景观空间的潜力。

根据文化遗产保护工作现状和实地调查情况，处于城市高密度快速发展区域对于中央门西段城墙遗迹、金川河以及周边环境的威胁主要有以下几方面。

威胁一：遗址本体受损

南京城市的发展经历了一个由缓慢地在老城内（明城墙所圈定的区域以内）填充

图 1　破坏严重的城墙体

图 2　城墙顶部少量的休闲设施

到向城外急剧外溢的过程。城市的急剧扩张使土地成为最具价值的资源，对土地的占用逐步扩展到对城墙遗迹保护范围内土地的侵占。遗址地下墙基本体虽部分采取了保护措施，但仍然受到城市建设的较大威胁。城墙大部分的遗迹顶部以绿化覆盖，缺少相应的管理，可以随意跨越和穿过，人为破坏较严重[图1]。针对保护和景观空间利用的配套基础设施较差，仅有少量的活动设施[图2]。金川河的保存现状相对较好[图3]，但整体环境较为凌乱，景观空间视线受到严重遮蔽，极不通畅，河岸杂木林立、杂草丛生，以自然野生植被为主。

图 3　金川河整体环境凌乱

图 4　遗址被建筑包围

威胁二：建筑包围遗址

20 世纪末，由于南京旧城改造过程中政府未给予经济上的投入，完全依靠房地产经营来实现旧城改造，老城内以街坊为单元的开发项目占多数，见缝插针的现象极为严重，导致旧城建筑密度越来越高，引发严重的环境问题，密集的建筑将城墙密密实实地包围起来[图 4]。寸土寸金的争夺使城墙遗迹所占用的土地不断被蚕食，稍不留神，遗址似乎就沦为房产开发的“后花园”，在高楼林立的缝隙中苟延残喘，严重丧失了其自身应有的景观空间。群众日常生产生活的占地、取土，甚至耕种、植树等行为，都对其危害甚大。

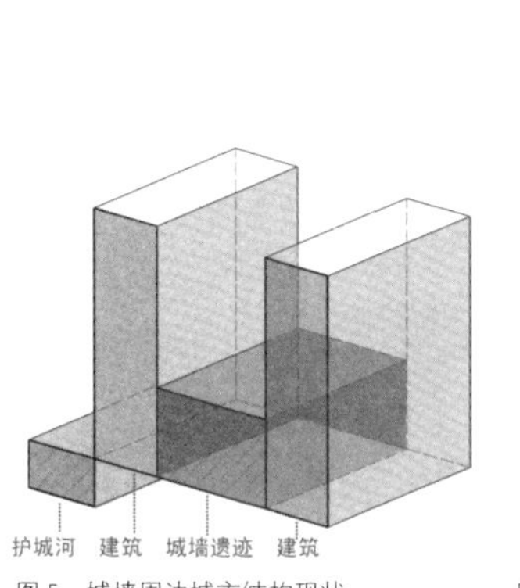

图 5　城墙周边城市结构现状

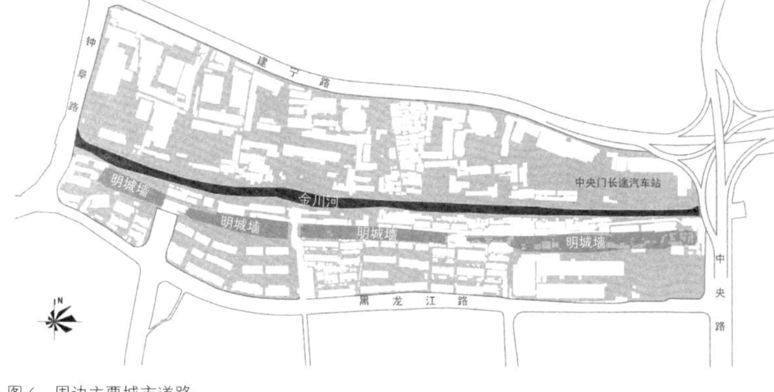

图 6　周边主要城市道路

威胁三：环境质量低下

房屋破旧拥挤、居住质量差是老城区最为严重的问题之一，南京亦不例外。处于城市中央门段的城墙，其内侧是老城区大量破旧的房屋以及脏乱差的社区环境，达不到遗址环境保护和城市景观空间展示的要求；外侧则多为体量臃肿的交通设施，以及新建的多层住宅，伴随着车辆的轰鸣，环境嘈杂，严重影响空间品质，干扰了大众对城墙的认知[图5]，使这里的城市景观空间处于缺失状态。

威胁四：交通布局造成割裂

南京旧城区集中了大多数的工作岗位，新城则以住宅建设为主，外溢的人口主要还是依赖老城内的设施。随着居住人口外迁和旧城三产化，新、旧区之间的交通需求日益增长，交通压力日益凸显，新、旧区之间形成大规模的穿越式交通，而明城墙正处于新旧区之间，许多道路交通设施不可避免地从中穿过，与明城墙产生冲突，不仅外观不相协调，也对城墙的原有结构造成较大的破坏。过去的交通规划常常无视城墙的存在，道路的建设也忽视了城墙本体的保护与景观环境的要求。

中央门西段城墙东西两侧分别为中央路和钟阜路[图6]，中央路交通繁杂拥挤，南北方向另有多条支路横穿遗址，环境相当凌乱，而交通量庞大的建宁路亦成为嘈杂环境的最大肇因之一。如此一来，城墙中央门西段就处于一个被交通割裂的孤岛之中，景观无从谈起，更不用说应有的历史文化氛围了。

威胁五：景观视廊受阻

凌乱的建筑与未经整理的植被成为城墙与护城河之间的阻隔[图7]，将二者分别封闭起来，难以形成完整的景观展示空间，高低视点的景观视线均不佳。

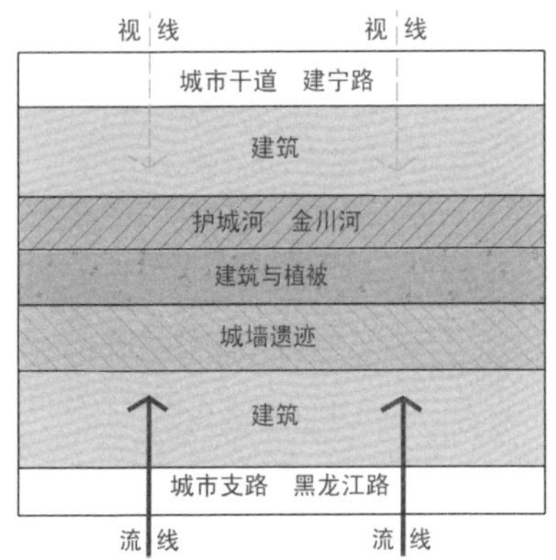

图 7 被“夹心”的城墙

3 从相关法规中寻求保护指导

2007 年 4 月，国务院印发《关于开展第三次全国文物普查的通知》，第三次全国文物普查正式启动。“就中国文化遗产及其环境保护总体情况而言，面临着‘前所未有的重视和前所未有的冲击’并存的局面。”[1] 国家文物局局长单霁翔在题为“城市文化遗产及其环境的保护”的主题报告中介绍了中国政府正在努力探索保护文化遗产、强调文化遗产的各种方式。

由此可见，对于文化遗产的保护研究已经达到了一个新的高潮，同时，如何更加灵活、因地制宜地制定保护与利用规划的方法，也在不断探索中。

针对上面提到的中央门西段城墙及护城河所面临的各种保护和景观空间问题，可以通过对相关法规的解读寻找理论对策和措施。其中，对文化遗产“周边环境”的理解，对于很多问题的解决起着至关重要的作用，相关的法规无疑给予我们直接的启示。

“周边环境”的概念

保护文化遗产本身亦强调“对其周边环境的保护即是对文化遗产的保护”，正是这样的要求才促成对于处在高密度城市区域这一特殊环境下的文化遗产的关注，高密

1 出自：单霁翔．城市文化遗产及其环境的保护 [R]．ICIMOS 第十五届大会主题报告，2005-10-17．转引自：朱光亚，杨丽霞．浅析城市化进程中的建筑遗产保护 [J]．建筑与文化，2006（6）：8．

度就是其周边环境的最大特征，也是景观空间展示必须面对的现实问题。

周边环境被认为是文化遗迹真实性的一部分，是指某遗产地周围的区域，可包括视力所及的范围（1979 年《巴拉宪章》第 1.12 条），这包括自然和人工建造的领域、固定物体及相关活动（2005 年《会安草案》B 定义）。

1987 年《保护历史城镇和地区宪章》（《华盛顿宪章》）提出了历史地段和历史城区的概念，认为环境是体现真实性的一部分，并需要通过建立缓冲地带加以保护。

1994 年《关于原真性的奈良文件》（《奈良宣言》）在强调保护文物古迹真实性的同时肯定了保护方法的多样性。

2005 年《西安宣言》进一步强调了环境对于遗产和古迹的重要性。

从历经大约半个世纪的保护宪章的演进中，可以很清晰地看出保护越来越强调遗址的真实性与连贯性，保护对象已不再限于遗址本身，而是扩大到其周边的环境，从对点的保护扩大到对街区甚至是城市的保护，强调整体环境对于遗址保护的重要性。这是保护观念上的变革，也是文化遗产整体保护与呈现的观念上的进步。

在本文研究的案例中，周边环境是文化遗产保护的重要因素，因此如何理解周边环境，寻找怎样的切入点来解决重重矛盾，从而强调文化遗产空间，是关键所在。

对策启示与策动

处在城市高密度及快速发展区域，环境带来的影响对于文化遗产来说是相当大的，合理划定保护范围、针对不同范围制定相应保护策略是重要的一环。针对前文所提到的问题，在强调文化遗产的真实性与连贯性的前提下，寻找适当的切入点为文化遗产保护作铺垫。

（1）真实性的强调。《会安草案》提出真实性所面临的威胁主要有侵占、丧失功能、分割，主要包括：现代商业和居住区的建设、由于维护不足使得文化遗产原有的重要特征受到侵蚀（如前文提到的“城墙的大转角”“砖包土”的做法）、道路设施对其造成的分割，等等。这些情况在本案的研究对象中均或多或少有所表现，具有普遍性，消除或缓解这样的情况则是保护过程不可忽略的一步。真实性的强调是文化遗产保护的真正内涵之所在。

（2）整体性的要求。确定合理的保护范围是保证历史信息完整的一个重要手段，以不改变原状、保存真实历史为准则，来强调历史文化的真谛。除了保留本体的遗存，亦要保护它所遗留下来的历史信息，以有效地将其传递给公众，如此，设立窗口区成为十分有效的保护和展示文化遗产的手段。

（3）合理展示。通过合理、充分的利用，保护和展示文物古迹的价值，是保护工作的重要组成部分。文物古迹除只供科学研究和出于保护要求不宜开放的以外，原则上应当是开放的和公益性的（《中国文物古迹保护准则》第 4 条）。文物古迹可以通过多种途径创造社会价值以及经济价值，其中，合理利用、呈现文化遗产空间是重要的途径之一。

对可能降低文物古迹价值的景观因素，应当通过分析论证有针对性地处理，而不要硬性规定统一的模式（《中国文物古迹保护准则》第 24 条和 34 条）。改善景观环境，首先要对不利因素作出判断，然后确定合理的景观画面，进行展示规划，从而形成真实的、完整的、具有历史价值和意义的文化遗产。

4 景观呈现的技术路线与创新

基于上述对法规条文的解读，首先确定以下保护原则：

（1）法制的原则：依法保护文物，保护文物本体的真实性、完整性和延续性是规划设计要遵循的基本原则。

（2）整体保护的原则：不仅要保护中央门西段城墙遗迹、金川河的本体群，还应保护文物相关历史遗存及历史环境的完整性，使南京明城墙所见证的历史过程信息流传后世。保护和提高周边城市、自然环境的协调和质量。

（3）抢救性保护的原则：鉴于保护的对象——南京明城墙局部遗迹是稀缺性的遗迹资源，且其现状遗迹比较杂乱，被周边建筑以及设施等打断，保护的要求十分迫切，规划应当对其实施抢救性保护。

（4）前瞻性与可操作性相结合的原则：着眼于长期有效的保护，重点解决遗迹现存的主要问题。

（5）联系与协调发展的原则：强调与南京城市总体发展规划的衔接，注重将局部的城墙遗迹资源与城墙整体以及南京城市整体的历史文化脉络整合，使得遗迹在得到保护的基础上，发挥更大的社会和经济效益。

表1 区划与功能说明			
区划编号	区划名称	保护区划等级	区划功能与内容定位
A 区	文化遗迹展示区	重点保护范围	以城墙遗迹为展示主体，提供教育、认知、休闲的场所，提高人们对该段明城墙的认知度，通过原生态的保护对该段遗迹进行真实的展示。
B 区	历史信息展示区	重点保护范围	整理场地，真实反映历史信息，对场地进行保留性的设计，一方面清理发掘现场，保护遗存，另一方面实施及时的抢救性保护。可配有少量的景观设施。
C 区	滨河绿地景观区	一般保护范围	城墙以及护城河遗迹与周边建成区之间的过渡区域，提供休闲游憩的滨水场所。
D 区	重要空间节点展示窗口区	一般保护范围	位于遗迹地段的东西两端，作为遗迹公园的入口标志，同时提供人流集散、停车、休憩的场所，可配有小型建筑。

具体到景观呈现的策略，其创新点主要表现为以下两方面。

突出呈现：规划分区中设立“窗口区”

增进公众对历史文化遗产的了解对于实施保护历史遗迹的切实措施很有必要，这意味着在增进对这些文化遗迹自身价值的了解的同时，也要尊重这些纪念物本体和历史环境场所在当代社会环境空间中所扮演的角色。根据明城墙中央门西段在南京城市建设过程中的历史格局、空间利用现状，结合对这一区域的保护和利用规划的基本设想以及交通处理手段，将这一地块根据不同的保护措施和使用功能进一步划分为四个区域：文化遗迹展示区、历史信息展示区、滨河绿地景观区以及重要空间节点窗口展示区。这里的窗口展示区正是为了提醒公众遗址的存在，成为遗址展示的序曲[表1]。

文化遗迹展示区（A 区）：根据对现状的评估，为确保文化遗迹安全，必须尽快实施保护区内建筑的拆迁以及对城墙基址的加固工程；整理该区域内现状植被，树立标牌、警戒牌等；平整修缮遗迹内道路，提高路面质量，提升文化遗产质量。

历史信息展示区（B 区）：本区环境为城墙遗迹展示区的外围环境，应当以绿化覆盖为主；应恢复沧桑的历史氛围，强调历史文化遗产空间。

滨河绿地景观区（C 区）：本区环境以绿化为主，适当设置景观设施以满足游览休憩的需求；沿着与城墙平行的城市交通干道建宁路种植高大树木，减小道路噪声对

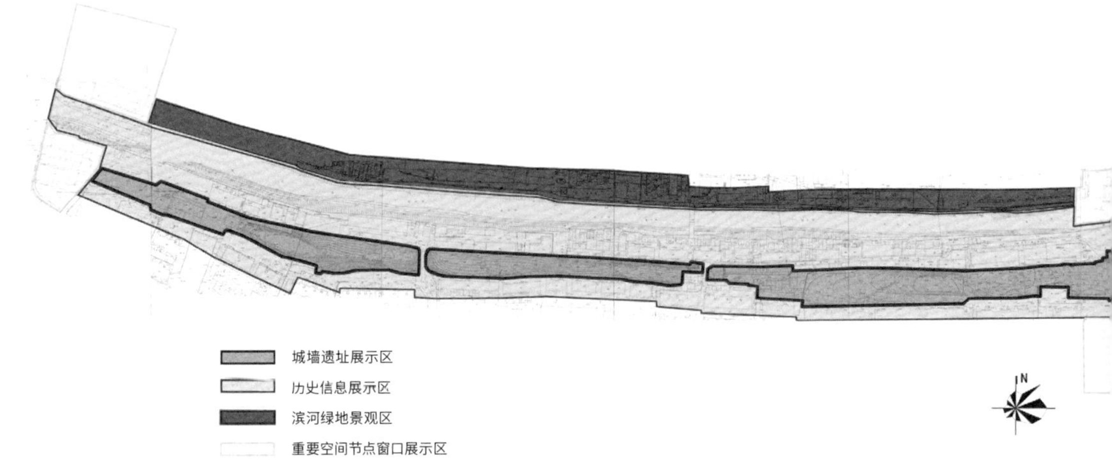

图 8　遗址展示的规划分区

这一文化遗产空间的影响。

重要空间节点窗口展示区（D 区）：形成文化遗产空间对外的窗口，可以规划为遗址公园并将其作为对外展示的窗口；在窗口区安排服务设施、展览设施、停车场地等[图8]。

有效呈现：合理的"锯齿形"保护区划

首先，在这寸土寸金的区域，想要保护城墙遗迹，留下完整的历史文化信息，既不能笼统地扩大保护范围，有碍现代城市建设与发展，亦要保证遗迹信息的原真性，并使其得到良好的展示，而不被湮没在城市建筑之中。

其次，面对如今已经被包裹得严严实实的城墙遗迹，在保护的同时应适当打通主要的景观视线及人流通廊，沿城墙和护城河设置步行道路，拓展景观空间。这有利于城墙及历史环境的保护和景观视线的提升，促进城市百姓与历史文化遗产的互动，同时也避免了其他不利设施或用地的侵占。

根据对南京市区内现有明城墙的整体考虑以及对中央门西段城墙遗迹及其周边环境的现状评估和历史研究，已有的保护范围和建设控制地带区划不利于这一文化遗产的保护与呈现，缺乏可操作性。为保证相关历史文化遗产环境的完整性与和谐性、环境风貌的协调性，顺应城墙遗迹所在地段城市建设发展的现状与趋势，应该对这一地区的建设控制地带区划进行调整，将其分为两类多个层次，从而最大限度地保证对城

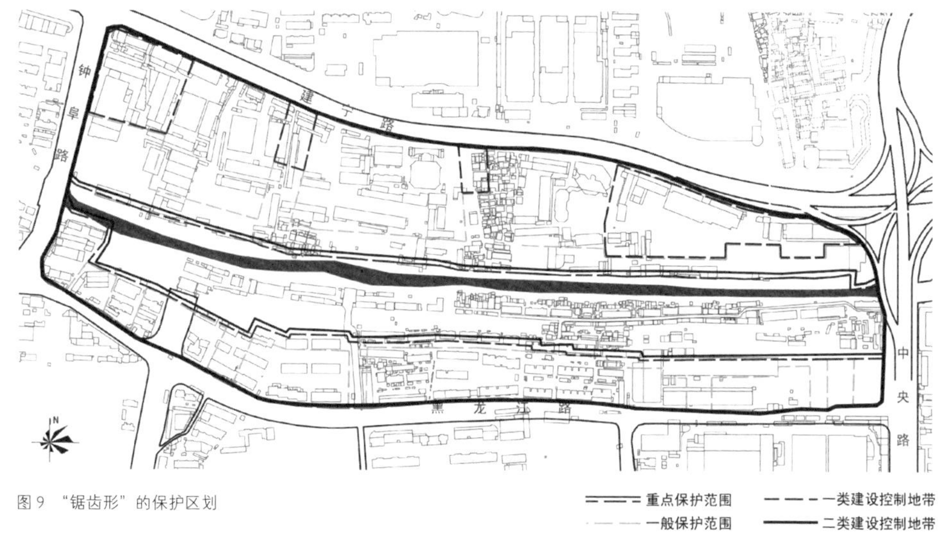

图 9 “锯齿形”的保护区划

市建设的必要控制和对文化遗产空间视廊的有效拓展，也避免了武断地划定控制地带，给城市建设和发展带来困扰[图9]。

在分析周边现有建筑布局和风貌及道路的分布后，确定景观空间与城市百姓互动的主要方向，划定重点及一般保护范围，明确各区划在文化遗产的保护与呈现中的作用，将可操作的文化遗产空间保护范围从现有金川河北岸，沿城墙走向再向北扩 15 米，建立景观隔离带；同时依据现状建筑情况以及视线、人流要求，将西至钟阜路边界，南至现存城墙遗迹的南侧墙基外 15 米，东至中央路西侧，留出重要的景观视线与人流通廊，从而形成锯齿状的边界，最大限度地保留历史文化遗产的整体性。

而这一保护与呈现的重点范围是现有的护城河金川河及其与城墙遗迹衔接处的自然岸线，现存城墙遗迹的本体，东延至中央路西侧作为文化遗产的窗口。既强调了这一历史文化遗产的本体内涵，又提升了对文化遗产宣传的层次。

同时，考虑到该地段在城市建设过程中特殊的环境位置，及其作为高强度开发的结果，将建设控制地段分为两个不同层次：

针对靠近文化遗产的周边建筑，采取控制建筑体量、风貌与功能的手段，建筑高度以不遮挡主要城市交通空间与被保护城墙遗迹的主要历史文化遗产空间之间的视线通廊为标准。针对文化遗产视线可及范围内的周边建筑，仅控制建筑体量和风貌即可。与此同时，确保景观视线通廊的顺畅和各功能空间的连结，与“锯齿形”区划缺口相配合，使文化遗产得以真实、完整、全面地保护和呈现，并具有现实可操作性。

江山八法：基于数字化信息图谱的山水城市设计探索——以杭州钱塘江两岸地区为例

基金资助：国家重点研发计划项目「村镇聚落空间重构数字化模拟及评价模型」（2018YFD1100300），主持：杨俊宴。原文刊载：杨俊宴、熊伟婷、沈旸、朱骁《江山八法：基于数字化信息图谱的山水城市设计探索——以杭州钱塘江两岸地区为例》，《中国园林》2020 年第 9 期（第 36 卷 · 总第 297 期）。

“山水”一词具有很强的中国文化色彩，一方面泛指山、江、河、湖、海，另一方面还指代以自然为主要题材的山水画的意境，如《荀子 · 强国》有：“其固塞险，形势便，山林川谷美，天材之利多，是形胜也。”中国城市营造讲究依山傍水、利用自然，将城市选址、建设与山水环境相融合，进而提升到形与意的契合境界。早在《管子 · 乘马》中就有“因天材，就地利”的相关论述，钱学森也于 20 世纪 90 年代起便提出山水城市是中国城市的典型特征[1]。吴良镛认为，“山水城市是提倡人工环境与自然环境相协调发展的，其最终目的在于建立人工环境（以城市为代表）与自然环境相融合的人类聚居环境”[2]。对于山水的文化语境，西方更多使用“场所精神”一词，而非“意境”，两者之间有相似之处，也有语义上的不同境界，但就强调城市营造活动在生态学、城市气候学、美学、环境科学方面的意义而言，已成为国际学者的共识。现代城市建设致力于通过城市规划、城市设计、生态景观规划和城市特色风貌建构，实现地域文化重塑，营造出“和而不同”的城市特色景观，从而破解“千城一面”的问题，最终达到“让居民望得见山，看得见水，记得住乡愁”的目标[3]。山水城市是一类较为特殊的综合复杂系统，是融合人类活动与自然的共同作用最为强烈的地带之一，将城市与山脉水体进行有机连接[4]。

---

1 钱学森. 钱学森论山水城市 [M]. 北京：中国建筑工业出版社，2010.

2 吴良镛. 人居环境科学导论 [M]. 北京：中国建筑工业出版社，2001.

3 谭瑛，陈潘婉洁. 数 · 形 · 理：城市山水脉络信息图谱的建构三法 [J]. 中国园林，2018，34（10）：94–98.

4 孙鹏，王志芳. 遵从自然过程的城市河流和滨水区景观设计 [J]. 城市规划，2000，24（9）：19–22.

山水城市的研究是一个庞大的系统工程，在语义层面几乎涉及了人类知识系统的各个方面。如何科学地界定山水城市的语义内涵，探寻山水城市的内在矛盾，合理评估山水城市复杂的地貌景观，建立系统性的山水城市认知模型并进而开展实例验证，是真正落实山水城市研究的重大课题,也是城市设计中重要的研究内容[1]。山水城市景观的非均质性和不确定性，使系统性的科学评估显得特别困难。随着大数据时代的来临，数字技术凭借其大尺度化、高颗粒化、人本量化和经验量化等诸多特性，为山水城市景观量化评估提供了诸多可行的技术方案。作为一种基于数字技术的图形量化分析方式，信息图谱利用一系列的图像将大量多源数据进行归类合并，揭示内在驱动机理，并表达其中的规律。信息图谱具有多维度、多尺度、多系统等特征，利用数字化方式构建信息图谱具有自动化、全面高效以及科学性的优势。

1 基于数字化信息图谱的城市景观评估方法

相比于传统的山水城市景观研究与表达方法，数字化信息图谱最显著的特点是强调了源于人居环境语义构成的系统性，源于数字化的空间信息分析技术的定量性，以及源于信息图谱内在规定性和空间性的统一性。

山水城市景观的数字化信息图谱包括对城市山水环境、绿地生态等相关信息的数字化、图形化的信息映射，具体对象包括地形地貌、山水形胜、人文文化、生态景观、河湖水文、空间形态、城市风貌等各种要素特征。根据空间维度，包括区域空间尺度信息、市域空间尺度信息以及城域空间尺度信息;根据科学范畴，包括自然环境系统、城市环境系统以及人文环境系统。上述划分标准进一步可以细分为八大方法要素，本文将其称为“江山八法”，包括气法、形法、脉法、网法、市法、水法、画法、象法等所构成的完整的信息图谱[图1]。

江山八法中各技术方法最显著的特征在于将城市理论思想、山水人文要素以及数字技术有机融合在一起，从而揭示内在驱动机制，并表达其中的规律[表1]。

1 王明常．景观格局过程信息图谱测度分析及其特征反演 [D]．长春：吉林大学，2008.

表1 山水城市的信息图谱技术方法——江山八法

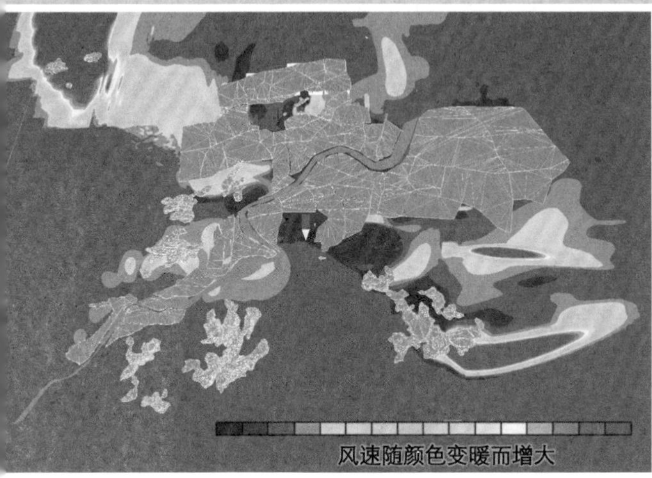

气法：微气候物理环境，具体是指城市公共空间的热环境、风环境、声环境等基本要素构成的城市小环境[1]。

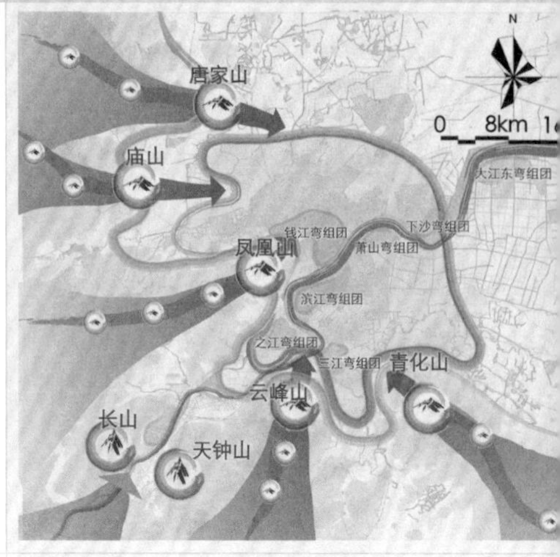

形法：指城市的区域山水格局关系，包括空间格局的演变规律，以及城市绿地景观与建成环境所构成的二维形状及三维形态[2]。

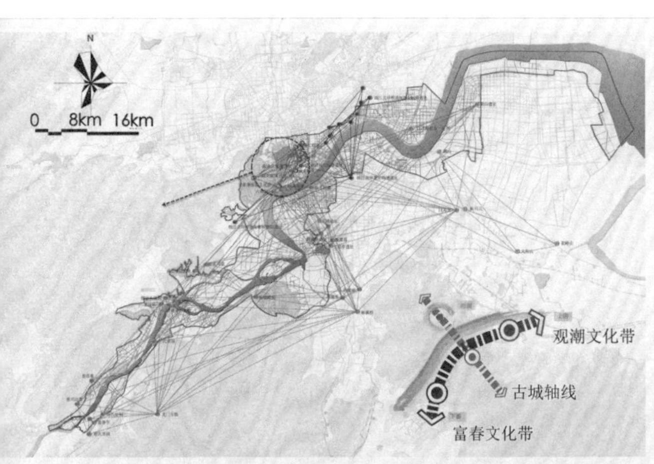

脉法：指城市历史资源点、历史事件等各类历史要素相互串联交织所构成的完整的城市历史文脉的网络本底。其中包络线图是一种科学理性的分析方法[3]。

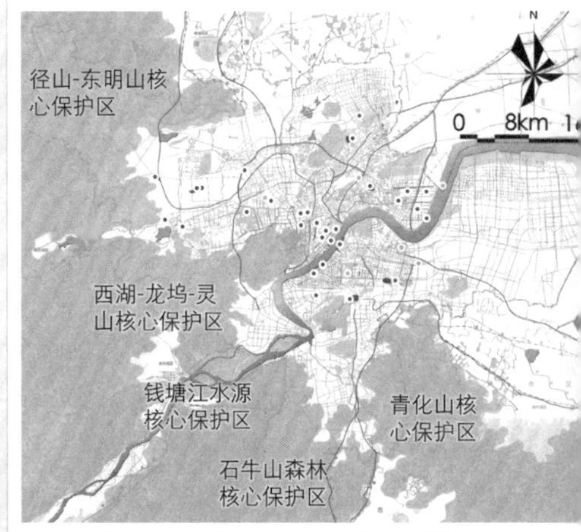

网法：作为城市生态景观网络本底的联系要素，将城市中各类生态要素串联交织起来，也是城市中的各物种在不同生境间进行物质、能量和信息交流的核心空间保障，更是现代山水城市可持续发展的生态保障[4]。

---

1 丁沃沃，胡友培，窦平平．城市形态与城市微气候的关联性研究 [J]．建筑学报，2012（7）：16-21．

2 郑涛．杭州市山水格局背景下的绿地系统构建研究 [D]．杭州：浙江农林大学，2010．

3 郑新奇，王筱明．城镇土地利用结构效率的数据包络分析 [J]．中国土地科学，2004，18（2）：38-40．

4 谭瑛，姚青杉．基于生境网络的山水城市生态格局模式研究 [J]．中国园林，2015，31（5）：92-96．

续表

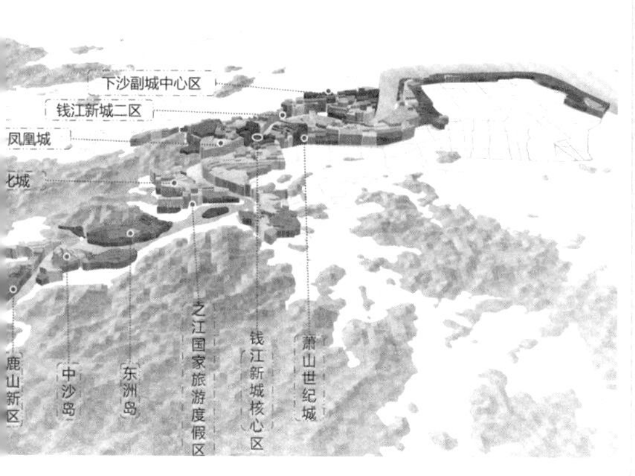

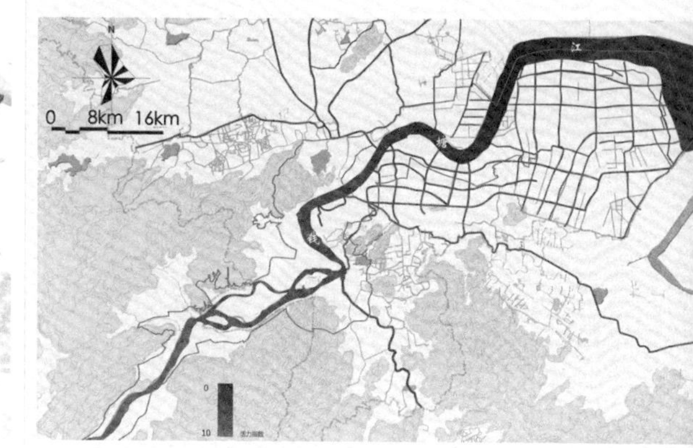

法：指对绿地景观在城市中所处的区域范围内的空间形态及产业布的优化提升。在快速城市化进程中，城市开发与自然生态之间存在利共生、不可割裂的关系。

水法：指城市生态景观当中，能够提升水生态资源利用、水生态环境保护和水生态灾害应对的综合效应，且能满足人们亲水需求的水生态空间格局。

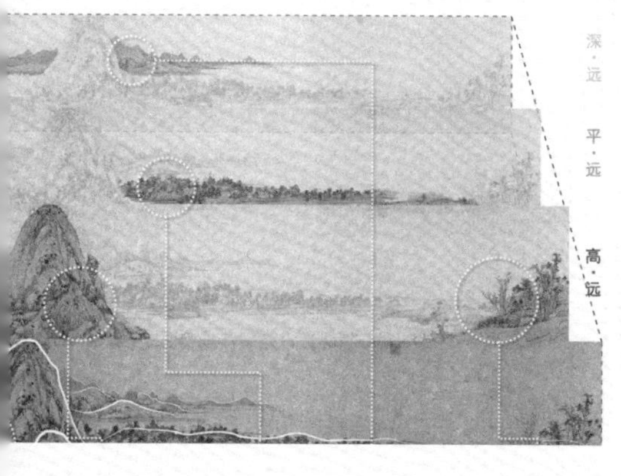

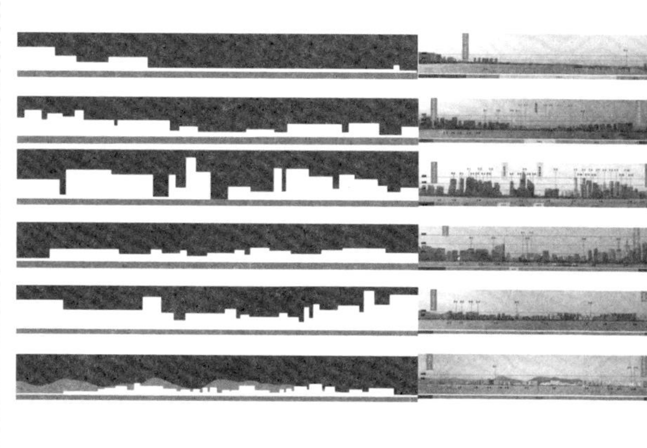

法：旨在维持及建构优美且有别于其他城市的空间格局形态及物空间环境[1]，具体需对城市特色资源进行挖掘及提炼。

象法：人们通过对城市的观察而形成的对城市环境风貌的记忆及意义认知，是城市环境的重要指标，也是观察者与城市环境之间双向互动、协调的结果[2]。

1　杨俊宴，胡昕宇．城市空间特色规划的途径与方法 [J]．城市规划，2013，37（6）：68-75．.
2　同上。

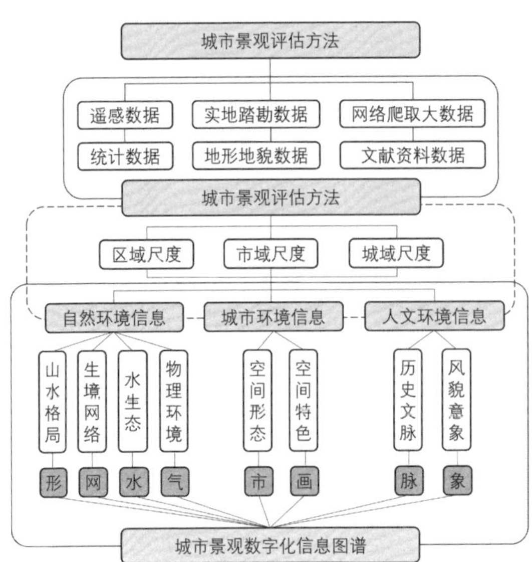

图1 城市景观的数字化信息图谱设计框架

2 数字化信息图谱的数据来源及其技术方法

利用城市多源大数据分析方法准确而动态地建构山水城市的数字化信息图谱，作为城市景观评估的基础，也是城市景观提升策略的建构源头。

案例选择及概述

作为浙江省最大河流，钱塘江是贯穿整个杭州的重要城市生态廊道，也是城市发展中引领性的线性要素。杭州的整体山水景观格局，是三面群山环绕，一面有钱塘江浩荡流入大海，是开合有度的“大山水”格局。钱塘江在杭州承担着越源之河、开放之河、繁荣之河、涵养之河的重要角色，但随着杭州城市化的推进及产业升级转型，城市功能重心逐步东移，开始全面实施跨江战略，使得杭州从“西湖时代”迈入全新的“钱塘江时代”。而杭州城市景观营造的核心，便是处理好城市与西部群山、西湖、钱塘江之间的各种要素的关系，厘清从“西湖时代”到“钱塘江时代”的发展脉络，体现杭州山水城市景观的特有魅力。以钱塘江沿岸两个控规单元作为沿江功能区块构成，划定钱塘江沿线山水城市景观区范围，总面积约 720 平方千米。

数据来源及分析

根据数字化信息图谱的各类技术方法分析对象、尺度及要求，其数据类型及来源各异。总体而言，数据来源可分为三类：

（1）经实地踏勘及部门访谈获取数据：在实地调研及相关访谈的基础上，对杭州主城区范围内的空间形态、微气候等数据进行采集，获取城市格局和建筑高度、形态等城市空间形态数据，建立综合性数据支撑平台。

（2）大数据采集及过滤整合数据：通过网络采集的技术方法，对相关网页关键词及其出现频次进行采集及整合，形成城市历史资源点和词频大数据基础数据库。

（3）专业软件模拟生成数据：利用 Phoenics 以及 Soundplan 等软件分别进行城市风环境及声环境的建模，并加入各项影响要素，通过模型计算及迭代计算，生成模拟基础数据。

3 江山八法：数字化信息图谱信息要素建构

气法：基于城市数字地图的沿江物理环境解析

利用物理环境分析软件动态地模拟与预测城市风、热、声环境状况，是山水城市数字化信息图谱的建构基础。具体而言，根据不同类型的微气候数字分析要求，通过实地踏勘、模拟、建模获取适宜的基础数据，在此基础上，运用专业物理环境分析软件进行模拟及最终的结果确定。以城市风环境的模拟及分析为例，运用 Phoenics 流体计算软件模拟钱塘江规划全域的风环境状况，首先建立区域及周边的三维空间形态模型，并导入 Flair 模块，依据真实模型划分计算网格，从而实时监控迭代步数与残差，结合各季节风速图，最终划分出钱塘江沿岸的强风、弱风、静风区，并结合其风貌进行通风廊道的设计[图2]。同理，可精准模拟钱塘江沿岸的热环境、噪声环境的分布与历史演化，预判未来城市风、声、热物理环境恶化趋向点，并提出相应的消解优化策略。

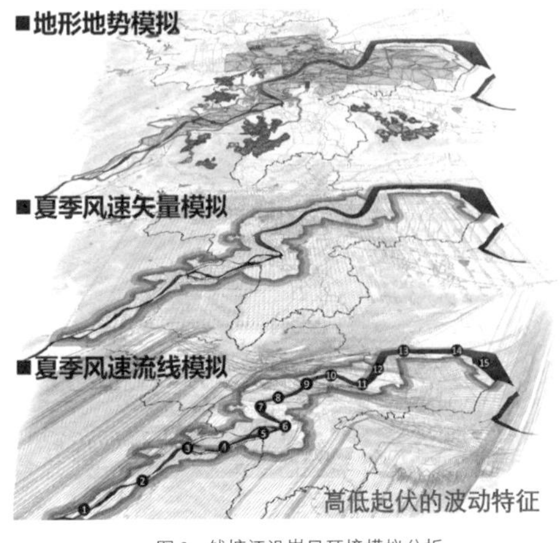

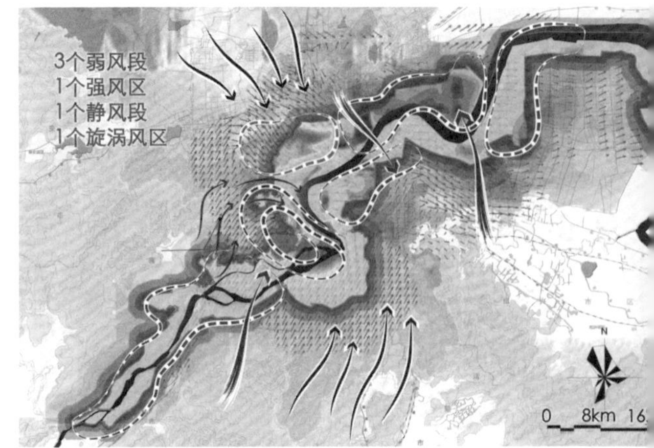

图 2 钱塘江沿岸风环境模拟分析

形法：基于地形、地势、地貌的城市山水格局解析

对于城市山水格局的分析，可从区域地理地势、市域山水形胜、城域山水形态层面进行逐层解析。区域地理地势是以城市及其相关联的都市发展区作为研究的空间尺度，以区域内包括山地、丘陵、平原等地貌形态在内的地形地势、水系演化等为基础，建立宏观层面的城市山水格局。市域层面的山水形胜承接区域地理地势的空间意象，强化城市层面的历史演化进程、自然地貌特征、城市景观空间感和人文底蕴。城域山水形态是以城市核心发展区为导向范围，旨在承接中观层面的城市山水形胜格局，建立多层级、多系统的城市山水格局。

脉法：基于历史包络地图的城市历史文脉解析

研究历史包络地图需要通过连接历史遗存资源点生成包络线，并根据包络线的密集程度和形成的图形趋势来判断资源点之间的关联程度，进而划定关联区和控制线，为实现科学、理性的历史资源评价提供了可能性。这一方法可以对资源点关联度及更大范围内的文化特色进行挖掘，从而为文化风貌体系、游憩活动体系和观览展示体系的结构设计提出指引,对城市人文要素和文化内涵作出多维度的综合考察及定量评估。

网法：基于生境网络的城市生态景观本底解析

通过实地踏勘调研，发现钱塘江沿岸现状生境网络最大特点在于从西至东的破碎化倾向，及骨架已形成但纤维尚缺。针对钱塘江沿岸采取多层次生境网络的方法研究其生态景观本底，从核心保护区、自然或半自然生境斑块、具有连接作用的生态廊道以及跳板结构这四类基本要素所构成的“核—斑—廊—岛”的规划布局出发做出指引。

市法：基于建成环境评价的沿江空间形态解析

运用 AHP 层次分析法，在获取充足基础资料的基础上，对建设区域从建筑、用地及相关政策等方面，用 GIS 平台进行统一数据处理并建构既有建成环境评价模型，针对评价模型对沿江功能分区、沿江港口经济体系等因子进行评价，最终得出整个城市建成区的综合评价结果，得出城市适建度分布情况。这一分析方法将定性与定量相结合，定量评估城市可建设区域的适建程度，从而判定整个城市建成区的建设状况，以期指导下一步具体的空间形态分区设计。

水法：基于生态修复技术的沿江生态格局解析

保证山水城市的水系安全、水系活力以及水岸景观是保障其沿岸水生态景观安全的重要挑战。水容量是保障水系安全的核心指标，运用水容量评估法，综合水体积、水质浓度、水流量来分析水容量现状以及水体对污染物的承受能力。通过钱塘江及周边水系的水容量分析发现，钱塘江作为最主要的污染物容纳体，与周边水系之间的水容量存在明显差异。水活力的分析是基于用地状况、驳岸类型、植被状况进行综合因子评判，分析发现城市内外多条河流存在水活力明显不足的河段，进而提出提高钱塘江及支流的植被丰富度，特别是市区内河流的水生湿地植被丰富度，以提高水系水生态活力。此外，通过对水灾害风险和淹没模型的分析，准确地认知钱塘江水灾害风险，特别是两岸因水位变化可能面临的淹没风险。

画法：基于天际线错落度的沿江空间特色解析

钱塘江现状滨江界面较封闭且相对单一，沿岸大面积的板式高层住宅也造就了呆板封闭的天际轮廓线，垂江廊道在景观空间尺度上缺少层次，同时沿江缺乏展现山水城市特色的景观空间标志。针对这类问题，“画法”以中国传统山水画的物质空间美学塑造方法为基本原理，凝练以山水观城的错落交融特征，从天际轮廓线、垂江廊道以及滨江标志等方面来强化钱塘江沿岸的山水城市空间特色。沿江天际轮廓以分形序列量化步骤逐层展开，以分形指数对沿江 720 平方千米内的城市天际轮廓进行全域量化，从而进一步对沿江天际线进行分形分析，挖掘出“融、掩、衬、抬、降、平”六类天际线空间意象。

象法：基于单双词频数据的风貌意象感知解析

山水城市的风貌意象感知应从视觉感知与心理认知两个层面综合考虑，前者关注的是眺望体系及眺望方式对于沿江空间的视觉感知度，后者是从网络关键词热度大数据分析入手。具体而言：

（1）钱塘江沿岸所有的观景点分为标志高层类、交通门户类、自然山水类等五类。进而从交通可达性、观景可视度、公众认可度等六个维度对钱塘江周边眺望点进行评价分析，得到钱塘江周边的一级眺望点。进一步区分静态观览层级及动态观览次序，并根据视觉原理，形成中近距离观赏、远距离观赏、全城尺度鸟瞰三个观赏尺度。最终发现现状总体观景方式单一，未利用江湾优势形成观景的空间深度，同时也缺乏对动态观景的考虑。

（2）心理认知层面，通过问卷调查筛选钱塘江周边物质空间层面的城市要素，批量分析网络搜索引擎中钱塘江地标的词频，获取辅助城市形态结构设计的量化数据。采用单关键词词频热度和双关键词词频关联度分析，进而得出认知道路的热点多为交通性道路，缺乏生活性道路，自然山水的网络热度远高于新城中心区[图3]。

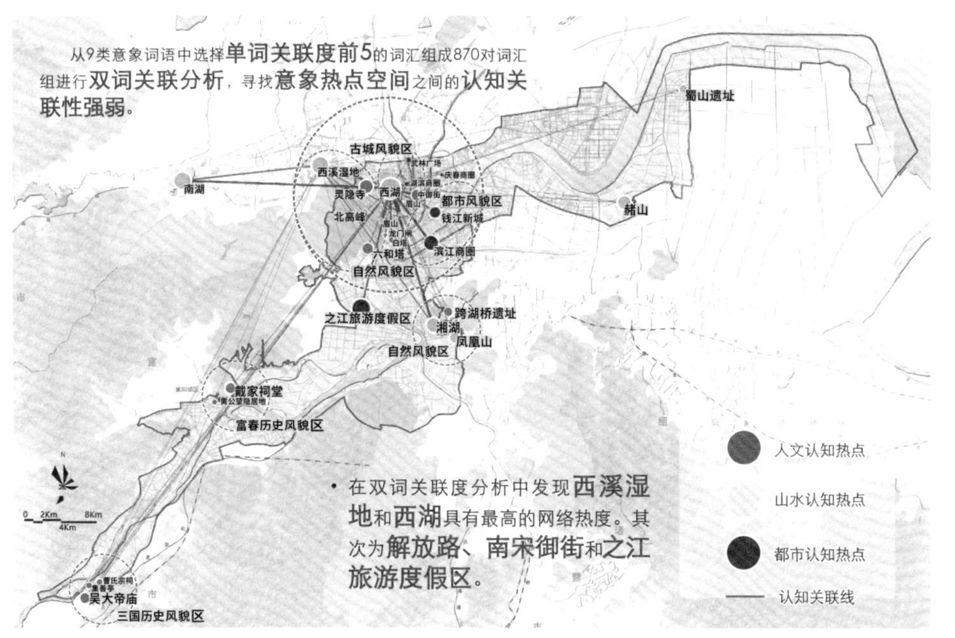

图 3　钱塘江沿岸风貌感知解析

4 之江八策：钱塘江沿岸景观提升实践策略

在杭州钱塘江两岸景观提升工程规划实践中，通过“江山八法”数字化信息图谱的多维分析及整合应用，全面分析了物理环境、山水格局、历史文脉、生境网络、空间形态、水生态、空间特色、风貌意象等具体体系内容，并依据这一分析内容在规划设计阶段进行有针对性的策略优化提升，实现了数字化信息图谱的聚合应用，为杭州山水城市设计研究提供了有力支撑，提出未来数字钱塘的总体设计理念——“钱塘观潮图”“之江新语图”以及“富春山居图”。这三幅画卷是对各体系的总结与整合，并构建出钱塘江整体的大山水人文画卷[图 4]。

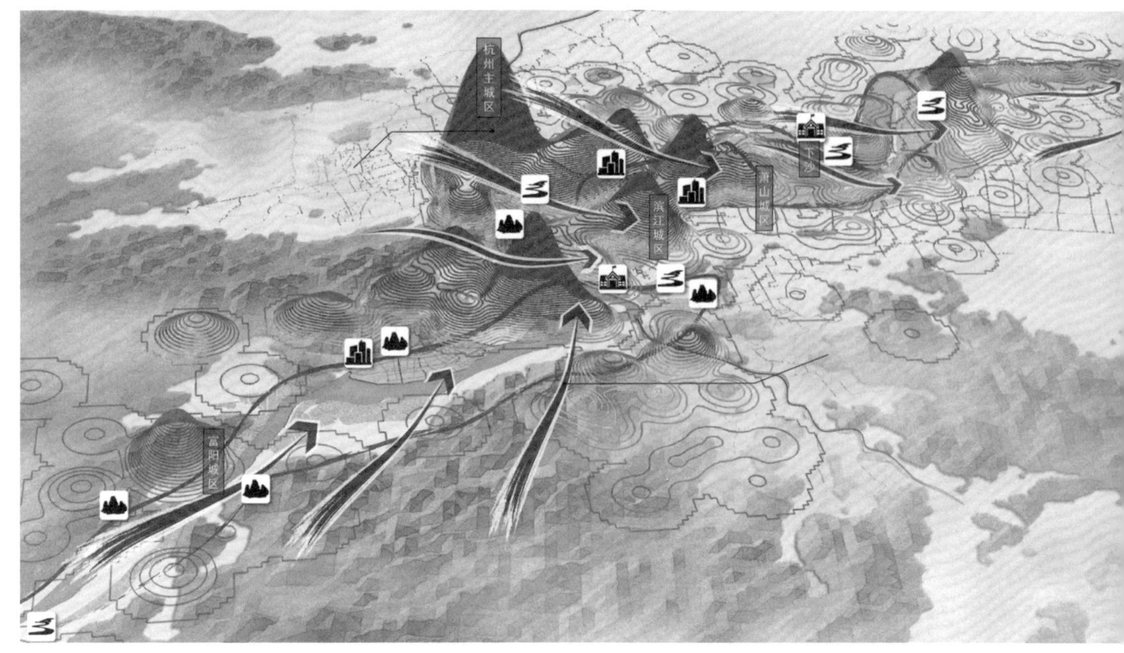

图 4　基于江山八法的钱塘江沿线城市形态综合优化

理气：物理环境

在物理环境控制体系方面，通过对钱塘江两岸三类环境的具体实测及模拟，提出构建沿江通风廊道、连通滨河绿网体系和划分声环境功能区三个策略。具体建构“顺应城市主导风向”的一级通风廊道空间，“消解城市热场、促进空气内部流通”的二、三级通风廊道；构建横跨运河的生态绿廊，同时连通运河与周边开敞空间，形成鱼骨状的绿网体系，扩大绿化降温效应；划分四类声环境功能区，结合历史文化空间、绿化慢行空间塑造滨河宁静区。

通形：山水格局

在山水格局控制体系方面，进行了“阙—脉—簇”的三级山系体系保护划分，具体策略为：

两阙开门户——以富春江段的长山、天钟山为门阙，作为杭州市域内钱塘江的重要自然门户。

四脉拱之江——昱岭山脉、仙霞岭山脉、大盘山山脉、会稽山山脉形成四脉拱卫之势。

八簇缀两岸——以钱塘江为界，南北两岸点缀八个山簇。以小于3千米、3~9千米、9千米以上三种尺度划分近眺、中眺、远眺视距，打造两个山—江近距视廊、四个山—山中距视廊、五个山—江远距视廊、三个山—山远距视廊；重点提升十条垂江水脉，联通9条沿江水系，打造“互通互导”的棋盘式水网体系。

承脉：多元文化

在多元文化控制体系方面，打造各具特色的文化体验区，对留存历史资源点进行整合与提升。具体进行了多元文化及古今文化的区别展示，形成5个一级文化体验区及6个二级文化体验区，并采用融合、包围、分离与重叠四种发展模式对沿江资源点进行整合处理。开发模式上，结合不同类型的资源点按照整体开发、文化特色街区、景区开发等不同层级进行分类开发。最后将整合后的历史资源的分布以时间、等级、包络三种方式划分后进行叠图，并将城市空间要素按交通路网、山体绿地、自然水系三种方式进行展示。

织网：水绿骨架

在水绿骨架控制体系方面，进行水脉生态—整体绿地—观鸟基地—景观大道的分级优化。提取出包括京杭运河、三工段横湾在内的10条重要水系，分别呼应各城市簇群核心，并规划出相应的绿地与之衔接；划分出汀洲串珠段、沚汉溯源段、津河凝核段、江湾慧城段、海港听潮段；根据鸟类习性将钱塘江沿岸观鸟基地分为城市园林、河流湿地、河漫滩湿地及农田居民区四种类型；同时打造11条沿岸重点景观大道。

营市：三维空间

在三维空间控制体系方面，为塑造钱塘江空间序列，在江山市法的分析基础上进行多模式的空间形态引导。具体引进容积率（容积率 = 总建筑面积 / 净用地面积）作为主要量化指标，结合不同用地性质、不同街区容积率的空间形态模式的差异，总结

20 种空间形态模式作为钱塘江空间拓展模式原型。最终对下沙大学城、白塔公园等区域的滨江拓展空间形态进行引导。

治水：水岸景观

在水岸景观控制体系方面，进行岸线分类控制、岸线景观渗透、雨洪景观控制以及两岸植被配置四类具体设计。根据景观特色划分出城市景观、山水景观、湿地景观及乡村景观，对不同岸线分段引导，同时增加景观型、服务型、活动参与型三类景观设施以提升两岸的景观丰富度。通过支流水系、沿岸公园和适宜慢行的道路三种形式形成河流渗透、公园渗透及道路渗透三类廊道，加强钱塘江与内陆的联系。通过管道和地表径流的控制，增加对降雨的收集。通过增添乔灌木、花卉种类等丰富沿岸植物景观层次，增加植物景观多样性。

入画：特色空间

在特色空间控制体系方面，对整体水际线序列、特色湾头天际线、沿江桥廊活力链及滨江提名标志点进行逐级优化。结合总体结构，将整体水际线界面分为六段，并结合开合聚散的界面关系，分为八大局部界面序列；结合水际线展开序列，对九个湾头聚集簇展开天际线优化，形成“映、层、抬、降、融、平、掩”七种天际线意象；打造包括城市活力桥廊、桥头节点、特色码头节点及桥头慢行区在内的桥廊活力链；最后在沿江 58 个六类标志点的基础上，重点打造包括城市客厅、之江新语等在内的十二大沿江提名地标。

观象：空间活力

在空间活力控制体系方面，对滨江功能多样性、分时段滨江游线、夜景分级点亮等进行控制性设计。将滨江空间划分为 8 个组团，打造滨江活动空间体系，营造具有不同功能侧重的活动中心区；策划以游历山水及历史古镇为主题的远郊山水游，以农家乐、疗养、主题乐园为主题的近郊乐活游，以游历之江为主题的之江江中游，以观潮为主题的观潮游，以自行车、步行为主的都市滨江游等多层次游线类型；根据距江面距离设置两层眺望分区，近江以平眺为主，第二层以依托高层建筑或山体的俯瞰为主；策划夜跑、广场舞、夜间观潮等夜间活动，打造滨江活力的全时性。

在上述之江八策的引领下，最终形成“双峰立阙舞凤凰、四山拱宸卫武林、九曲绕城起春江、十脉通江筑海塘”的整体设计理念图5，并建构“定江湾”“联古今”“显山水”的空间营造策略。江山八法及之江八策的总体分析谋划策略，对于方案的空间结构、空间特色、平面布局、功能划分以及景观体系等均有较强的支撑及指导价值。

5 结语

如何科学、合理、系统地进行山水城市景观评估和规划设计，保护和发展城市山水景观脉络，是当今城市设计的重要课题。本文建构的景观数字化信息图谱基于多源数据的系列化数字图形平台进行多维交互解析，揭示出山水城市景观各要素的空间结构特征及时空变化规律，为后续城市规划与设计提供决策建议。钱塘江作为杭州城市重要的线性山水景观要素，在自然地理条件、人文经济条件、建成环境条件等各方面都具有一定的代表性，针对钱塘江地区的山水城市景观评估展开研究，易于进行试验进而推广使用。

从方法而言，山水城市景观数字化信息图谱可以进行多角度、定性与定量结合的研究，能够将山水城市中的复杂信息进行系统化的抽象和概括凝练，从而较好地将其中各类景观要素进行整合，形成完整的分析框架，为城市规划与设计的科学决策奠定基础。

图 5　钱塘江沿岸城市设计总体格局

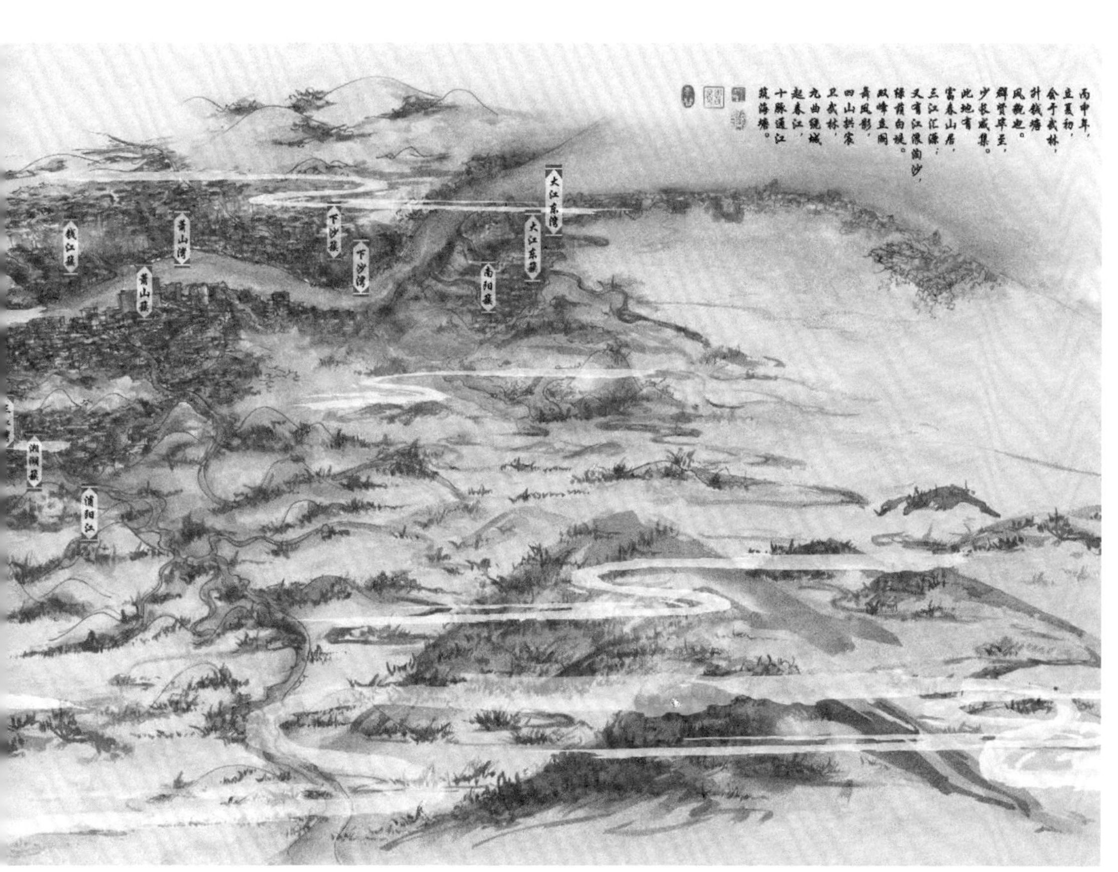

丙中年，
立夏初，
会于武林，
汁钱塘
风貌也。
群贤毕至，
少长咸集。
此地有
富春山居，
三江汇源；
又有江涨淘沙，
绿荫白堤。
双峰直阙
舞风影，
四山拱家
卫武林，
九曲绕城
起春江，
十脉通江
筑海塘。
大江东湾
下沙湾
青山湾
浦阳江

文化景观

从「对象」到「场域」的风景名胜资源整合与保护

原文刊载：周小棣、沈旸、肖凡《从对象到场域：一种文化景观的保护与整合策略》，《中国园林》2011 年第 4 期（总第 27 卷第 184 期）。录入本书有增删。

“文化景观”[1] 是西方国家针对兼具景观和文化两方面内容的文化遗产类型提出的一个概念，它是建立在西方价值观的基础上的，在中国等东方国家其含义解释和具体操作则遭遇困境，这主要源于自然观或营造理念的差异所造成的文化景观内涵的拓展。事实上，“文化景观”在中国是一个重复的词，这是由于中国的景观本身就已被赋予了文化的色彩。[2] 自古以来，中国的文化景观包含了一种与西方观点截然不同的哲学观及人文姿态 [3]，并体现在那些大大小小的、有意识或无意识的风景名胜（包括山水自然及其中的构筑物）的理景中。

然而，不管是在哪一种特定的文化语境或解释体系中，文化景观所具有的整体性与系统性特征都是毋庸置疑的。作为一个“完整的系统”而存在的文化景观资源，不应仅限于那些具有较高审美价值的、供人观光与游憩的自然与历史环境，更涉及其所包含的一定区域的文化与社会背景，以及实体存在所对应的非实体的空间总和。[4] 这种整体性的理念已愈发受到普遍认同，如 2005 年的《西安宣言》就针对理解文化

1　“文化景观”是世界文化遗产的一种类型，本文借用其定义，泛指普遍存在的具有此特征的景观集合体。

2　HAN FENG. Cross-cultural Misconceptions: Application of World Heritage Concepts in Scenic and Historic Interest Areas in China[Z]. Conference Presentation Paper to 7th US/ICOMOS International Symposium, 25–27 March 2004, New Orleans, USA.

3　韩峰 . 世界遗产文化景观及其国际新动向 [J]. 中国园林，2007（10）：18–21.

4　华晓宁．建筑与景观的形态整合：新的策略 [J]．东南大学学报（自然科学版），2005（7）：236.

景观的复杂层次提出了“整体环境”[1]的概念，强调对遗产背景环境的保护，囊括了历史的、社会的、精神的、习俗的、经济的和文化的活动，将“环境”的外延扩展到社会的维度。

中国传统人文认知影响下的风景名胜理景，可以说是这种整体性理念的文化景观的典型代表。[2]本文以山西省太原市省级文物保护单位龙泉寺所处的太山风景区的保护与发展规划为例，通过对“场域”理论的解读和嫁接运用，针对资源整合、风貌呈现等文化景观保护及整合层面的策略进行探讨；同时，对于国内诸多类似的小型风景区而言[图1]，本文的思考亦具有普适意义。

“从对象到场域”的分析实际上是一种整体的研究方法，强调在对文物完整性的表述过程中要更加关注非物质文化因素的影响和介入，更加关注对环境与场所的营造。在本案中，场域的概念贯穿了价值判断与抉择、潜在的景观结构系统架构、可利用的资源体系梳理，以及太山乃至太原西山带文化特征呈现的整个过程。在这种整体性观念的指导下，景观呈现的最终结果是对场所精神的再造与升华。

保护文化景观应当做到使其不仅作为“历史的见证，同时也作为一个文化发展的活态系统和可能的未来模式。在保持真实性的前提下，经营中的文化景观应该保持其经济活力”。[3]因此，保护工作本身也成为了文化景观持续发展历史的一部分。在保护的前提下，让其合理、有序、可持续地反映并且引导地域景观文化的发展，才是太山龙泉寺保护和发展规划的终极目标。

1 “……整体环境（Setting）这一概念至关重要。2005年国际古迹遗址理事会（ICOMOS）在中国古城西安召开的国际会议的主题，就是强调在不断变化的城镇及景观中，环境对文化遗产保护的重要性：整体环境不只涉及简单的物质保护，它还涉及文化和社会维度。”见：肯·泰勒，韩锋，田丰．文化景观与亚洲价值：寻求从国际经验到亚洲框架的转变[J]．中国园林，2007（11）：5．

2 蔡晴．基于地域的文化景观保护[D]．南京：东南大学，2006．

3 见《会安草案——亚洲最佳保护范例》（2005）第九部分“亚洲遗产地保护的特定方法”第1小节“文化景观”议题下的“遗产的真实性与社区的关系”。

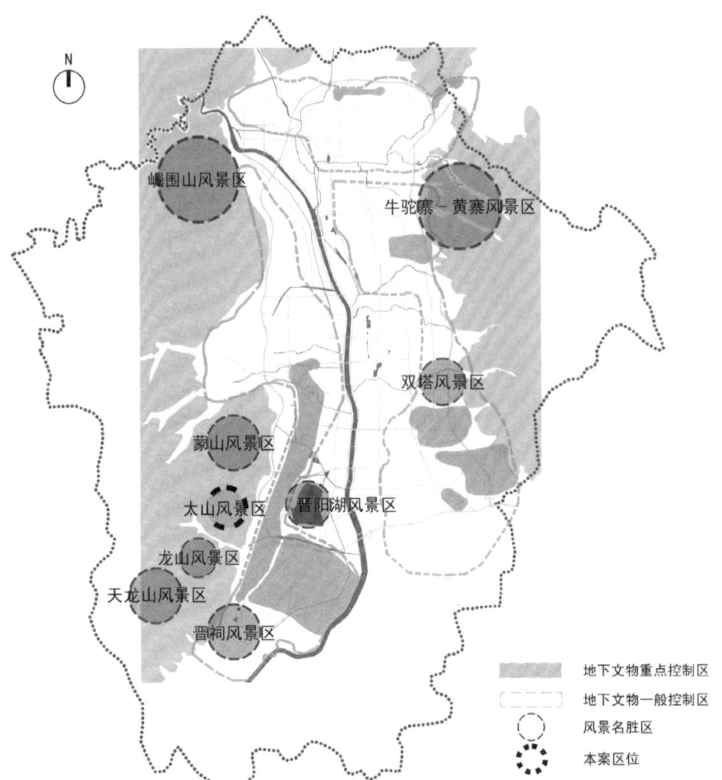

图 1　太原地区风景名胜区及地下文物分布示意
据太原历史文化名城保护规划（2008—2020）绘制

1 场域解读与运用原则

“场域”理论源自社会心理学领域，是指人的每一个行动均被行动所发生的场域所影响。这里所说的“场域”并非单指物理环境，也包括他人的行为以及与此相连的许多因素。由此看来，与“场所”不同，“场域”蕴含着人文性，意味着一种有人文色彩的“场所”，即“场所”中渗透着“场所精神”[1]，因此，也可更为直接地将其解释为对“场所精神”的概念化表述。

1　宋言奇．社区的本质：由场所到场域 [J]．城市问题，2007（12）：64．

就文化景观的保护和整合而言,"场域"可解释为一种由社会、文化、政治、经济、行为等各种因素影响的"整体环境",是"形态的或空间的基底,可将不同的元素统一成整体,同时又尊重各自的个性。……形态是重要的,但物体的形态不如物体之间的形态重要"。[1] 场域理论的运用意义在于以下两点。

(1)"场域"是对文化遗产景观完整性原则的引申。完整性除了包括文物本体与环境,更重要的是体现人类文化活动的社会场域,即促使其不断演变的社会文化推动力。在保护过程中,如何使这种文化力得以延续与传承就成了一个新的议题,因此,完整性原则的体现也受到多方面压力的制衡。

(2)"场域"也是对文化景观遗产真实性原则的拓展。《关于原真性的"奈良文件"概要》指出:"在不同文化甚至在同一文化中,对文化遗产的价值特性及其相关信息源可信性的评判标准可能会不一致。因而,将文化遗产的价值原真性置于固定的评价标准之中来是不可能的。"《会安草案》也指出非物质文化遗产的真实性具有文化相对性,"不能过分强调某一资源的材质或实体物质的真实性,因为在活文化的环境里,物质性组成要素的缺失并不代表一个现象没有存在过。'在很多活文化传统中,实际上发生过什么,比材质构成本身更能体现一个遗址的真实性。'(Dawson Munjeri《完整性和真实性概念——非洲的新兴模式》)"[2] 因此,场域的引入拓展了文化景观概念的内涵与外延,是文化景观与生俱来的特性。

文化景观之所以是一个变化发展的过程产物,源于其所依托的场域并非一成不变,在具体的保护操作中,需注意三个方面的内容。

首先,要完成场所精神的提炼,其中至少包含三个层次:原始的、变化的、民众心理期望的;这三者相互影响,共同作用,牵制着诸多可能的选择。在大多数的民众心中,恢复或重塑原始的场所精神似乎是更容易接受的。但是重塑的过程势必在一定程度上扰乱其"原真性",为了避免伪造历史又要兼顾视觉的连续性和整体性,就必须慎重地选择介入方式。在这一过程中必须要明确的是,保护不应仅仅停留在绝对保护的层面,而是要在可接受范围内留出可利用的空间。

其次,为确保真实性原则的体现,"历史可读性"是应该被强调的,"所谓可读性就是使文物建筑所具有的历史信息清晰可辨,尽可能展示历史的真实面貌,而不是混淆,甚至是伪造历史"[3]。真实性的体现不能只限于形式,还应详细记录修复的过程,

1 华晓宁. 建筑与景观的形态整合:新的策略 [J]. 东南大学学报 (自然科学版),2005(7):236.
2 见《会安草案——亚洲最佳保护范例》(2005)第五部分"真实性与非物质文化遗产"。
3 吕舟. 《威尼斯宪章》与中国文物建筑保护 [N]. 中国文物报,2002-12-27.

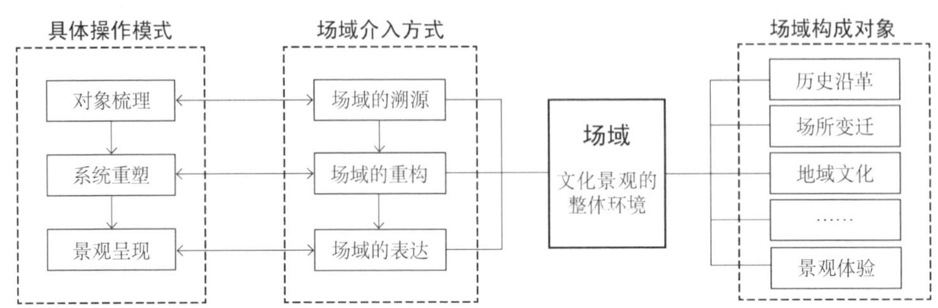

图 2　文化景观资源整合过程

反映场域变化的过程。

最后，文化景观保护和品质提升不仅要保护处于风景名胜区的文化资源对象自身，更应关注各元素之间显见或潜在的联系，挖掘场所精神，并对这种场所精神进行提炼与强化，使其更清晰地显现出来。

此外，大多数风景名胜的理景历史悠久、范围广阔，是对人类活动改造自然的见证，是对营建活动延续性的记录和对场所精神的继承。风景名胜除了反映本地域的文化特征，还反映出不同历史时期的文化转变过程；因此，对于风景名胜类文化景观的保护与整合，更应关注的是对因时间流逝而形成的多层文化叠置现象的梳理。

在场域理论的运用实践中，价值判断是决定性因素，深入的历史研究又是必要的前提和依据。倘若价值判断结论不能真实完整地体现历史进程，则难以正确指导保护与整合的工作，甚至破坏文化景观的原有价值。在历史研究的基础上，通过价值评估结论进一步对文化景观的现有资源进行梳理、组织和提炼，确定保护措施和其他单项规划，经整合而提升整体价值。在整个过程中，始终要以整体性观念为主线，在大的历史背景下和地域范围内进行研究与评估，这不仅是保护和操作时的一条重要思路，也是认知和再构文化景观场域的关键一环[图 2]。

图 3 龙泉寺整体环境

2 从对象到场域的操作

太山龙泉寺位于山西省太原市西南 23 千米的风峪沟北侧，始建于唐景云元年（710）[1]，与唐李存孝墓[2]及其他历史遗迹共同构成了一处规模较小的风景名胜区[图3、图4]。2008 年唐代佛塔地宫[图5]的考古发掘[3]使得这个建筑分散、类型多样但渐被人们遗忘的幽静去处一跃为太原西山带文化景观系统[4]中的夺目亮点，1300 多年的悠久历史造就的多层文化共处与叠置的独特现象也得以显现[5]。

---

1 详见太山龙泉寺藏明万历八年（1580）碑刻《新建太山观音堂记》。

2 李存孝，本姓安，名思敬。唐末至五代的名将，晋王李克用的义子，武艺天下无双，勇力绝人。《旧五代史·唐书列传五·李存孝传》记载"骁勇冠绝……万人辟易"。后人感其英勇，将其葬于太山之前，尊之为太山守护神。李存孝墓位于太山龙泉寺入口牌楼西侧，墓前原立有"大唐李将军存孝墓"石碑，碑文中有将军"侠骨流芳"的字样，现已不存。

3 2008 年 5 月 7 日，太山文物保管所在开挖水池的过程中，发现了塔基遗址和佛塔地宫，他们及时通知了太原市文物考古研究所展开现场调查，并进行抢救性考古发掘。该佛塔地宫平面呈六角形，壁画精美，地宫内出土有一石函（表面刻有唐武则天时期大量供养人名），石函内依次装着木椁、鎏金铜棺、银棺、金棺，共五重棺椁，现正在进一步考古研究中，据专家推测，金棺中供奉着佛教圣物佛祖舍利。

4 "太原西山带"是地处太原西部的山脉——吕梁山中段东坡或东麓的泛称。这里分布着多处遗址，聚集了多个时期多种类型如道观、佛寺、石窟、祠堂、村落、教堂、墓葬、城市等建筑遗存，这些遗存历史久远，类型庞杂，分布密集。长久以来，太原西山带逐渐成为了太原市区内主要的文化景观遗存带。

5 国家文物局．2008 中国重要考古发现 [M]．北京：文物出版社，2008．

1 新乐台

2 老虎洞

3 唐槐、唐碑

4 山路

5 观音堂悬塑

6 墓塔

7 龙神祠

8 李存孝墓

图 4　龙泉寺文化景观构成元素

图 5　考古发掘的唐塔及昊天上帝庙遗址
改绘自：国家文物局. 2008 中国重要考古发现 [M]. 北京：文物出版社，2009：126

对象梳理：场域的溯源

对象的梳理是理解场域构成的基础，也是探索与型构原有场域精神的前提。现存的太山龙泉寺包含有唐代的佛塔塔基遗址、元明的墓塔、明清的寺庙院落和各代碑刻等众多文物本体，它们大多在漫长的历史进程中受到严重破坏，对象分散、不易识别。

（1）历史地位下降

从现存的唐碑、唐华严经幢和唐代佛塔地宫来看，太山的理景历史始于初唐，不晚于武则天时期。据龙泉寺内所藏清乾隆五十九年（1794）碑刻《原邑太山寺新建乐楼碑记》记载："工既迄功，问记于予，予唯太山之名始见于沈约《宋书》，而寺建于唐景云元年。五代时，有山民石敢当以勇略显于北汉之际，而山益有名。""太"，古通"大""泰"，《说文解字注》曰"后世凡言大而以为形容未尽则作太"，那么，太山似乎可以解释为"极大之山"。然而，从物理形态来看，太山只是太原西山带的一处普通山域，这种"极大"的说法似乎并非属实，因此，只能从非物理形态的角度进行阐释。太山位于晋阳古城西口，是晋阳古城的西冲要塞。位于太山之阳的风峪沟是历史上的著名驿路，太山则是晋阳古城西侧的第一道屏障，可见，当时太山的地理位置险要，其历史地位之显赫可见一斑。于太山建寺则山与寺相得益彰，山因寺而益名，寺因山而欲幽。而自晋阳古城破灭后，经历代变迁，如今太山龙泉寺风华已去，鲜为人知，它的辉煌历史也只能依稀从那些残破的遗址废墟中得以窥视。

图 6　龙泉寺中门彩画（含“八卦”形象）

图 7　龙泉寺三大士殿门楹挂落（道教人物题材）

（2）信仰观念转变

在史料整理和分析的过程中发现，太山龙泉寺在历史上有过两次具有重大意义的转变：

一是从最初的道观改为佛寺，后又改为道观。据载，太山龙泉寺始建于唐代，初为道观，名“昊天祠”。原有院落毁于金、元时期，明代重建后转变为佛教寺院。据专家考证，现存的唐代佛塔塔基遗址，建于龙泉寺始建之时。在其附近又挖掘出的另一处建筑遗址，为毁于清朝晚期的“昊天上帝庙”，显然，这又是一座道教建筑。这些佛教和道教建筑互相叠压的考古现场印证此地曾经有过佛、道交替或共存的独特现象，至今在一些装饰构件上仍可清晰地看到道教文化的痕迹。

二是增建龙神祠。“祠前有方潭，深广不盈丈，而清冷黓黯如有神龙窟宅。其中邑人祈请雨泽往往有验。”[1] 于是，太山寺与龙泉寺之名并存。这反映了太山龙泉寺以及太山地区文化的发展史，以及佛教、道教、民间信仰共聚一处的文化史[2，图6、图7]。

1　太山龙泉寺藏清乾隆五十九年（1794）碑刻《原邑太山寺新建乐楼碑记》。

2　据清《道光太原县志》记载，太山寺初建时为道教寺庙，名“昊天祠”。然原有的昊天祠在金、元两朝毁于火灾。而院内的东北角现存有石碑一幢，为唐景云二年（711）所立，也是那段历史最好的实物见证。另明《嘉靖太原县志》中有“太山有龙池”的记载，成为太山寺别名由来的史证。由此可见，从唐朝到清朝，太山龙泉寺很可能一直是供奉道、佛的一座特殊的庙观。

图 8　唐塔遗址处考古层叠置

这两次转变，事实上都体现了人们祭祀观念的转变。随着世俗性、日常性或与生产相关的祭祀活动的展开，太山龙泉寺也经历了由宗教圣地向民间寺庙转变的过程。

（3）景观元素叠置

在龙泉寺范围内并存着多个朝代的历史遗存，文化层的沉积叠置现象纷乱错杂[图8]。从初唐到宋元，到明清，再到民国，各种遗址遗迹及遗存散落各处，有寺观、洞窟、墓塔等，它们分别代表了不同历史时期的文化现象，也给保护工作增加了难度。面对如此错综复杂的状况，何时的太山龙泉寺才是“真实”的呢？换言之，太山龙泉寺的“真实面貌”到底如何？

（4）结构信息丢失

太山龙泉寺历史悠久，寺庙本身在历史的长河中发展与更替，其中，一些结构要素的丢失导致太山的多元文化景观处于无序的分布状态，完整性遭到破坏。在现有的保护与展示体系下，太山的价值难以体现。如唐塔的损毁使当地的唐代文化信息产生缺环，孤零零的李存孝墓也难以融入太山的宗教氛围中，从而难以承载和表述太山地区丰富的民族性和地域性精神，入口牌坊的重建扰乱了场所的历史风貌信息，等等。

通过对上述场所的梳理与解析，可以得出以下结论：太山龙泉寺自唐代始建以来，现存环境与建造伊始时已经大相径庭。在漫长的生长与演化过程中，整个太山区域的建筑物变得类型繁杂，层次混乱，形成一种无序的散点式分布状态，场所精神荡然无存。在碎片式的文化景观元素中建立一个新的展示序列，使得现有的元素能够被有序地展示和呈现，以实现景观资源的重组，是保护和发展规划所要达到的直接目的。

系统重塑：场域的重构

从文化景观的构成要素来看，物质系统是其呈现的形式，对它的保护主要应从工程技术层面着手，重点在于“保存”；而价值系统是其表达的内容，对它的保护应从人文艺术层面出发，强调的是“传承”。[1] 太山区域的景观重塑即是通过对文化、景观两大系统的重新建构，实现对太原太山地区空间结构的再现，以及对太原太山乃至西山地区文化体系的重构。这种基于场域分析的景观重塑过程作为一种整体性保护手段，意味着保全太山区域生态与景观系统的结构整体性、功能整体性和视觉整体性。

首先，在太山龙泉寺保护规划中提出“一轴两核三区多点”的结构形式[图9]，强化龙泉寺作为主体的地位，同时提升李存孝墓的价值。在这两个中心的统领下，对其他各区域空间依据文化历史特征进行适当整治。这种分区系统，不仅体现了对实体性功能区域的划分，同时也反映了对非实体性文化类型的整合。依据“文化景观”特质，选取场域空间，并以特定时期的传统建筑群体强化这种选择。

其次，在对太山龙泉寺进行各项评估的基础上确定其核心价值，推测出太山龙泉寺的起始年代，确立以龙泉寺建筑院落主体为中心、以唐代佛塔地宫为悠久历史见证的佛教祭祀主题文化，并依据“并州古刹，三晋名山”的线索，展开对太山区域风景资源的整合，进而还原其本身的历史文化特质。

基于上述过程，重构太山龙泉寺景区的文化景观场域，需要以充分展现地域特征为线索组织空间序列，以满足游客主体的文化体验为目标组织景观游线，对景观空间进行更为详细的规划。当然，具体的表达方式需要始终符合场域特征和要求。

景观呈现：场域的表达

景观呈现是实施与表达的最终环节，是保护理念的外显以及非实体空间的外在表征。呈现的结果是规划的最终成果，也是多重分析演进和重置的结果。经过以上一系

1　李和平，肖竞．我国文化景观的类型及其构成要素分析 [J]．中国园林，2009（2）：94.

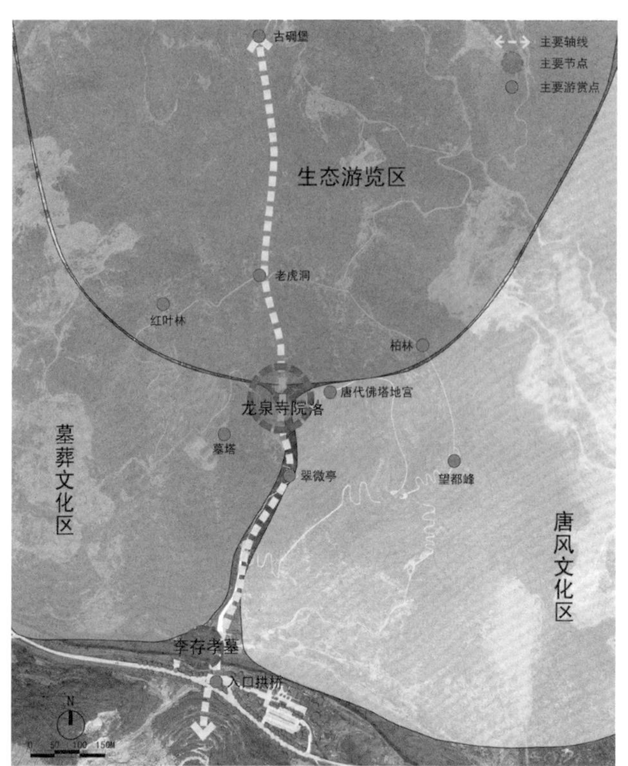

图 9　规划分区

列的价值评估与体系整合，本案的景观呈现措施基于两个层面展开：分区保护与分类整治。通过措施的实施，建立起一套完整的文化景观空间序列。

（1）分区保护

除了通过流线组织强化分散景点之间的联系以外，还需通过视域研究，对太山地区更大范围内的建筑活动进行控制。这种基于视域感受的保护存在两个方面的要求：一是剔除破坏景观风貌的建筑，二是增加强化景观特质的元素，并强化主体感受。龙泉寺原有保护范围面积庞大，虽然能够将所有保护对象囊括进去，但由于没有科学的管理与详细的划分，可操作性不强，导致原有保护范围形同虚设。本案规避了这种一味求大而不加分析的保护区划划定，通过资源评估、GIS 视域分析等手段将原有的保护范围依据实际地形和历史文化特征进行调整[图 10]，保护措施也相应地呈梯级设定。各区内的主线明确，特点突出，从而有效地进行文物保护前提下的历史文化空间的展示[图 11]。

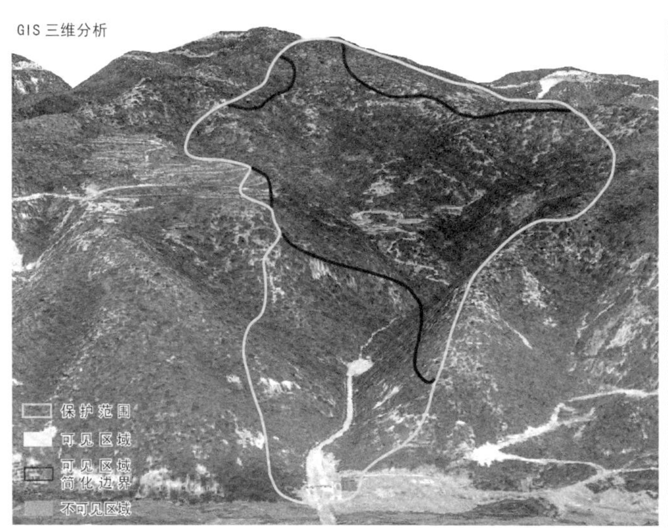

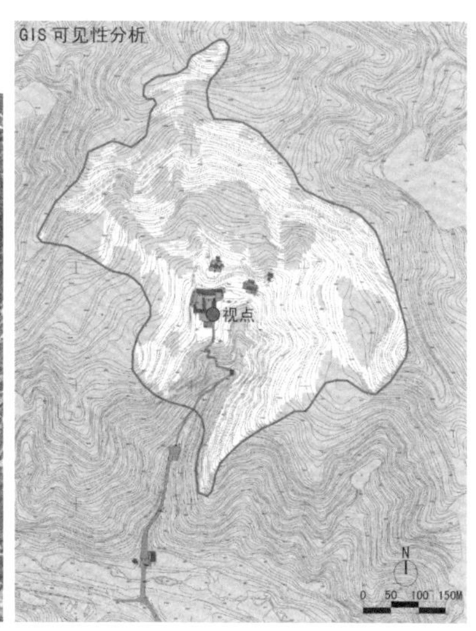

图 10 GIS 视域分析与保护范围

（2）分类整治

风貌改善：针对原有文物价值较高的建筑和遗址，在保护过程中应始终坚持保护第一的原则，强调原貌的保存，而对于那些价值一般的附属建筑，则需在满足文物保护要求的基础上给予合理改善，使之与表达的风貌相一致。如：现有的过河石桥和入口牌坊制作粗糙、呈现的信息杂乱，但在整个太山景观序列的整合过程中是必不可少的一环，因此应保留已有的历史信息，整治其风貌，使之适应太山整体的场域特征。

价值提升：现存的唐代佛塔地宫遗址在场域中的主导地位是不言而喻的。然而，基于真实性的考虑，唐塔的复建如何建，建在哪，都必须有充分的依据和严格的论证，必须在不扰动现有遗址的情况下遵循历史信息原真性的原则，达到遗产保护与景观营造的双重目标。此外，太山地区历史悠久，亦真亦假的历史传奇和神话故事（如“武则天登峰望北都”的望都峰、烈女皇姑、忠军勇将李存孝等）活化了太山的历史，润色了太山的景观，这些都是太山地区文化景观体系的重要组成部分。本案尝试加强这

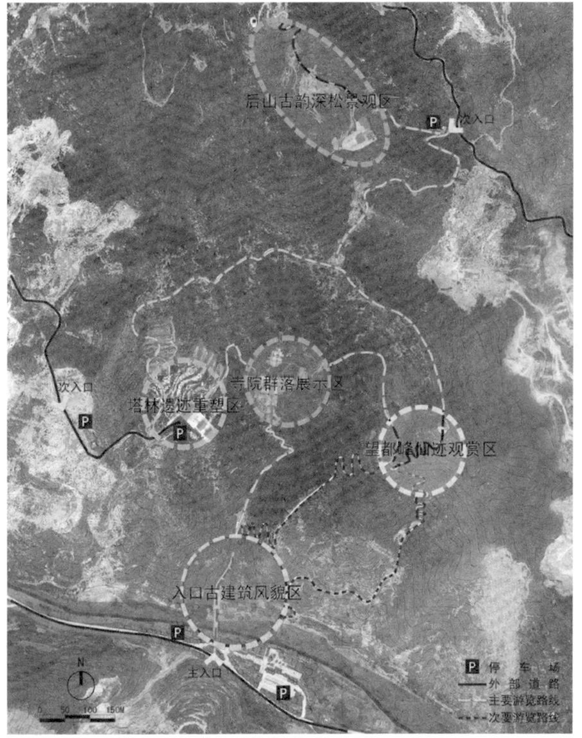

图 11　风貌整合景观图

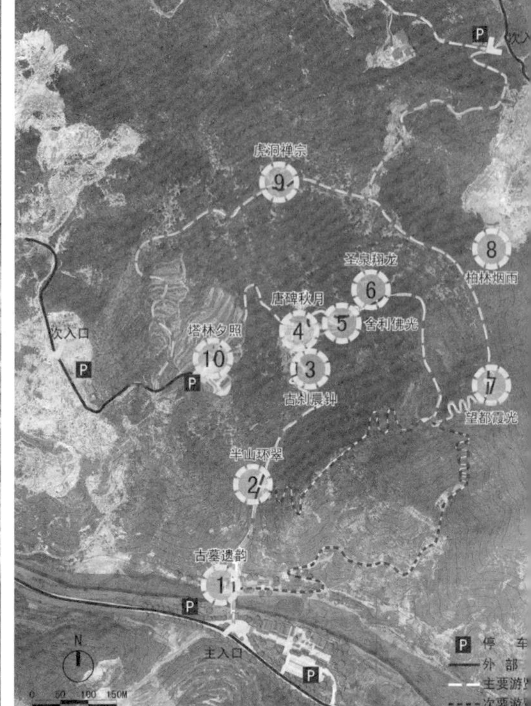

图 12　太山十景

些事件的文化特性，以物质形态强化这些传奇的历史场景，进而提升地域的景观价值。

序列强化：空间序列的营造对于整合景观元素，形成系统性的体验空间具有明显效果。在强化序列的过程中首先要完善实体线性空间的序列感，如：加强行进空间的序列层次，增设空间体验的景观平台，重塑沿道路线性空间的文化及景观氛围，营造“曲径通幽”的意境等。其次要保证心理体验的完整性[1]，把分散的景观元素整合成一个系统，沿空间场域的展示层次植入历史文化内容，将整个历史线索和场景串接在一起，对各景点空间命名进行整合，增加景点的历史深度和事件趣味[图 12]。

1　郑华. 以佛教文化为主题的风景区规划初探 [D]. 南京：东南大学，2008.

基于不可逆历史信息受损的空间整合与序列重塑

基金资助：国家自然科学基金青年项目（51308100），主持：沈旸。原文刊载：沈旸、周小棣、高婷《基于历史信息传承的文化景观保护方法——以元帅林为例》，《中国园林》2013年第3期（总第29卷，第207期）。录入本书有增删。

随着文化遗产保护工作范围的扩大和深入，遗产保护工作者所面对的保护对象也逐渐呈现多元化与复杂化的特点，如现代城市化进程与文化遗产保护之间的矛盾、异地文物保护等问题。在以往的文物保护工作中，常常通过保护文物建筑的具体物质形态来展示其所包含的各种历史信息；然而，对历史信息变迁的研究也可以为保护工作提供参考与指导。本文即试图通过辽宁省元帅林保护规划个案的研究来探讨文化遗产保护工作的新途径与切入点。

元帅林[1]是张学良为其父张作霖修建的墓葬，位于辽宁省抚顺市东约35千米、章党乡高力营村南的山冈上，建于1929年春，由天津华信工程司的建筑师殷俊设计，并由建筑工程公司负责施工，建造时从北京等地拆运了大批明清陵寝的建筑构件至此备用。1931年“九一八事变”爆发，东北沦陷，即将竣工的元帅林工程被迫停止，但除了植树与筹建学校外[2]，基本规模格局皆已按照原设计方案予以实现[图1]。后因日本驻军阻拦，张作霖亦未葬入其中。1954年大伙房水库的修建[3]，使得元帅林的南半部被水淹没，其后元帅林又几经变迁，破坏严重，亟待抢救性保护。

1 1988年12月，元帅林被公布为辽宁省省级文物保护单位。

2 “当年尽数买下基地周围田产八百多亩，亦曾在元帅林以北的高丽营子村增设火车站，以备运建筑材料和灵柩需要。并预备在墓园内遍植杉柏等树木几万余株，筹建学校一处，整个陵墓管理由校长负责，以为长久之计。”参见：金辉．元帅林与明清石刻 [J]．考古与文物，2008（2）：84.

3 大伙房水库始建于1954年，1958年竣工，坝长1834米，高49米，水面总面积110平方千米，总蓄水量21.8亿立方米，是当时全国第二大水库。

图1 元帅林全景，1938年10月摄
元帅林文物管理中心提供

元帅林建造的时代背景特殊，不同时期叠加的历史信息丰富，本文正是基于元帅林的保护对象复杂、所受破坏不可逆的情况，通过对其多元的历史信息进行分析与梳理，探讨以空间序列重塑为主线的保护措施，使得分散断裂的片段化历史信息得以清晰系统地表达与传承。

多重的历史信息可通过序列的合理营造进行系统性的整合，保护规划的过程就是发掘整理场所显在的或是隐含的信息，加以分类整理，再将其清晰地呈现在人们面前。元帅林的保护规划不是创造，而是倾听，是再现，是历史信息的梳理，是历史价值的整合，是功能的转换和完善，如此才能有真正意义上的保护与延续。

而特定历史时期的历史事件造成的文物异地迁移，导致了多种文物并置、历史信息或叠加或缺失的较为混乱的现状格局，并带来了保护工作的操作复杂性。这一难点恰恰启发了本案的编制思路，为研究复杂文物历史格局重建提供了新途径，并成为保护工作成果的闪光点。

1 营建工程呈现的多元化历史信息

山形水势

1928 年秋，张作霖旧部彭贤偕“帅府丧礼办事处”人员及风水先生，在奉天境内选择墓地，最终选中今辽宁省抚顺市东章党乡高力营村南的山冈及附近地方，“前照铁背山，后座金龙湾，东有凤凰泊，西有金沙滩”[1]。

元帅林的营建顺应山冈地形、浑然一体。山冈以北是平川，乃 1300 多年前唐太宗东征时的驻军所在，再迤北则为起伏错落的高山。东、南、西三面浑河环绕，隔河南面为铁背山，其山之上有萨尔浒战役[2]的战场遗址；山顶正中有一晃荡石，高约 3 米，突兀直立于一巨石之上，据说人力推石即可左右晃荡；而元帅林轴线则与晃荡石自然相对、遥相呼应[图2]。

序列营造

据说元帅林是仿照沈阳清福陵（又称东陵，为清太祖努尔哈赤陵寝）[图3]的格局进行设计施工的，遵循了中国传统墓葬建筑群的布局法则[3]，通过精心的空间营造，于封闭的建筑群体中展开序列。

元帅林的空间序列自南向北由四部分组成[图4]：

最南端以石牌坊起始，紧接其后为外城南门，入门即开敞的院落和直线型的墓道，导向明确，方城赫然坐落于尽端，此为序列的第一段前导部分。墓道尽端的方城是整个序列的第二部分，承担着祭祀仪式的空间容器的作用；一入隆恩门，封闭的高墙围合与外城院落形成明显的空间开阖对比；方城最重要的建筑物——享殿位于方形院落的正中心，东西配殿和正前方的石五供有力地烘托了祭祀空间的仪式感。出方城，则

1　此为当时踏勘墓地的风水先生所言。转引自：赵杰．留住张学良：赴美采访实录 [M]. 沈阳：辽宁人民出版社，2002：10–11.

2　萨尔浒战役是明清之际的重要战役，也是集中优势兵力各个击破，以少胜多的典型战例。该战本由明方发动，后金处于防守地位，然而竟以明军的惨败告终，并由此成为了明清战争史上一个重要的转折点。

3　据 1929 年 6 月 18 日《盛京时报》报道，转引自：金辉．元帅林与明清时刻 [J]. 考古与文物，2008（2）：82. 清福陵及中国古代陵寝的布局，参见：孙大章．中国古代建筑史·清代建筑 [M]. 北京：中国建筑工业出版社，2002：256–284.

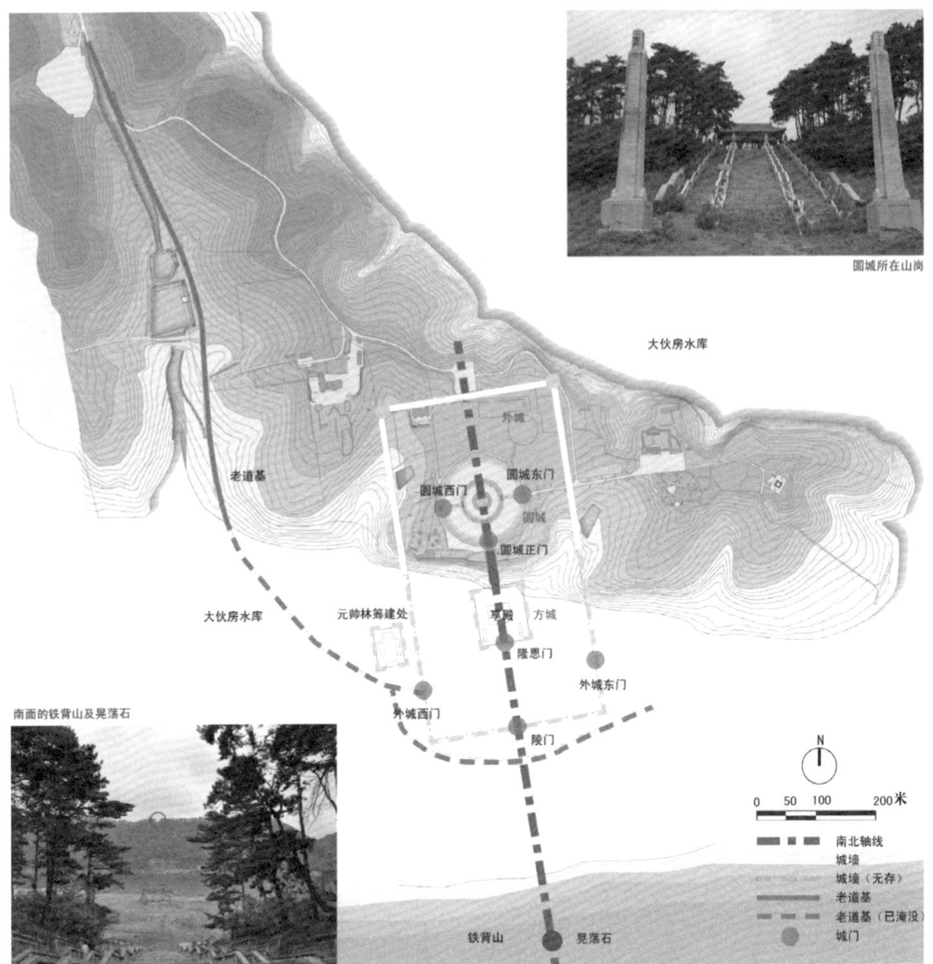

图 2　元帅林山形水势

为序列的升华部分：矗立的纪念碑以垂直挺拔的姿态明示了下一个重要空间的开始，多达 120 级的石阶梯和末端的四座石人强势地引导着观者视线由水平转为仰望，序列氛围渐趋高涨，威严恢弘的气势不言而喻；随着动态的斜上移动，整个序列最重要的部分——圆城（墓冢所在地）在顶端缓缓展现；于圆城正门回望，可直面铁背山顶的晃荡石。入圆城、观宝顶，回环循往的院落空间与序列第二部分方城的方整幽闭再次形成强烈对比[图5]。

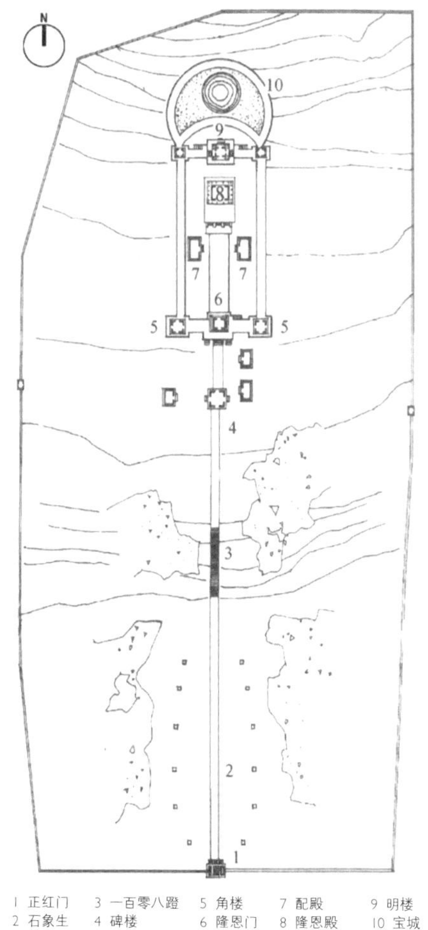

图 3　清福陵平面

引自：孙大章．中国古代建筑史·清代建筑 [M]．北京：中国建筑工业出版社，2002：256

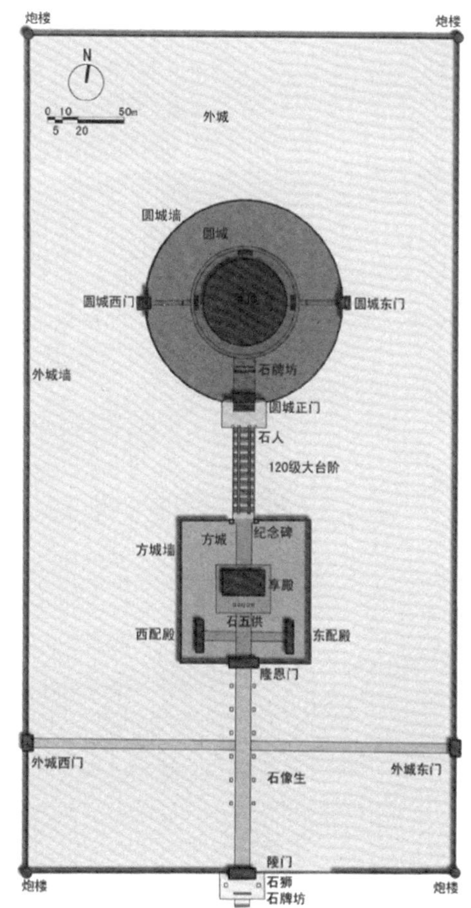

图 4　元帅林平面复原

据《大元帅林之简略说明书》内容绘制

与传统的明清帝王陵寝相比，元帅林建筑群体的布局结构并不复杂，仅以一个大院落（外城）包容了两个院落（方城、圆城），但充分借助地势和不同空间原型的塑造，予人独特的感受：方、圆之间不仅有空间体验的反差，二者之间又通过空间维度上的位移进行联系，超越了通常的水平纵深；而在序列的行进中不时回望，强化了对浑河和铁背山的视觉感知，并最终在圆城之前发出了与晃荡石进行空间对话、轴线感知的最强音。

图 5　行进序列景观

中西杂糅

在遵循传统陵墓营造理念的同时，元帅林又融合了大量的西方纪念性建筑元素，从单体的结构、形式、材料的运用及细部的装饰看，中西杂糅的异质多元是元帅林的突出特点和时代特征[图 6]。如：

方城北门的纪念碑为方尖碑形式，立于方形石台基上，柱平面为十字形，柱身有收分，柱础雕有花饰，柱上部嵌五角军徽[1]，类似于华表的功用；外城墙四角不再是

1　纪念碑的方尖碑形式，参见：张驭寰．中国古代建筑文化 [M]. 北京：机械工业出版社，2007：219.

图 6　西洋风格的建筑遗存

传统陵寝中的角楼，而是炮楼，便于防守，似乎也在暗示张作霖作为一位军事首领的特殊身份；主要的单体建筑均采用了当时新式的钢筋混凝土结构；宝顶墓室内拱顶呈穹窿形，彩绘日月星辰，水浪浮云图案环围，且有小天使塑于两壁图 7。[1]

元帅林的建设正值中国社会变革动荡、新旧交替、民族危急存亡之际，但同时也是中西方文化激烈交汇、思想嬗变的时期，转型期的中国近代建筑也往往采用中西杂糅的营建方式，真实地记录了那段特殊的历史。元帅林的设计由具有日本留学背景、任职天津华信工程司的建筑师殷俊负责，并由当时产生于现代建筑行业体系之下的建筑工程公司负责施工，这些是元帅林在传统陵寝序列和氛围营造的同时兼具异质杂糅特点的根本原因。

1　中国人民政治协商会议辽宁省委员会文史资料委员会．辽宁文史资料第 1 辑 [M]. 沈阳：辽宁人民出版社，1988：193–194.

图 7　墓室内部装饰

明清石刻

在空旷漫长的墓道上设置石像生，可以丰富环境内容，引起视觉关注，带给观者特殊的空间体验，正是这些石像生感性的形象与墓葬建筑形成良好的互补，从而营造了中国传统陵寝独有的宁静肃穆氛围。[1]

根据殷俊的《大元帅林之简略说明书》[2]，设想在元帅林“头门内左右置石兽五对，石兽连座子均用洋灰造成，斩毛雕刻”；实际建造时则是从北京西郊石景山隆恩寺[3]、清太祖努尔哈赤第七子阿巴泰墓及附近的明太监墓迁运了大批石刻，有“文武朝臣、牵马侍、石骆驼、石狮、石羊、石虎等石像生以及望柱与朝天吼，还有双鹿、麒麟与狻猊和天马石屏、莲花元宝石盆（聚宝盆）、透孔石窗、火焰宝珠、花柱、牌坊等”[4]，准备直接安放于林内。但元帅林工程因“九一八事变”仓促停工，石刻亦未予妥善处置，大多构件分离，散落一地。

这些保存至今的精美的明清石刻，结构严谨、线条流畅、造型生动、雕刻精湛、寓意深刻，是明清陵墓雕刻艺术的代表和精华，对于研究明清陵墓建筑亦具有重要的文物价值[图 8]。

1　中国古代陵寝建筑与雕刻的关系，参见：张耀．中国古代陵墓建筑与陵墓雕刻探究 [J]. 雕塑，2005（3）：36-37.

2　《大元帅林之简略说明书》由李凤民先生发现，现存于辽宁省档案馆，由元帅林文物管理中心提供。

3　隆恩寺始建于金，初名昊天寺，明改为今名，清代发展为清太祖第七子饶余郡王阿巴泰家族墓地。参见：冯其利．清代王爷坟 [A]// 中国人民政治协商会议北京市委员会文史资料研究委员会．文史资料选编第 43 辑 [M]. 北京：北京出版社，1992：168-173.

4　为李凤民先生考证，转引自：金辉．元帅林与明清石刻 [J]. 考古与文物，2008（2）：85.

图 8 明清石刻遗存

2 不可逆的历史信息层叠与片段化

元帅林周边环境改变的不可逆、明清石刻的历史变迁等，造成了现状可感知历史信息或缺失、或重叠交集、或混乱无序，并加剧了诸如原状保护、复原建设等保护措施的操作复杂性。

序列受损与信息层叠

1954 年大伙房水库的修建彻底改变了元帅林的空间布局：大台阶以南部分皆位于水库的水位线以下，只在枯水季展现于世人面前，由于长期被水浸泡，损坏严重，元帅林原本严整的南北轴线已缺失大半，序列的前两部分踪影难觅[图 9]。虽然以物质实体为载体的“形式与设计”[1]的信息已经流失，元帅林的真实性遭到了不可逆的破坏，但其作为遗存至今、为数不多的近代名人墓园的典型代表，是特定时期留下的特定遗址，具有特定的历史价值，这种价值不会因物质实体的缺损而弱化。

《关于原真性的奈良文件》(《奈良宣言》) 指出：“想要多方位地评价文化遗产的

1 《关于原真性的奈良文件》第 13 条，成文于世界遗产会议第十八次会议·专家会议，1994。

图 9　南部残损现状

真实性，其先决条件是认识和理解遗产产生之初及其随后形成的特征，以及这些特征的意义和信息来源。”[1] 反观元帅林，因水库建设而作出的历史信息牺牲，本身就体现了其在不同历史时期的身份转换，因此序列的破损也是一种历史真实性的记录，是其建成后由于特定外力而增加的历史信息，也成为如今的元帅林历史真实性的一部分。亦即，现状序列残损的元帅林其实是多重历史信息层叠的结果。

异地迁移与信息流失

“一座文物建筑不可以从它所见证的历史和它所产生的环境中分离出来。不得整个地或局部地搬迁文物建筑，除非为保护它而非迁不可，或者因为国家的或国际的十分重大的利益有此要求。”[2] 不过，这种对于文物保护的认识高度也只是在 20 世纪中期才渐渐明晰起来的。民国时期就多有历史遗存从原初地被转运嫁接到当时新建建筑中

1　《关于原真性的奈良文件》第 9 条。

2　《威尼斯宪章》第七项，从事历史文物建筑工作的建筑师和技术员国际会议第二次会议在威尼斯通过的决议，1964。

图 10　明清石刻苑及散落的石刻构件

的案例，如南京钟山的谭延闿墓前面的石案就来自圆明园[1]，元帅林中的明清石刻亦属此类。

文物保护中的完整性概念包含两个基本层面：一是范围上的完整（有形的），即建筑、城镇、工程或考古遗址等应当尽可能保持自身组成部分和结构的完整，及其所在环境的和谐、完整；二是文化概念上的完整性（无形的）。[2] 就中国传统陵葬建筑群的完整性而言，作为其重要组成部分的石刻雕塑在这两个基本层面上都是不可或缺的。当北京的大量明清石刻被易地搬迁至元帅林时，其完整性就已遭到了不可逆的极大破坏，原本系统性的历史信息呈碎片状或片段式。虽已有众多专家对元帅林的明清石刻进行多方考证，但也只是大致知道其来源，具体构件的准确出处、形制、艺术特点等研究仍存在着大量盲区。如今，这些异地迁来的明清石刻散落于元帅林东侧的空地与林间[图10]，随着时间的推移，历史信息仍在缓缓地流失，亟待抢救性的文物保护与考证研究。

1　参见：蔡晴．基于地域的文化景观保护 [D]．南京：东南大学，2006：30–31.

2　张成渝，谢凝高．"真实性和完整性"原则与世界遗产保护 [J]．北京大学学报，2003（2）：63–64.

3 历史信息的再整合与序列化展示

序列作为一种全局式的空间格局处理手法，是以人们从事某种活动的行为模式为依据，综合利用空间的衔接与过渡、对比与变化、重复与再现、引导与暗示等，把各个散落的空间组成一个有序又富于变化的整体。基于元帅林保护主体的散乱现状，本案尝试建构一条基于情感体验的序列，对残存的或是片段式的建筑实体或构件加以展示，通过序列的营造，将片段实体重新组合为新的整体，使其包含的重叠或是残缺的历史信息得到有秩序、有层次的呈现与表达，并带给观者相应的情感体验，从而达到文化遗产传承保护的目的。

信息整合：塑造序列前导空间

元帅林现有的入口道路为近年新辟，不仅与原有历史格局不符，且人车混行，流线较为混乱。本案将主入口设在元帅林西北方的牌坊处，重新启用废弃已久的老道基（原有墓道）作为人行道路，不仅实现了交通的合理分流，更是对历史的还原与尊重。

同时，将现处于元帅林东部道路的石像生迁移至老道基两侧；石像生千百年来总是与陵墓的神道相辅相成，当它们从外地被匆匆运来，原本打算置于何地早已不可考，而如今再次迁移，与老道基共同构成序列的前导空间，也许是适得其所。而老道基的南段现已没于水库之下，本案在临水处特别进行了端头设计，暗示着老道基的空间延伸。

信息强化：打造序列高潮节点

元帅林主体部分的外城南部及整个方城因水库建设已坍塌淹没，鉴于周围环境的不可逆改变，维持现状的就地保护是比较合宜的措施；由于水库的水质保护要求，本案放弃了原山水览胜区[图 11]的展示规划措施（如设置水上游览线、沿墙体设置木质栈道作为标识等），但仍然强调在环境评估和监测的基础上，应采取可持续的生态方式，对墙体和重要建筑的空间限定作出标识。同时，将淹没区域和铁背山、晃荡石一并划入保护范围，对元帅林的历史格局进行最大限度的保护[图 12]。

位于方城北门外的大台阶起始标志——纪念碑亦受水库的影响，常年被水浸泡，

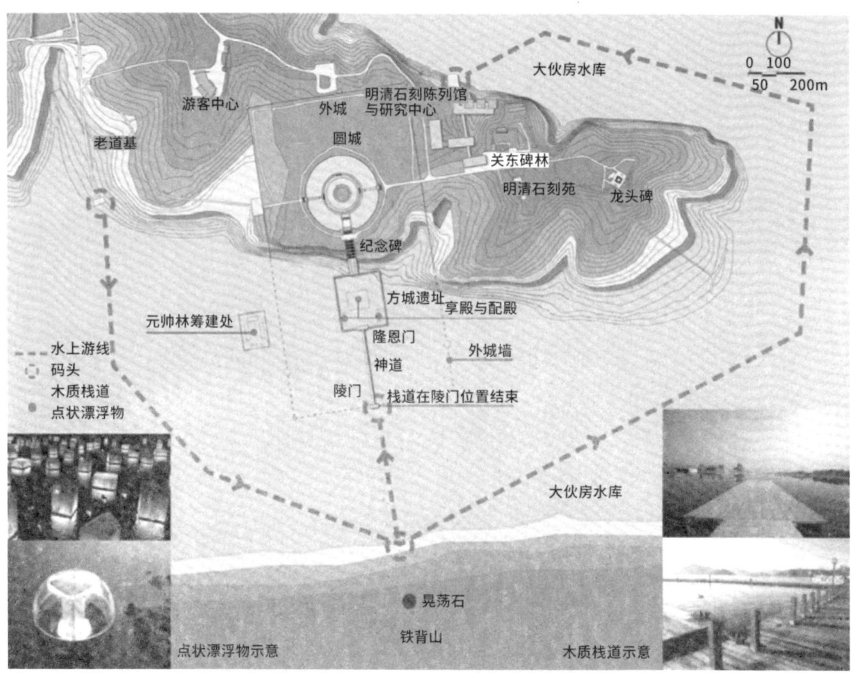

图 11　原山水览胜区方案

行政区划：辽宁省抚顺市
类型：近代重要任务墓葬建筑群和遗迹。
保护级别与公布时间：
1988 年 12 月由辽宁省政府公布为省级文物保护单位。
规划性质：
省级文物保护单位的保护规划。
规划范围：
- 最东至大伙房水库水岸线；
- 最南至铁背山南侧山脚；
- 最西至大伙房水库水岸线；
- 最北至沈吉铁路。

规划面积：约 320 公顷。
规划期限与分期：
规划期限为 21 年（2010—2030），在未制定新的保护规划取代本规划前，本规划继续有效。规划的建设与改造内容分为：
第一阶段 6 年（2010—2015）
第二阶段 5 年（2016—2020）
第三阶段 10 年（2021—2030）

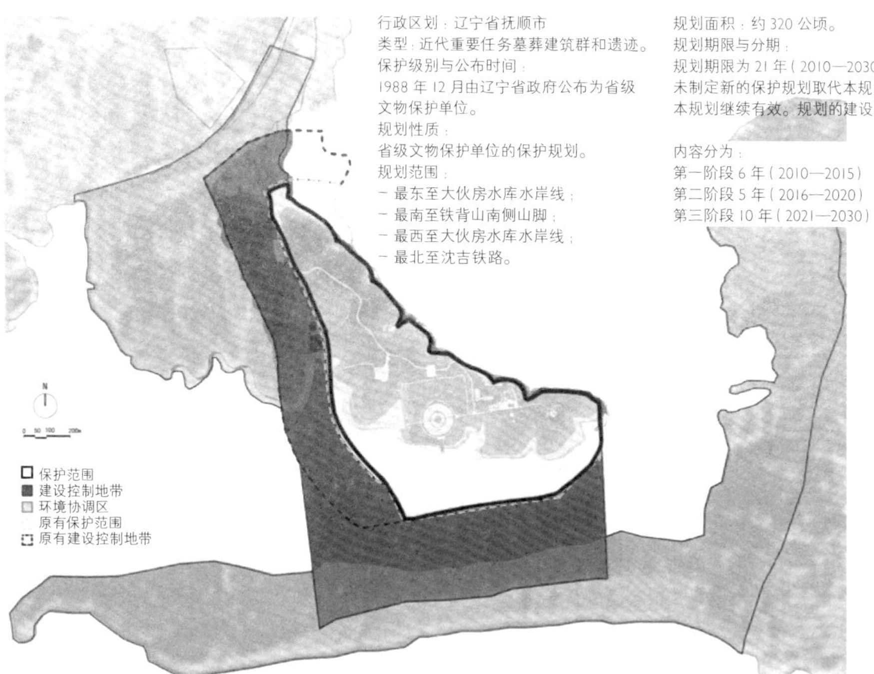

图 12　保护区划

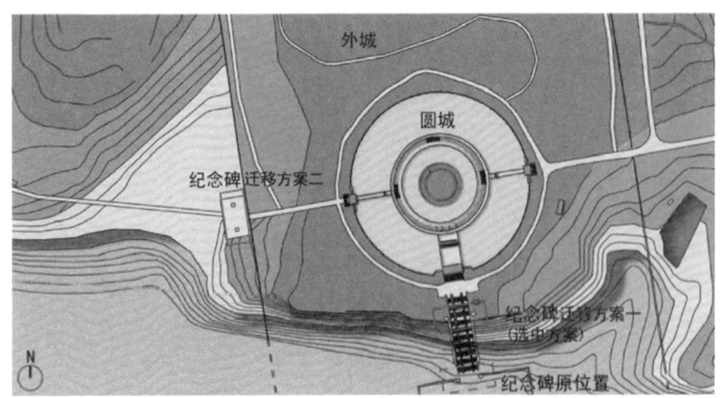

图 13　纪念碑迁移方案

稳定性逐渐减弱，处置方案有二：一为将纪念碑迁移至大台阶中段的水面以上，仍立于两旁；二为将其迁移至外城的西入口处，强调序列高潮的来临。权衡二者，考虑到对文物建筑保护和真实性展示的影响程度，最终选定方案一[图 13]。

外城的现有东门并不是历史遗留，而是为东侧的新辟道路而开，为既有现实；本案在充分论证可行性的基础上，建议开设对称的外城西门，形成与旧有轴线垂直的新增轴线，使经由老道基而来的行人可以顺畅地到达圆城南门。

通过对地上残毁元帅林主体信息的强化，及水下遗址的空间标识，可以实现虚实相生的序列营造，加之周围自然环境的氛围烘托，使得进入外城到达圆城南门的过程成为踏进圆城的新序列的高潮节点。

信息延伸：营造序列尾声部分

散落的明清石刻亟待进一步的考证研究，陈列室与研究中心的建设立项正可为此提供必要的研究平台。其选址位于外城的东墙外、关东碑林周围的空地上，用地面积约 10 000 平方米，其中建筑面积约 5000 平方米，一层，高度不超过 6 米，体量不宜集中，当顺应地形，与环境充分协调。考虑到石刻类型的多样性，宜采取室内、室外及半室外等多种展示方式[图 14]。这一部分作为整个序列中元帅林主体之外的最后章节，异地迁来的龙头碑仍原地保存，为序列画上完整的句号[图 15]。

图 14　序列尾声

图 15　龙头碑

片段式历史信息的序列化传承

重新整合后的元帅林序列[图16]，从北端的牌坊开始，沿老道基往南延伸，四周林木茂盛，视野狭长，曲折的路径使得行人看不到序列的尽端，从而增加了行进过程中的神秘感和未知性，且相对于之前的直线型行走路线，曲折型更具有韵律感和节奏感。过外城西门，行至圆城南门，视野豁然开敞，下延的大台阶引导视线直面大伙房水库与对面的铁背山，山水风光旖旎，水上标识又暗示着原有的格局图景。北折入圆城，观宝顶，再经由外城东门出，行进路线上依次是明清石刻陈列室与研究中心、关东碑林，驻足而立又可观北面水库。再迤逦而东，路线微有曲折，龙头碑所在是序列的最后一个节点，也是尾声部分。

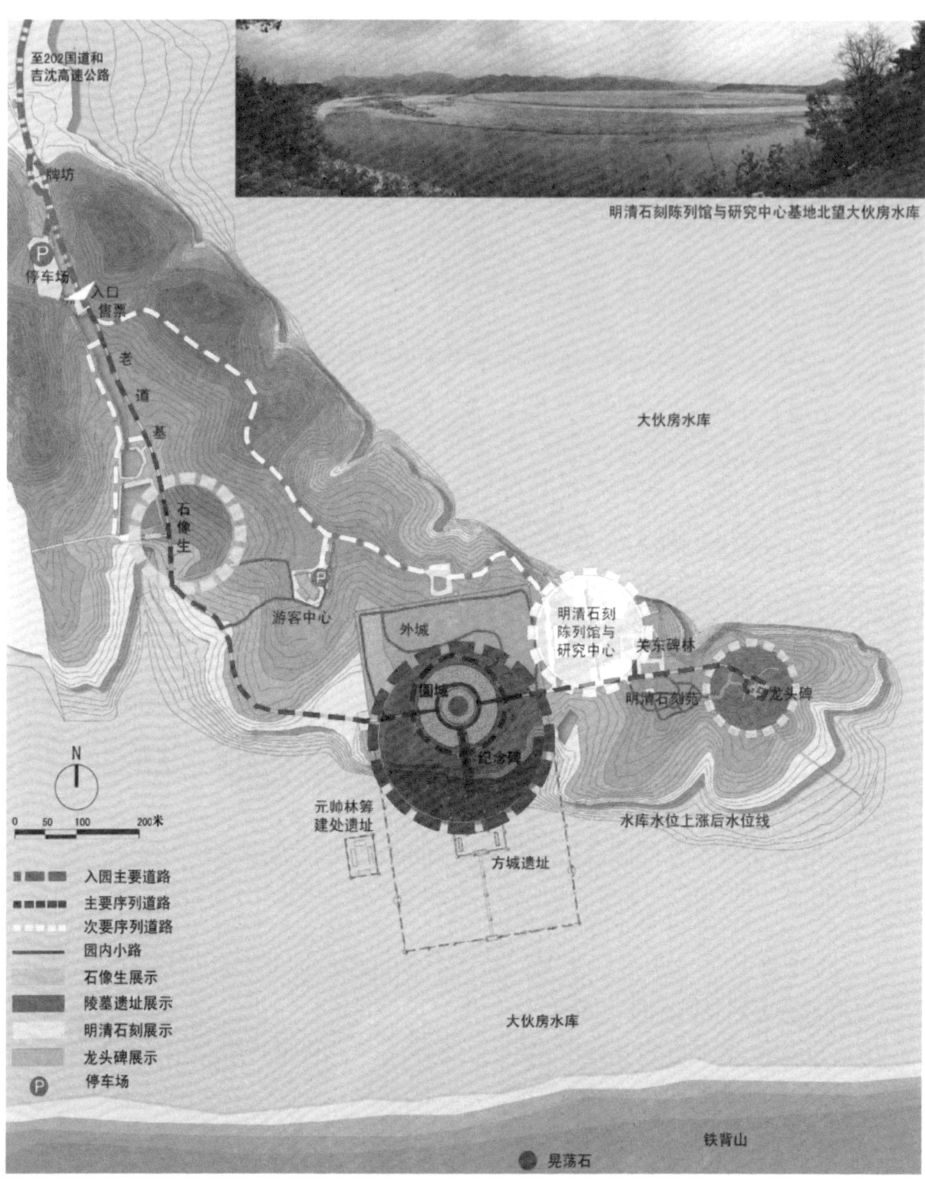

图16　整合后的空间序列展示

时空叠加，历史再现，沿着老道基一一行来，绵延的墓道，肃立的石像生，修复的地上建筑，消逝的水下遗址，完备的石刻陈列馆，这些都串联在精心设置的序列游线中，熔铸于优美的自然景致中，人们能感受到近代军事首领的雄心壮志，铭记日军侵华的耻辱历史，重温红色年代大搞建设的激情岁月，见证新时代对历史遗迹与文物的珍视与凭吊。这条主要的序列游线，在开放的自然环境中如一条空间链条将包含不同历史信息遗存、不同功能的建构物串连起来，通过从自然环境到人工环境再到自然环境的交替穿插，带给观者丰富的多层次空间感受。除此之外，另有山林内的曲折小路连接景观节点，提供多视点、多角度的空间体验。

元帅林的初始布局为封闭建筑群体内空间序列沿着轴线情感渐次加强的单一变化，原有轴线也只是为塑造陵墓的威严气势从而引起人的敬畏之情服务。而重新整合后的元帅林空间序列，则是在更为宏大开敞的范围内，融入了更多的历史信息与崭新的时代功能。通过这一系列景观序列的塑造，元帅林成功地完成了从一处近代名人墓园遗迹到综合了文物展示、研究、风景旅游等多重内容与功能的综合体的身份转换。

一脉泉随天地老：晋水流域水神祭祀类文化景观的价值与保护

基金资助：城市与建筑遗产保护教育部重点实验室开放研究课题（KLUAHC1002），主持：沈旸。原文刊载：周小棣、沈旸、肖凡《一脉泉随天地老——晋水流域水神祭祀类文化景观研究》，《中国园林》2012年第5期（总第28卷第197期）。录入本书有增删。

1 引子：祭祀与景观

晋水流域[1]存在着大量的民间信仰建筑，其中与水相关的祭祀建筑不仅数量庞大，而且种类繁多。除了晋祠中的圣母殿、水母楼以及台骀庙之外，还有位于各个村落内部或者山林寺观建筑周边的龙王庙、龙神祠等。如果说，宋以前晋水流域的民间信仰与祭祀体系是以唐叔虞祠为中心、以宗法祭祀为主体的，那么，当圣母取代了叔虞的位置成为晋祠的主神之后，这一区域的民间祭祀活动便突破了原有的祖先祭祀的模式，开始向生产、生活角度转变，祭祀建筑本体也随之有了较大的发展，逐步形成现有的格局。

民间祭祀建筑是文化景观的一种特殊形式，记录了地域文化与自然环境之间的互动关系，晋水流域的水神祭祀类文化景观就是在晋文化的影响下形成的，或者说，水神祭祀是晋水流域最具代表性的文化景观现象。

1　本文所指的“晋水流域”主要是指晋水所泽荫的各个村落。研究中亦涉及与该地区联系紧密的西山地区相关建筑、自然环境等内容。

2 水神祭祀体系演变的社会背景

晋水流域独特的水神祭祀对象的产生是与晋祠一带的社会环境密切相关的，因为民间信仰本身就是人们在感知与利用环境的过程中对人生观、价值观和世界观的选择与持有。民间信仰本身就是某种社会集体意识的衍生物。

水神祭祀体系演变的社会因素主要是针对晋水地区人与水的关系而言的。作为水神信仰文化的物质体现，水神祭祀机制是随着人们对于水的态度的转变而日渐成熟的。

水害治理

晋水流域背靠的西山[1]诸山脉皆为东北—西南走向，由此形成大致呈东西走向并线性排列的九条山峪，当地人又称“西山九峪”[2，图1]。西山峪水均是季节性河流，由西向东注入汾河，一方面为汾水提供丰富水源，另一方面也时常在晋水流域一带造成水患。

刘大鹏在《晋祠志》“峪水为灾”一条中写道：“同治十三年（1874）甲戌夏四月二十三日夜半，大雨如注，倾盆而至，雷电交加，势若山崩地塌。明仙、马房两峪，水俱暴涨，马房峪更甚。晋祠南门外庐舍田园，湮没大半。淹毙男女五六十口，骡马十数匹而已。佥谓山中起蛟，致有此患。”[3]又言：“涧水为灾，间或有之。然只淹没田畴，未尝害及人民庐舍也。独甲戌一灾，危害甚巨。”[4]

关于晋水流域洪水灾害的最早记录应是金大定十年（1170）的《重修九龙庙记》，据该碑文记载：“本朝皇统七年二十三日，风谷河泛涨，怒涛汹涌，沟浍皆盈，祠屋漂溺……”[5]可见峪水之灾不仅后果严重，而且由来已久。相传，晋源城中城隍庙会俗称“漂铁锅会”，形象地展现了每遇洪水，城中锅碗瓢盆到处漂起的景象。

与水患相对应的是防洪工程，因此从工程的修建强度可以看出水患的严重与否。

1　此“西山”指本文所言的“太原西山南部地区”。

2　据史料记载：“太原县西山一带，峪凡有九，而分为南四北五，曰风峪，曰开化峪，曰冶峪，曰九院峪，曰虎峪，此为北五峪，自南而北数者也；曰明仙峪，曰马房峪，曰柳子峪，曰阎家峪（俗呼南峪），此为南四峪，自北而南数者也。”出自刘大鹏的《明仙峪记》，也是“西山九峪”之说法的最早出处。

3　刘大鹏著，慕湘、吕文幸点校．晋祠志 [M]．太原：太原市晋祠博物馆、山西人民出版社，2003：755．

4　同上。

5　见《嘉靖太原县志·集文》。

图 1　西山峪景

明清史籍中关于西山地区修堤防洪的记载很多，如：

“沙堰[1]，在风峪口，先年筑以障风峪暴水，（明）成化年间（1465—1487）颓坏，正德七年（1512）王恭襄公倡督官民修筑，嘉靖七年（1528）复坏，公复倡率理问丁安县丞田璋修筑。嘉靖二十一年（1542）复坏，主簿王儒修筑，用石累砌，嵌以石灰，长二百余步。”[2] 图 2

“明仙峪，在晋祠北，左侧卧虎山，右侧悬瓮山，口外两旁甃石为堤，以束涧水。”[3]

“马房峪，在晋祠南。左为锁烟岭，右为鸡笼山。口外两旁甃石为堤，防涧水之横溢。”[4]

清乾隆四十一年（1776）（丙申）十月二十三日（辛酉）山西巡抚觉罗巴延三奏：“太原县西五里有风峪口，两旁俱系大山，大雨后，山水下注县城，猝遇水灾，捍御

1　沙堰，位于风峪口，又称锢垄堰。

2　（嘉靖）《太原县志》卷一“桥梁”。

3　刘大鹏著，慕湘，吕文幸点校．晋祠志，92.

4　同上。

图 2　锢垅堰

无及。请自峪口起开河沟一道，直达于汾。所占民田计止四十余亩，太原一城可期永无水患。”得旨 :“嘉奖。”[1]

可见，自金皇统间（1141—1149）就有了关于西山峪水成灾的记载，而到了明清时期对于水灾、修堤防洪工程的记载明显增多，足以证明明清以来“峪水为灾”的现象已经愈演愈烈，危害甚巨。

水利开发

晋水流域指的是晋水所流经的众多村落、田地的总和。晋水流域是伴随着晋祠地区水利工程的进程逐渐形成的。最早问世的水利工程是“智伯渠”，即后来的晋渠。到了汉代，人们开始利用“智伯渠”旧有河道，修整疏浚，灌溉田亩。汉安帝元初三

1　见（清）《高宗实录》。

年（116）"修理太原旧沟渠，灌溉官私田"[1]。此时的晋水渠道就是后来的北河。隋唐时期，晋水进一步得到开发利用。隋开皇四年（584）新开中河、南河。这一举动使晋祠东南部"周回四十一里"[2]的土地得以灌溉，晋水的利用率进一步提高。至唐代，伴随着晋阳城的大兴土木，晋水的水利工程也发生了巨大的改变。史籍中记载的主要有两次跨越汾河的渡槽工程，将晋水引入对岸的东城，以整治"东城地区地多碱卤，井水苦不可食"的局面。"晋祠流水如碧玉""百尺清潭写翠娥"等诗句，是对当时晋水景观的真实写照。[3]时至宋代，晋水灌溉系统基本成型。

公元979年，宋太祖火烧水淹晋阳城对晋水流域的影响是巨大的，晋水的旧有渠系被严重破坏。至嘉祐间（1056—1063）晋水灌溉才重新恢复起来。明代以来，更是形成了著名的"晋水四河"灌溉体系。随着社会经济的发展，此时的晋水早已不止用于灌溉，而且作为基础能源带动新型工业的发展，如草纸业、水磨业等。

水权纷争

明清以来，随着人口的急剧增长，人们对于资源的需求也急速增长，晋水资源由原来的共享变成争夺，水案频仍。这种争夺产生的根本原因是气候改变、环境恶化导致的水资源的匮乏。除此以外，军屯制、宗藩制、新兴产业的兴起以及自然资源的过度开发等都加速了西山南部地区环境恶化的进程。在这样的背景下，对于水权的争夺成为明清以来晋水流域十分突出的社会现象。

难老泉东行数步有一清潭，潭中间建有一道石堤，凿有圆洞十孔。南三北七，作为分水的标志，中央由分界石堰分开，这个分界堰就是"人字堰"。在此分界线之西伫立着一个小塔，形状特别，八棱柱形的塔体支撑宝盖，石柱短粗，并且直接放在下面的仰莲形基座上。这个塔传说是"油锅捞钱"[4]故事的主人公张郎的葬身之塔，称"分水塔"或"张郎塔"[图3]。随着水资源争夺的加剧，人字堰与分水塔作为水权的象征，是对当时社会环境下人与水或人与人关系的形象反映。

---

1 见（南朝）《后汉书·卷五"安帝纪"》。

2 （唐）《元和郡县志·卷十三》"河东道二"有"晋泽在县西南六里。隋开皇六年引晋水溉稻田，周回四十一里"，讲的就是这一事件。

3 行龙．以水为中心的晋水流域[M]．太原：山西出版集团、山西人民出版社，2007：33.

4 "油锅捞钱"的故事一般是说，从前，晋水南北二河因争夺晋祠之水利，常常发生纠纷。后来，官府出面调停，在难老泉边置一口油锅，当油沸腾时，将十枚铜钱扔到锅中。这十枚铜钱就代表十股泉水，某一方能从锅中掏出几枚铜钱，就分得几股泉水，永成定例，永息争端。花塔村张姓后生当即跳入锅中，为北河争取了七分水。后人为了纪念他，将他葬在石塘中，即张郎塔的下方。

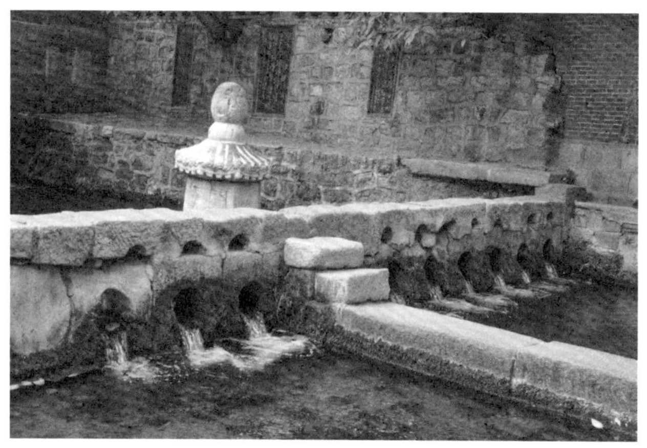

图 3　人字堰与张郎塔

不管是治理、利用还是争夺，晋水流域的人类生活史与晋阳地区的文化发展有着密切的关系。水作为资源被争夺的过程，可能成为不同村落、家族的内聚力形成的动力，其联系的物质体现就是水神信仰和祭祀系统的形成。在长期的经济发展和文化演变过程中，水逐渐成为一种稀缺资源受到人们的追逐，所带来的除了频频水争之外，也包括围绕水域文化而形成的独特的祭祀建筑体系。

3 水神祭祀文化景观的建筑表达

水神信仰是晋文化的重要组成，以水为中心的祭祀景观是晋水流域独特的文化景观。由于影响晋水流域生活的重要水体形式有三种，即泉水、河水、雨水，于是形成了三类与此相关的景象：水源、水利、水害。该区域的水源主要来自泉水；水害多是雨水所引起的山洪以及河水泛滥；河渠既是水资源分配的渠道，也是水利开发的主要途径。

根据水的存在方式与景观形态，水神祭祀内容可以大致分为三个层面，即水源神祇、治水神祇和水害神祇。除此以外，作为一个流域，晋水地区还有一些具有地方管理性质的神祇也与水有关，甚至成为整个流域的信仰中心[表1]。宋以来，晋水流域最具

表1　西山南部地区水神祭祀建筑概况

祭祀目的	水的存在方式	神祇名称	相关人物	建筑名称	分布位置
流域管理	/	圣母	邑姜	圣母殿	晋祠
祭典水源	泉水	水母	柳春英	水母楼	晋祠
治水祖先	河水	汾神	台骀	台骀庙	王郭村、晋祠
消除水患	雨水、河水	龙王	黑、白龙王	龙王庙	龙山、天龙山、各村落中

影响力的神祇是位于晋祠圣母殿的圣母，于是形成了以圣母信仰为导引的文化框架，祭祀景观的建筑本体也呈现出以圣母殿为中心的分布与构成规律。

流域管理——圣母殿

晋水流域的圣母信仰有别于其他地区以生育为主的圣母信仰形式，是一种盛行于晋水流域的文化现象。在水母产生之前，圣母一直作为“晋水神”而存在，掌管着晋祠一带的水利兴衰。人们普遍认为圣母即司管难老泉水的水母。祭祀圣母的建筑为圣母殿[图4]，位于晋祠中心位置：“晋源神祠在晋祠，祀叔虞之母邑姜。宋天圣间建，熙宁中以祷雨应，加号昭济圣母，崇宁初，敕重建。元至正二年（1342）重修。明洪武初复加号广惠显灵昭济圣母，四年（1344）改号晋源之神。天顺五年按院茂彪重修。岁以七月二日致祭。”[1]

可见，圣母殿建于宋代，至清道光间（1821—1850）名为“晋水神祠”；自建成后，圣母殿因“祷雨应”而受到统治阶级的屡次加封以及积极重建。

每年七月初二前后祭祀圣母的活动是晋祠地区的传统活动，最早可追溯到明初：“太原县抬搁迎神，由来久矣。传言自明洪武二年（1369）起首，至今概无间断。每年七月初四日，从城到晋祠恭迎圣母，至太原南厢龙天庙供奉。初，晋城中大闹，而远近人民，全行赴县，踊跃参观，老少妇女，屯如墙堵。”[2]

祭祀的前两天在晋祠圣母殿前举行祭祀仪式，初四开始在各个村落举行祭祀活动。

1　出自道光《太原县志》。

2　刘大鹏著，乔志强标注．退想斋日记[M]．太原：山西人民出版社，1990：8．

图 4　圣母殿

根据《晋祠志》记载，晋源城即太原县城于七月初四举行迎接圣母的仪式。迎神的队伍先是从晋源城南门出发，向西经过南城角村、小站村、小站营村、赤桥村，最后抵达晋祠，由北门进入，迎接神像后从南门出。返回时所走的路与来时的不同，由赤桥村中央穿过，经由南城角到达晋源城的西门。入城后，经十字街向南到达南关的龙天庙。随后，七月初五开始游神，先到衙署领赏，然后从十字街出西门，再到北门，天黑时又出东门，到河神庙迎接十八龙王，一同返回龙天庙。七月初十，古城营派人迎接圣母和龙王到古城营的九龙庙。七月十一，祭祀九龙圣母。一直到七月十四，古城营再派人将圣母送回晋祠[图5、图6]。至此，祭祀圣母的活动就结束了。

由此可以看出，整个活动的中心内容是“圣母出行”，这时，除了圣母殿之外，与祭祀活动关系密切的主要建筑还有两处，一个是太原县城的龙天庙[图7]，另一个是古城营的九龙庙[图8]。这三个建筑共同造就了“圣母出行”这一活动的完整性。从政治角度而言，龙天庙是新政权的象征，而九龙庙则是老政权的代表，圣母出行活动是政权更替以后为安抚民心所组织的一种政治性巡礼。[1] 从景观角度而言，圣母出行的活动将圣母殿与各村之间的水神建筑联系成一个大的体系，使得晋水流域的水神祭祀建筑有了更为坚实的文化基础。

祭典水源——水母楼

“水母”的出现始于明万历间（1573—1620），祭祀水母的建筑水母楼位于晋祠难老泉的西侧，是一座背靠悬瓮山的两层楼阁[图9]。相传，难老泉泉水的产生与水母娘娘

1　详见：张亚辉．水德配天——一个晋中水利社会的历史与道德 [M]．北京：民族出版社，2008.

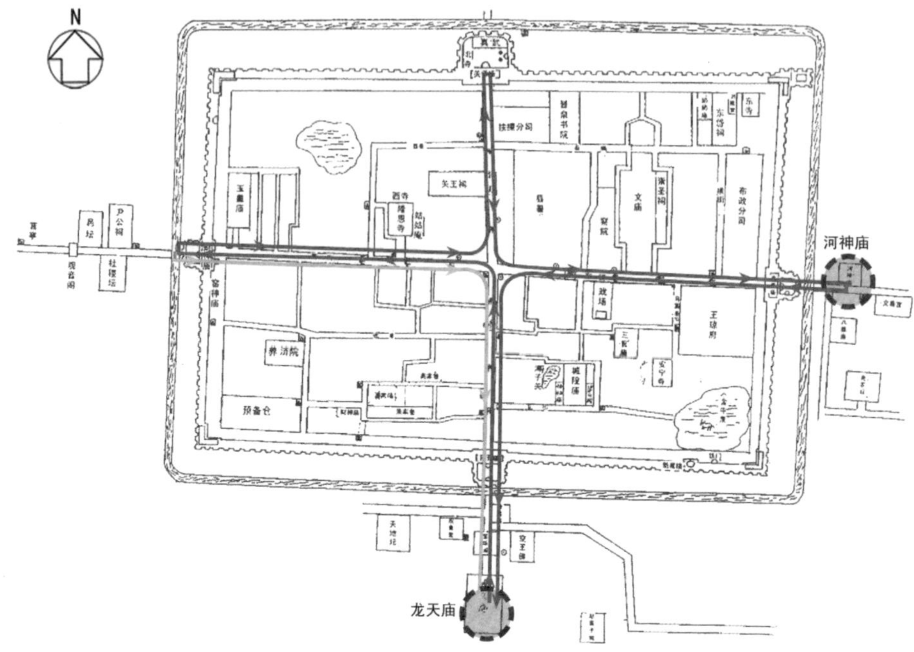

图 5 “圣母出行”活动县城内部线路图

底图引自：姚富生主编《太原县城古迹图录》。出行路线依据《晋祠志·祭赛》“圣母出行”一条绘制

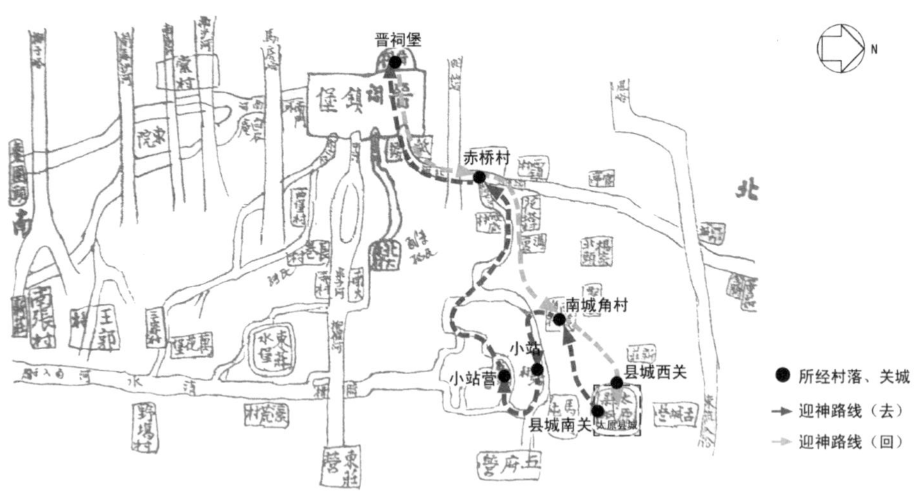

图 6 “圣母出行”村落间线路图

底图出自刘大鹏《晋水志》，转引自行龙《以水为中心的晋水流域》，山西出版集团、山西人民出版社，2007；
出行路线依据《晋祠志·祭赛》“圣母出行”一条绘制

图 7　龙天庙

图 8　九龙庙

图9 水母楼与难老泉

有着密切的关系[1]。水母信仰与圣母信仰是相互独立的两个体系。如果说圣母信仰体现的是国家权力对晋水流域的控制，那么水母信仰的形成则展示了民众与国家权力的抗争，并通过水神神位的归属问题反映出来。这场争夺，最终以水母的胜利而告终。显然，这一胜利反映的是国家权力对民众文化的妥协。抑或说，之所以不得不产生一个独立于正统文化之外的民间祭祀客体是由于社会文化的政治需要。

晋水流域祭祀水母娘娘的活动包括两个部分，一是致祭，一是宴集。致祭地点均为晋祠水母楼，宴集则位于各村落中，建筑形式芜杂不一：有道观，有佛寺，也有亭台楼阁。可见，水母祭祀活动本身具有强烈的乡土文化气质，祭祀与宴集的组合或独立都体现了民间文化的狂欢特性。

从水母祭祀过程[图10]可以看出致祭的顺序非常严格，从农历六月初一开始至七月初五结束，流域内的各个村庄依据晋水四河（即南河、北河、陆堡河、中河）的用水制度依次排序致祭，也因此导致了各个村落地位的高下之分。以水划分等级的现象，

1 相传，水母娘娘名叫“柳春英”，是金胜村人。“柳氏坐瓮”的故事就为晋祠的难老泉编织了一个有趣的来源。故事详见（嘉靖）《太原县志·卷三》“杂志”。

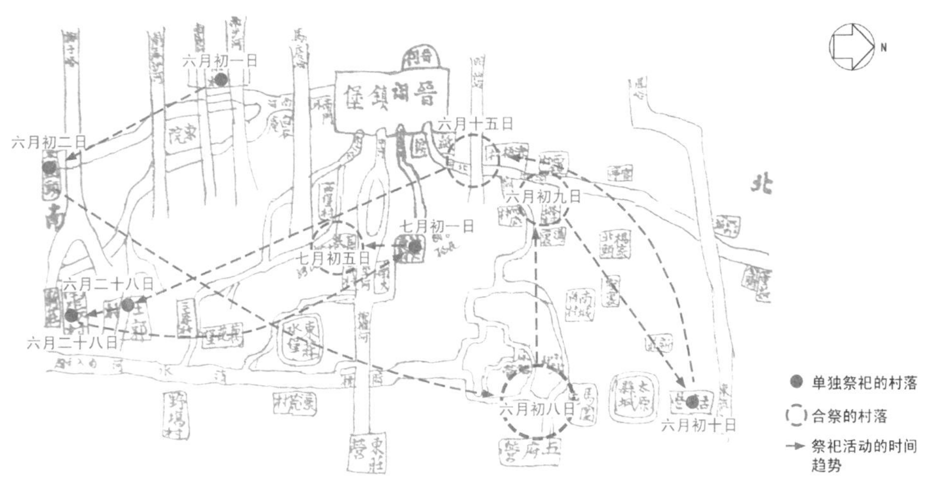

图 10　水母祭祀次序
底图来自刘大鹏《晋水志》，转引自行龙《以水为中心的晋水流域》；
祭祀次序依据《晋祠志 · 祭赛》“祀水母”一条绘制

表明了晋水对于当地居民的重要性。其中，单独祭祀的村庄有索村、枣园头村、古城营村、王郭村、南张村和北大寺村，大多位于南河，其余为合祭，除了等级观念的影响之外，可能是由于南河流域水量并非十分丰沛，因此所泽荫的村落较少。

治水祖先——台骀庙

台骀，是金天氏后裔，因治水（汾水）有功，被封于汾川。《左传 · 昭公元年五月》载：“昔金天氏有裔子曰‘昧’，为元冥师（治水之官）。昧生允格、台骀。台骀能业其官，宣汾、洮，障大泽，以处太原。”“大泽”也叫“晋泽”，或称“台骀泽”。

据《重修台骀庙碑记》云：祭祀台骀“有二庙：一在王郭村昌宁公庙。……一在晋祠，居于广惠祠、难老泉之间，此则东庄高氏[1]之所独建”。相对于晋祠里的台骀庙，位于王郭村的台骀神庙创建时间更早，又名“汾水川祠”，“明洪武七年（1374）重修，岁以

1　“高氏”即高汝行，台骀庙建于明世宗嘉靖十二年（1533）。

图 11　王郭村台骀庙

五月五日致祭”[1]。该神庙已不存，仅剩台骀像及遗址位置可考[图11]，致祭活动也荒废已久。

消除水患——龙王庙[2]

在广大的村镇祭祀结构中，龙神信仰非常普遍。晋水流域的居民认为西山的峪水洪灾与黑龙王或起蛟[3]有关，因此祭祀黑龙王就成了十分重要的仪式。

《晋祠志·祭赛》载："每岁三月初，纸房村人赴天龙山迎请黑龙王神至其村真武庙以祀。各村自是挨次致祭，迨至秋收已毕，仍送归天龙山。抬搁暨各村之人至牛家口止。……送神前一日，各村抬搁齐集于晋祠北门外，由关帝庙请神游行各村，先纸房、次赤桥、次晋祠、次索村、次东院、次三家村、次万家堡、次濠荒、次东庄、次南大寺、次长巷村、次北大寺、次塔院，仍至晋祠北门外安神始散。……昔年抬搁共十三村，迨道光末仅八村。咸丰初全罢。至光绪八年抬搁又兴，然仅晋祠、纸房、东院、长巷、北大寺、塔院六村而已。迄今阅二十四年。"

在整个太原一带，与黑龙王类似的其他龙王或者龙神信仰也是十分普遍的。如太原县城东门的河神庙里就曾经供奉十八龙王。圣母出行至县城时，还会去河神庙迎接十八龙王齐聚南关龙天庙，并且还要一起游行至古城营村的九龙庙。

1　见（道光）《太原县志·卷三》"祀典"。
2　泛指与龙有关的神祇，也有的称为"龙神祠"，或是针对某一特别的龙神而创立的"黑龙王庙""白龙洞""九龙庙"等。
3　当地人认为，有一种洪水是由"起蛟"造成的。

4 结语：价值与保护

“一脉泉随天地老，悠然洗尽半生心，欲令惠及生民远，须道仁同此水深。”[1] 诗文在咏诵北宋士大夫的政治抱负的同时，也传达了晋水之于流域内民众的非常重要而特殊的意义。晋水从来都是作为一种具有神性的文化资源存在于流域内部，不管是水神形象的衍生还是祭祀活动的组织都是人们生活方式的真实体现，也是社会背景的形象反映。

（1）水神信仰建筑体系的文化景观价值

水神崇拜与农业社会的生产模式有着千丝万缕的关系，水神信仰建筑是产生于农业社会生产背景下的独特文化景观，是晋水文化的空间表征与物质体现。水神祭祀建筑的空间组织与祭祀活动相关。从区域角度而言，它们的分布具有层级性，从而使得各个村落之间或可依据水神祭祀系统进行等级划分。从空间构成而言，水神信仰建筑的空间形态并不拘泥于某种固定的模式，相反，它们往往随着所祭祀神祇的不同而产生各异的建筑形式。

（2）水神祭祀类文化景观的活化与保护

晋水流域在太原建城史上有着极其重要的历史地位，在其深厚的农业生产背景下，社会的发展与水文的分布、变迁之间的关系是非常重要的社会现象。针对水神信仰的研究既是对太原地区祭祀建筑体系深入剖析的重要组成部分，也是对太原城市社会文化演变背景的探究。

本文借鉴社会学和人类学的研究方法，通过对晋水流域以水为中心的民间信仰和民俗生活进行建筑学视角的研究，试图揭示水神信仰体系与晋水流域社会的环境、空间、场所和建筑之间的密切关系，并在此基础上探究民间信仰与其空间表征的可持续策略，试图在地方文物建筑和乡土聚落保护中充分考虑建筑、空间和场所在民间信仰和民俗生活方面对于乡土文化的重要性，并通过保存和延续这些建筑、空间和场所来实现对乡土民俗生活的保护，以此达到地方文物建筑和历史文化区域环境的有机保存和活化。

1 （宋）汪藻《题晋祠》。

再构「城堰一体」：入遗效应和灾后重建双重影响下的都江堰整体文化景观呈现

基金项目：国家自然科学基金面上项目（52308083），主持：韩冬青；国家社会科学基金资助项目（18BGL278），主持：沈旸；中央高校基本科研业务费专项资金资助项目（2242020R20007），主持：董亦楠。原文刊载：董亦楠、沈旸、韩冬青《再构「城堰一体」：入遗效应和灾后重建双重影响下的都江堰整体文化景观呈现》，《东南大学学报（自然科学版）》2021年1月（第51卷第1期）。录入本书有增删。

都江堰市古称“灌县”，是国家级历史文化名城，也是坐拥世界文化遗产“都江堰—青城山”和世界自然遗产“四川大熊猫栖息地”的“双遗”城市。后遗产时代，尤其是2008年汶川大地震之后，考虑到基于世界遗产的旅游业发展对城市产业复兴以及灾后恢复就业等方面的重要作用，灾后重建规划提出“塑造国际性旅游城市”的发展战略，将城市主要职能部门和原住居民从受损严重的老城迁至新区，“通过重建将老城区调整为一个以旅游服务为主的功能区”[1]。

国际性旅游城市的塑造为城市建设的恢复与发展注入了活力，但与此同时，以旅游服务为主的功能定位却严重降低了灌县古城传承千年的历史地位和文化价值。灾后重建过程中，老城内大量受损的传统街区遭受毁灭性重建，城市职能和原住民迁出后，老城逐渐演变为都江堰景区的商业配套设施，成为游客游览后吃、住、购物的消费场所。目前都江堰留给大多数人的印象只有水利工程和风景区，知堰而不知城，灌县古城并没能借世界遗产和灾后规划重塑昔日的繁华。

客观来看，川西北高原、成都平原、岷江水系交汇的独特自然条件和基于自然的人类活动共同作用，造就了都江堰地区几千年来“城堰一体”的互依共生关系。在水利工程的修建及其后历代的维护过程中，堰工和家人的聚居为城市的形成奠定了基础；

1　周俭，夏南凯．立足跨越发展的都江堰城区灾后重建规划思想：关于空间、时间、形态的关系 [J]．城市规划学刊，2008（4）：1–5．

同时，地理位置带来的边境贸易和军事防御需求，提升了城市地位和规模，并汇集大量人口，尤其是随着松茂古道的贸易交流，各地商品、风俗、宗教在此汇聚，造就了古城的繁荣。水利工程、古道贸易、军事防御三大功能互相依托，共同为古城的起源和发展做出了贡献。

反思都江堰入遗和灾后重建历程，古城形态、人文价值的保护与城市经济、旅游产业的发展似乎一直处于对立状态。究其原因，在于尚未明确认识世界文化遗产（都江堰景区）和历史文化名城（灌县古城）在空间形态与文化价值两个方面的关联。如何深入发掘老城价值，建立一体互动的整体性认知方法，在保护遗产和老城的同时，促进旅游和经济发展，是此类历史城市保护与再生面临的共同问题。

早在 20 世纪 90 年代，联合国教科文组织就已经提出“文化景观”（culture landscape）和“城市历史景观”（historic urban landscape）的概念。作为“自然与人类的共同作品”，“文化景观”关注人与自然之间的相互作用关系，以及对这种关系的保护和管理；而“城市历史景观”则“把城市看作是自然、文化和社会经济过程在空间上、时间上和经验上的建构产物”，也是一种针对城市聚落和居民的文化景观[1]。综观二者，“景观”不仅是一个名词概念，即地表上各类物质、非物质要素相互作用，并持续足够长的时间而形成的外化结果，更具备动词属性，即建构一种整体性的遗产价值评估和保护方法论[2]。

中国传统价值观以及古人营城时对人与自然和谐关系的思考与“文化景观”或“城市历史景观”的许多观点不谋而合。本文结合中国传统城市营造理念与文化景观营造方法探索入遗效应和灾后重建双重影响下的都江堰保护与再生方法。通过对都江堰古城和堰区内外各类要素及其关联性的研究，再构“城堰一体”整体性文化景观体系，为都江堰市总体城市设计提供思路。

1　罗·范·奥尔斯，韩锋，王溪．城市历史景观的概念及其与文化景观的联系 [J]．中国园林，2012，28（5）：16–18.

2　韩锋．探索前行中的文化景观 [J]．中国园林，2012，28（5）：5–9.

1 地图中的古代城市

不同于文艺复兴以来强调科学性和精确性的欧洲城市地图[1]，中国古代城市长期使用一种类似山水画并且附有图说的地图[2]。这些地图上的标识通常没有统一的比例，以平立面结合的方式描绘城市中的要素，包括山体、水系等自然环境以及城垣、街道、职能建筑等人造物，这些要素的绘制比例被明显夸大，并配以文字注释，其余地块边界和建筑布局则省略不画。在很长一段时间内，这种地图被认为是"非科学""不精确"的，但是也有学者提出"好地图不一定是要表示两点之间的距离，它还可以表示权力、责任和感情"[3]。

其实，中国古人选址营城，"存在着一种古老而繁琐的象征主义，在世事的沧桑变迁中却始终不变地沿传下来"[4]，并通过规章制度明确城市建设的等级和构成要素。也就是说，古人营城之初首先基于一定的社会诉求构建了一个由要素组成的理想城市模型：城市一般坐北朝南，大多由方形城墙围合，城门四向而开，街道纵横相交，宫殿、衙署、祠庙等职能建筑分布在城池内外。当这种理想模型落位到特定的山川地势和文化语境中，又会呈现出纷繁复杂的城市形态。城市人造物与自然通过各种文化和社会关联有机结合在一起，塑造整体性的城市景观，并随着时代不断变迁。在这种意义上，可以说中国传统地图的绘制方式反映了古代城市融合自然山水、礼制秩序与居住理想的营造理念和规划方法。

看似复杂的古代城市形态背后存在一个由自然和人文要素共同构建起来的理想城市模型，可以通过对传统地图和方志等历史文献资料的解读，分解出构成传统城市的各类要素，观察其历史演变过程，并将之落位于当前的城市空间中。从要素出发，通过各类自然和人文要素的关联性研究，探索它们之间在路径上的不同空间和文化属性，以解释"理性"与"自然"碰撞之后呈现出的独特城市形态和文化景观。最终，对于都江堰这一案例，通过古城和堰区内各类要素及其关联性研究，再构"城堰一体"的整体性文化景观体系。

1　姚圣．中国广州和英国伯明翰历史街区形态的比较研究 [D]．广州：华南理工大学，2013.

2　成一农．"科学"还是"非科学"：被误读的中国传统舆图 [J]．厦门大学学报（哲学社会科学版），2014（2）：20-27.

3　余定国．中国地图学史 [M]．姜道章，译．北京：北京大学出版社，2006：45.

4　芮沃寿．中国城市的宇宙论 [M]// 施坚雅．中华帝国晚期的城市．北京：中华书局，2000：37.

2 都江堰的构成要素

都江堰地处成都平原和川西北高原交界处，岷江流入成都平原的出山口。早在古蜀时期，鱼凫一代即从岷山中迁徙至今都江堰市境内活动；战国时期李冰修建都江堰水利工程，城市雏形诞生，并随着松茂古道贸易交流而逐渐兴盛；唐宋时因其重要的战略地位设军，作为防御西部少数民族的军寨重镇，同时随着茶马互市的兴起，城市的贸易交流和商旅通衢功能愈发重要；明洪武初（1368—）正式修筑城墙，明末因战乱被毁；至清康熙间（1661—1722）城墙重建，其后多有增补，基本延续明城形制，形成较为稳定的城市形态。1949 年之后，失去防御作用的城墙被陆续拆除，城市开始向东南方向扇形扩张，但老城格局基本得以保留，都江堰水利工程也历经两千多年历史沿用至今。

现存有关灌县古城的历史文献资料主要是清乾隆五十一年（1786）的《灌县志》和清光绪十二年（1886）的《增修灌县志》，二者均以图文结合的方式记录了城市的历史、地理、风俗、人物等。对比卷首县治图（也是现存最早的城市地图）[图1]可见，除城市南门外新增一座普济桥外，百年间城市形态没有太大改变。地图以立面加文字的方式着重描绘城市内外的山体、水系、城垣以及重要职能建筑（包括县署、水利府、学署等衙署以及城隍庙、文庙、文昌宫等祠庙），城门与主要建筑间以虚线连接，表示主要街道。

边界城墙

城墙在中国古代大多数朝代的营城观念中非常重要[1]，除了显而易见的安全防卫作用外，“更主要的乃是国家、官府权威的象征，是一种权力符号”[2]，象征着统治阶层的权威和力量。明清时期，全国范围内兴起多次筑城高潮，到清朝末年，绝大多数府县治所都筑有城墙[3]。其呈现形态，在北方平原地区多表现为规整的方形或长方形，东南西北分设城门；而在南方丘陵地区，则会根据山川地势进行调整，但仍然能看出向方形接近。

1 成一农．宋、元以及明代前中期城市城墙政策的演变及其原因 [M] // 中村圭尔，辛德勇．中日古代城市研究．北京：中国社会科学出版社，2004：145-183.

2 鲁西奇．城墙内外：古代汉水流域城市的形态与空间结构 [M]．北京：中华书局，2011：444.

3 鲁西奇，马剑．城墙内的城市？——中国古代治所城市形态的再认识 [J]. 中国社会经济史研究，2009（2）：7-16.

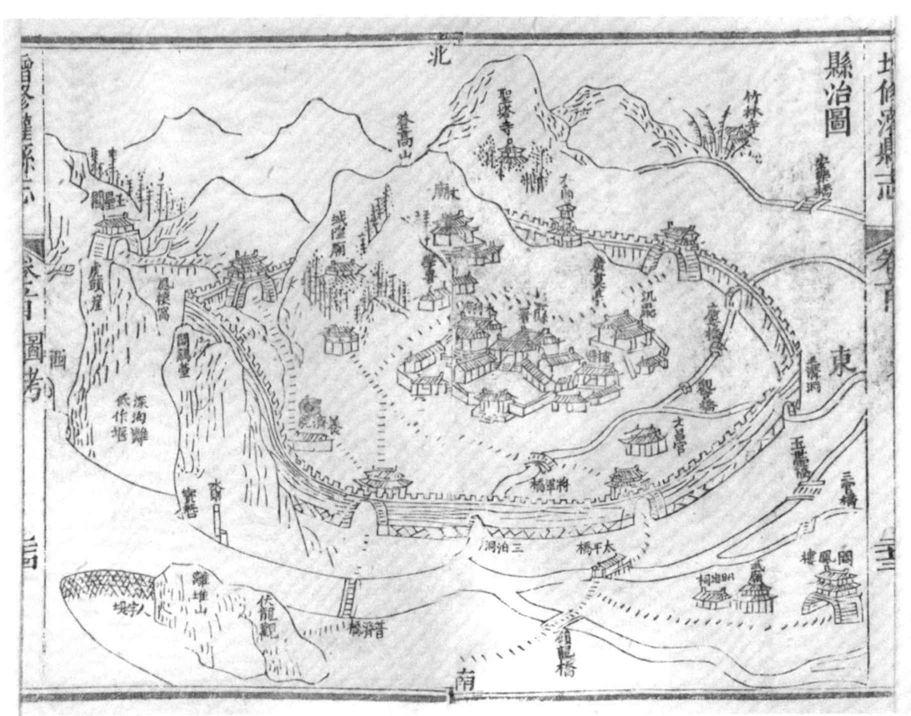

图 1　灌县县治图
引自《光绪增修灌县志》，1886

据县志记载，灌县城墙始建于明代第一个筑城高潮时期，即明初洪武（1368—1398）、永乐（1403—1424）间[1]。作为“川西锁钥”的军寨重镇，修建城墙最重要的目的是作为“扼西夷之要冲”。城墙选址与自然山水紧密结合，西北傍山（版筑于邱之麓），并将玉垒山的一部分围入城内，西南依水（雉堞于沙之洲），借岷江内江为天然的护城河。整个城市的方位顺应山水形势，向西南方向微微偏转，但基本维持了方形格局。

城墙东、南、西、北 4 个方向分别设置城门和城楼，从 4 座门楼的名称亦可窥见“国家、官府权威的象征”[表1]。抗战时期，为方便在敌机轰炸时疏散人群，城市东、西、南新开 3 座城门。1949 年后，随着城市用地扩张和道路建设，失去防御和象征作用的城墙被陆续拆除，砖石用于修建公共建筑和基础设施，仅玉垒山上有零星段落遗存。2008 年汶川大地震后，为发展旅游重建宣化门和西街城墙。

根据历代地方志的记载以及实地考察，可以大致勾勒出明清时期的城墙位置以及

1　鲁西奇．中国历史的空间结构 [M]．桂林：广西师范大学出版社，2014：356.

表1　城门、城楼名称及象征意义			
朝向	城门	城楼	象征意义
东	宣化门	省耕楼	“宣化”意为“传布君命，教化百姓”，出东门过太平桥（今蒲柏桥）往东为通往成都的官道，乃迎接皇帝及朝廷命官之门，县州之民接受朝廷教化，是谓“宣化”
南	导江门	阅清楼	南门外数十米即为岷江内江。内江古称沱江，《禹贡》曰：“岷山导江，东别为沱。”导江门也有纪念大禹导江、去灾造福之意
西	宣威门	怀远楼	灌县古为边徼重镇，经西门辗转西北的“松茂古道”是北接松潘、茂县，南连川西平原的商旅通衢和军事要道，“宣威”意即宣扬国家威势
北	镇安门	拱极楼	《汉书·王莽传下》曰：“京师门户不容者，开高大之，以示意百蛮，镇安天下。”灌县北门外为灵岩山脚，地处县城高地，有“安定、平安”之意。城门之上的拱极楼也意味着拱卫北方边境，阻挡外来侵略

根据《灌县志》等资料整理

损毁过程图2。叠图可见，伴随城墙的拆除，硬质分隔要素转变为软质分隔的道路空间，城墙内外的交通组织、城市肌理和建筑风貌逐渐融为一体，严重削弱了古城外部边界和形制特征。

职能建筑

中国古代地方城市中最重要的职能建筑包括衙署和祠庙，前者作为城市最高行政机构，是世俗权威的体现；后者则构成各类精神信仰的中心，其中城隍庙和文庙是“官方信仰的两个最基本特点。城隍是以自然力和鬼为基础的信仰中心，因而可以说是用来控制农民的神；学宫（文庙）是崇拜贤人和官方道德榜样的中心，是官僚等级的英灵的中心，学宫还是崇拜文化的中心”。[1] 不同城市中衙署、城隍庙、文庙的位置和布

1　斯蒂芬·福伊希特旺．学宫与城隍 [M]// 施坚雅．中华帝国晚期的城市．北京：中华书局，2000：725.

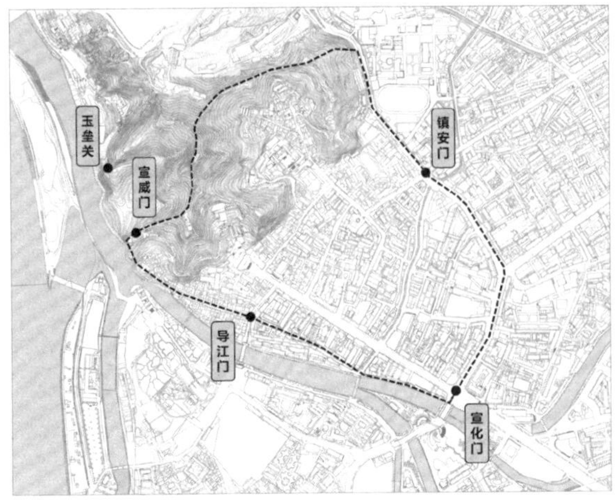

明洪武时筑土为墙，宏治中包砌以石，置门四楼四。清康熙五年修补，同治八年修玉垒关

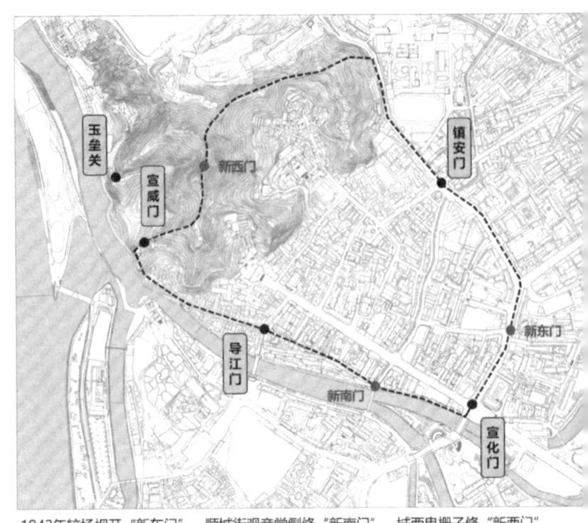

1942年较场坝开“新东门”，顺城街观音堂侧修“新南门”，城西鬼栅子修“新西门”

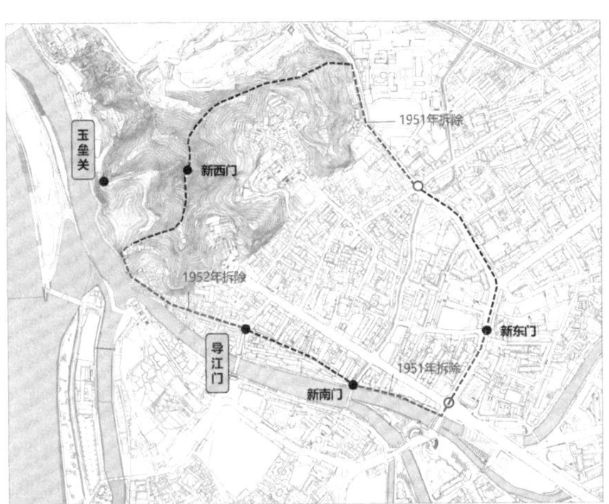

1951年修成阿公路，拆除北门至烈士陵园的城门和城垣。同年改建太平桥，拆除老东门至新东门、老东门至新南门的城墙，条石用来做了桥墩。1952年拆除南门至西门城墙，修建人民会场

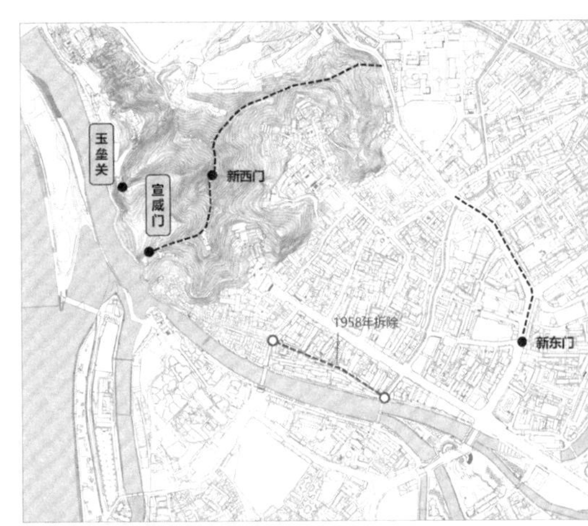

1958年拆除新南门至老南门城墙，用于修建灌口镇医院、人民银行、岷江旅馆、百货公司等单位

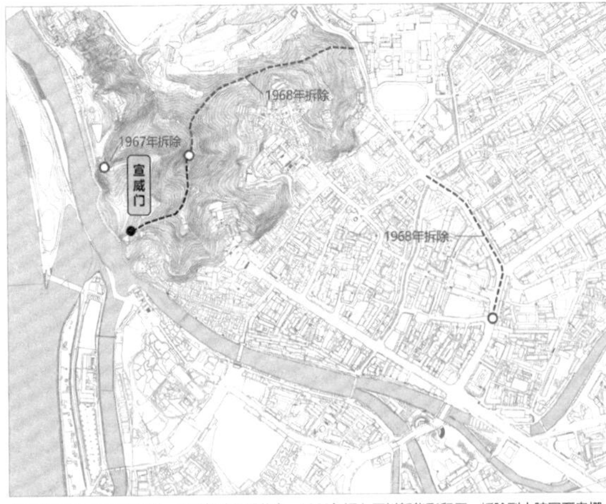

1967年拆除玉垒关的城楼，用于修建居民住宅。1968年迁入四川新华彩印厂，拆除烈士陵园至鬼栅子城墙；修建人防工程，拆除新东门至北门一带城墙

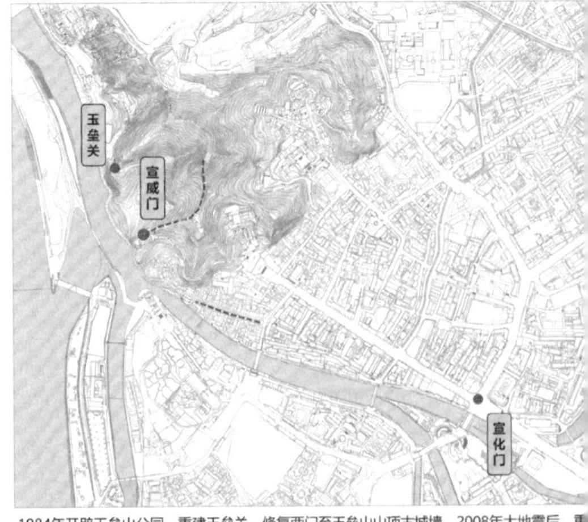

1984年开辟玉垒山公园，重建玉垒关，修复西门至玉垒山山顶古城墙，2008年大地震后，重
和西街城墙

图 2　城垣演变

局也具备一些共同点，进而影响城市的整体形态结构。

（1）衙署选址一般位于城市中部，“居中不偏、不正不戚”。明清衙署一般为多进院落式布局，前衙后邸，沿中轴线对称，四周以高墙围合。都江堰由于水利工程的重要性，清代专设堰官——水利同知，不仅维护和管理水利工程，也可办理水务案件，官阶等同于知县。这种独特的二权分立的政治架构也反映在都江堰城市布局中。

（2）作为阴间的地方掌吏，城隍神的职能是护城安民，与阳间地方长官一阴一阳，共同管理地方社会。随着明洪武二年（1369）“封京都及天下城隍神”，城隍祭祀作为一种完整的制度，正式出现在国家的祭祀体系中[1]。城隍庙也成为古代城市中与衙署相对的最重要的职能建筑之一，全国各地方城市中均有设置，规模通常超出一般祠庙，并有统一的形制。但是城隍庙选址受到地理条件和风水观念等影响，在城市中的具体位置并不固定[2]。

（3）与城隍庙相比，文庙选址则更加审慎，宋朝以后往往将地方科举的兴盛与否归咎于文庙选址。据统计，文庙“选址以东最甚，次之为东南、西，再次乃处于一个数级的南、东北、北、西南，而西北最少。再将之按不同的省份归纳，地域的差异并未明显地波及庙学选址的趋同”。[3]不同于必须向民众开放的衙署建筑，文庙“除春秋二仲日的释奠及每月朔望的释菜外，平日高门深锁；且祭祀之时，普通民众不得参与，呈现出强烈的封闭性”。更重要的是，“按照风水理论，孔庙（或学校类建筑）的选址若背靠主山，面对案山，必然科甲发达”。[4]是故，清代灌县文庙放弃坐北朝南、面向东正街的文昌宫地段，最终回归城市西北、背山面城的玉垒山麓[表2]。

目前城中衙署建筑早已无存，城隍庙和文庙经修缮、重建成为游览景点，但是其形制、功能并没有向城市辐射，与城市空间缺少互动。

1　滨岛敦俊．朱元璋政权城隍改制考 [J]．史学集刊，1995（4）：7-15．
2　高俊飞．明清江南地区城隍庙建筑研究暨南京浦口城隍庙修缮设计 [D]．南京：南京工业大学，2016．
3　沈旸．垂教于世：中国古代地方城市的孔庙 [J]．书摘，2015（2）：47-50．
4　沈旸．东方儒光：中国古代城市孔庙研究 [M]．南京：东南大学出版社，2015：268．

表 2　灌县县署、城隍庙、文庙传统形制与现状		
	清代	现状
衙署		
	清康熙五年（1666）重建的灌县知县署位于城市正中临东正街，沿中轴线布置四进院落，方位大致坐北朝南，垂直于岷江内江。水利同知署紧邻知县署西侧布置，二者并列，共同构成灌县古城的世俗权威所在	民国以来，知县署依然沿用，作为政府驻地，直至 2008 年大地震中损毁后闲置，现为景区停车场。而水利同知署在民国时期迁至伏龙观，原址仅存零星遗迹，震后重建水利府，位置移到原址西侧，功能也置换为餐饮和会所
城隍庙	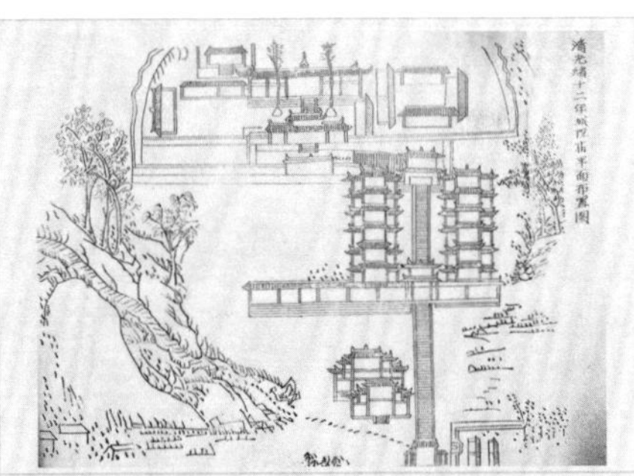	
	灌县城隍庙始建时间不详，清初就有民众在玉垒山下设坛祭奠城隍，雍正三年（1725）有出家人主持祭祀城隍的事务，乾隆四十七年（1782）住持道士张来翕“庀材鸠工，大兴土木，重建殿宇”，光绪三年（1877）城隍庙遭遇火灾，次年由知县陆葆德主持重建	现状城隍庙位于玉垒山南麓，背山面城，由上区的城隍殿、娘娘殿、老君殿等，以及下区的十殿构成，建筑群顺应山势呈“丁”字形展开，基本保持了清代形制和格局。自城内拜谒城隍，须沿约 30 米长的阶梯一路上行，两侧十殿跌落布置，飞檐重重，予人的敬畏感不言而喻
文庙	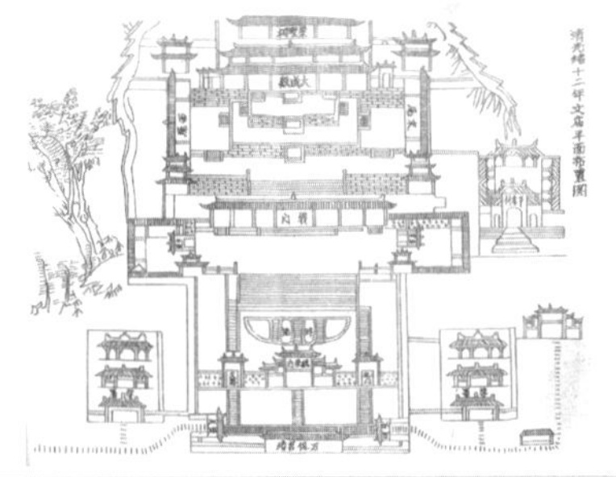	
	灌县文庙“在城西北金龟山麓，系五代时旧址。明洪武初改建城东，即今文昌宫”，清康熙二十七年（1688）“知县聂有吾仍迁还旧址”，“乾隆二十五年（1760），庙左文笔山建魁星阁”，同治十一年（1872）学署也迁建于文庙附近，共同构成灌县最高学府和文运中心[1]	民国十八年（1929）文庙原址设立初级中学，沿用至 2008 年。大地震中文庙受损严重，学校迁出，文庙得以按清朝形制恢复并开放参观

根据《灌县志》等资料整理

1　庄思恒等修，郑珶山纂．增修灌县志 [M]．光绪十二年（1886）．

3 要素关联性的重构

从上述要素在现状城市空间中的位置可见，在城墙范围内，三大职能建筑基于礼制、风水和自然，形成三套不同朝向的空间网格[图3]。复杂的城市形态和肌理在自然山水与人造网格的交织和互相作用中逐渐形成、演变。更进一步，古城要素与构成水利工程的鱼嘴、离堆、二王庙，以及松茂古道上的重要资源节点，以其内涵的文化和社会属性相互关联，形成礼仪、商业等文化活动路径，城市功能在此基础上运转。空间与文化两个方面的关联性是认识古城和堰区共生的整体性文化景观的重要基础。

三套街巷空间网格

县治图中以连接要素的虚线表示街道，根据《光绪增修灌县志》记载，清末灌县城内共有 14 条街道和 6 条巷子，街巷的命名和方向都与上述要素密切相关。1949 年后城内街巷经过多次拓宽，但基本走向变化不大，将街巷肌理与职能建筑的空间轴线叠加，隐约可见 3 套空间网格：

（1）知县署和水利同知署门前的东正街、二者之间的井福街、东侧的大官街和武圣街顺应衙署的轴线方向，形成第一套空间网格；由于衙署在功能和空间布局上的中心地位，以及东正街作为城市主轴的结构性作用，这套网格也影响了东正街两侧大多数街巷的走势和建筑肌理，构成城市空间形态的主干。

（2）文星街垂直于文庙中轴，并影响到附近北正街等街巷的走势和肌理，形成第二套空间网格，主要影响城市北部片区。

（3）城隍庙顺应山势布置，轴线与东正街呈 270° 相连，也成为东正街尽头的对景；此外，自然山体和水系也影响到城市西南滨水区域以及杨柳河沿岸部分街巷走势[图4]。

基于自然和礼制的 3 套网格系统叠加，形成明清古城复杂的空间结构和城市肌理，并延续至今。

四种传统活动路径

灌县主要的传统活动包括开水大典，城隍庙、文庙拜祭等礼制活动，以及沿松茂古道等聚集的各类集市和商业活动等[表3 图5]。这些活动路线串联起灌县古城、水利工

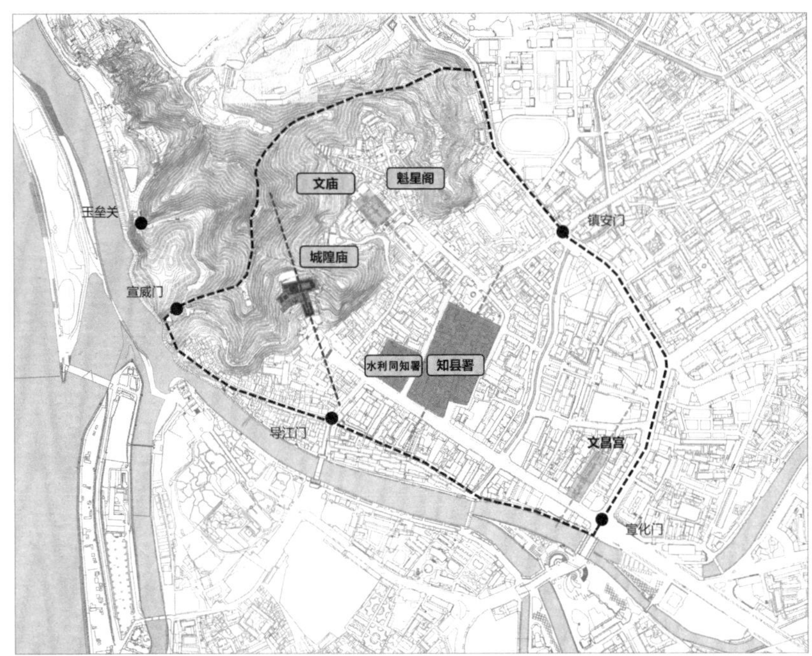

图 3　灌县古城要素选址及朝向

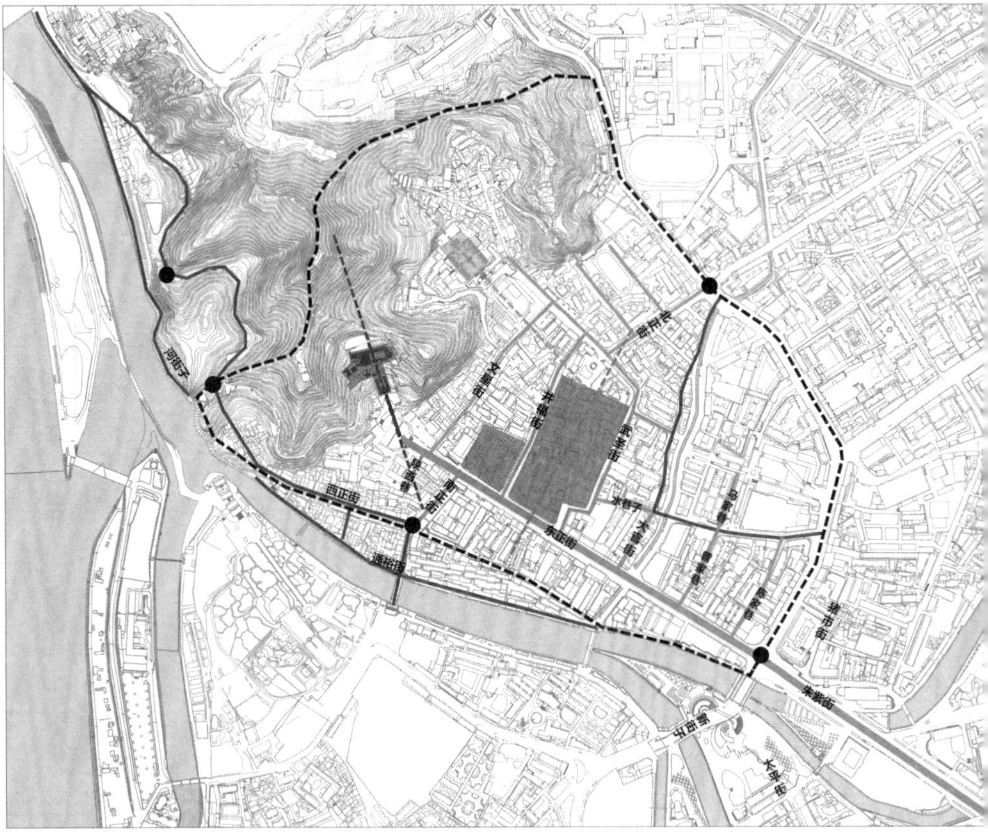

图 4　灌县古城空间网格叠加

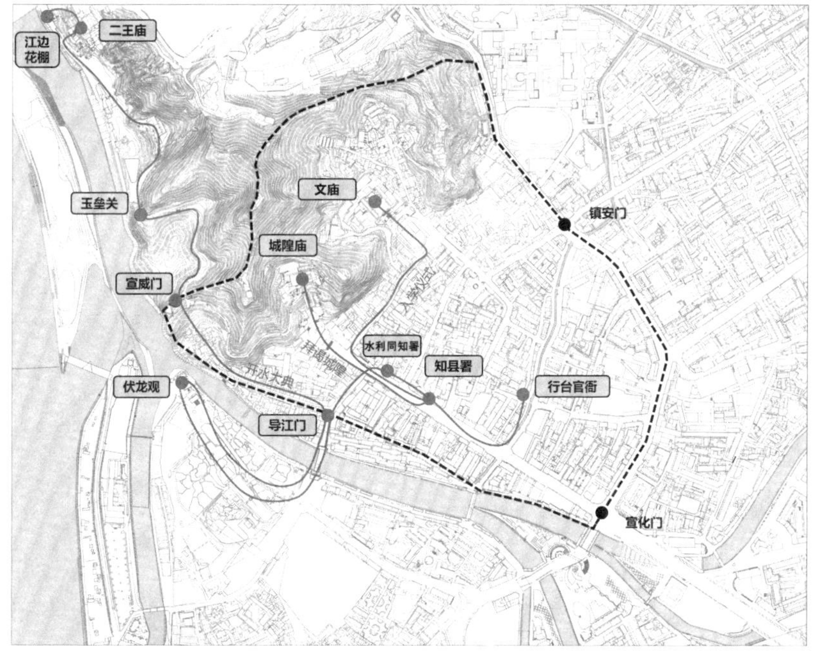

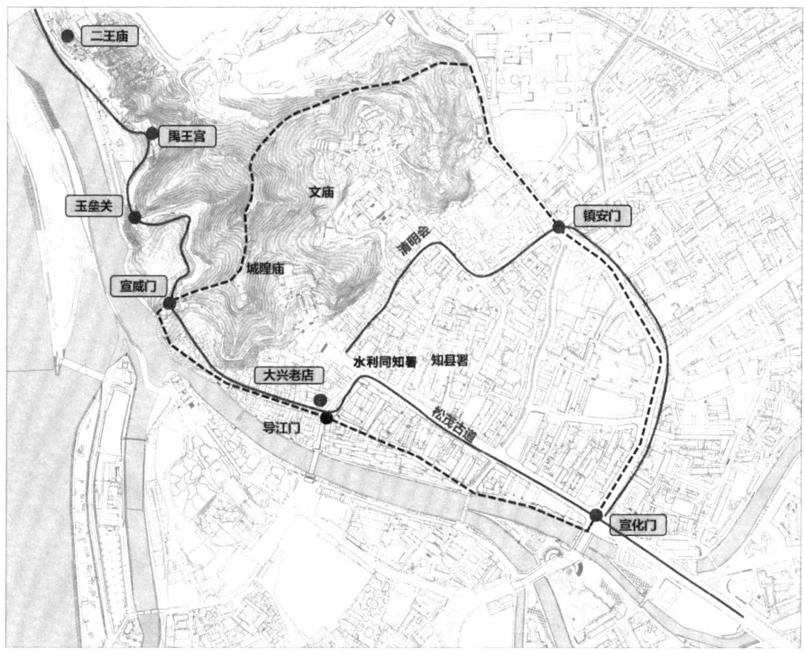

图 5　各类集市和商业活动（上）传统文化活动（下）传统商业活动

表 3　都江堰传统活动内容和路径		
传统活动	活动路径	活动内容
开水大典	行台官衙—知县署、水利同知署—导江门—伏龙观—导江门—宣威门—玉垒关—二王庙—江边花棚—宣化门	清代“祀水”大典：四川总督、巡抚等提前一日从成都出发，至郫县祭奠望帝和丛帝，当晚到达灌县古城，下榻在大观街的行台官衙。大典当日，在水利署同知和知县陪同下，由南门出城，先经伏龙观祭奠李冰，再返回南门，沿玉垒山古道出西门和玉垒关，到二王庙和堰功祠拜祭，最后才到江边花棚内祭河伯，宣布开水。开水后，主祭官需要立刻上轿，以最快的速度赶回成都。而百姓看完开水，则进城赶清明会
拜谒城隍	知县署—东正街—城隍庙	自明代起，拜谒城隍是地方官员到任后的首要任务。《灌县志》关于新官到任的规定：“到任之时，预期齐宿城隍庙，至日五鼓衣蟒衣行一跪三叩头，礼祭神舆神誓，然后赴县拜仪门毕入宅祭宅神……”明中期以后，由于地方官府的懈怠，城隍庙的民间信仰活动逐渐展开，而原本的官府祭祀也渐渐转变为“官民共享”的祭祀形式，甚至完全被民间祭祀所替代。在民间祭祀过程中，大量的人流促使其周边逐渐产生了供市民交易的商业场所。城隍庙的功能也从单一的“祭祀场所”转变为“祭祀+商市”，其周边也逐渐形成了一个特殊的商业节点[1]
入学仪式	学堂—知县署—东正街—文星街—文庙	清末，新生到学后，需择吉日赴县堂行礼。知县公服升坐，新生叩见毕，由知县领新生到明伦堂，请教谕训导。然后，由教谕训导领新生拜谒孔庙，行三跪九叩礼，再赴讲堂，宣读学规
古道贸易	宣化门—大兴老店—宣威门—玉垒关—禹王宫—二王庙	松茂古道始于灌县老城西街，是成都平原与西部松潘、茂县相连的唯一通道。西街口曾经的“大兴老店”，是专门接待岷江上游茶马贸易客商的客栈，也是都江堰最大、最著名的骡马店。成都平原盛产的粮食、布匹、茶叶等从西街街口沿石阶上行，出宣武门，经二王庙前石路，一路西行出灌县。来自藏区的骡马、毛皮、药材等则沿东正街出宣化门，经灌（县）成（都）驿道等五条平坝区古道，进入成都平原。还有清明会、春台会等传统集市沿文庙街、北街、朱紫街等布置

根据《灌县志》等资料整理

1　沈旸．东方儒光：中国古代城市孔庙研究．268．

程以及松茂古道内的各类要素，其中包含的社会属性和人文价值也是文化景观的重要组成部分。对这些传统庆典仪式和商业路线的挖掘和再现，有助于都江堰市“城堰一体”的整体城市形象和遗产价值的提升。

通过灌县古城内要素及其关联性的重构可见，要素及其连线构成的路径是传统城市形态和城市活动的重要影响因素。目前，古城内部分要素，特别是结构性的空间格局得以保留；但是各要素相互独立，依托要素展开的传统城市职能和文化、商业活动也大多不复存在。由于对传统城市空间形态、城市活动的忽视，入遗效应和灾后重建双重影响下的古城规划和建设在业态、肌理、风貌等方面趋向统一，抹杀了传统城市形态和功能的多样性，古城价值以及“城堰一体”的整体性文化景观体系都没有得到充分展现。

4 文化景观整体呈现

传统地图和历史文献中记载了古城内外各类自然和人文要素，这些要素及其之间的关联性是古代城市营造和运转过程中的重要参照物。对上述诸要素在当前城市空间中的重新落位，以及朝向、布局等特征与历时演变过程进行分析，有助于城市整体结构和形态特征的认知和解读。将要素之间的空间和文化关联进行叠加，可以建立都江堰“城堰一体”整体性文化景观的基本结构，该体系的建立也对城市规划和设计提出了预期[图6]。

古城再生与活化

目前都江堰市在创建国际性旅游城市过程中遇到的主要问题是游览活动集中在都江堰景区，以半日游为主，游客很少停留。如何推动灌县古城与世界文化遗产——都江堰景区接轨并使两者互相促进，在保护古城传统形态特征的同时，促进旅游、居住、文创、商业等多种城市功能混合发展。基于上述城市要素及关联性的演变和叠加研究，本文就都江堰市总体城市设计中古城再生与活化提出如下建议。

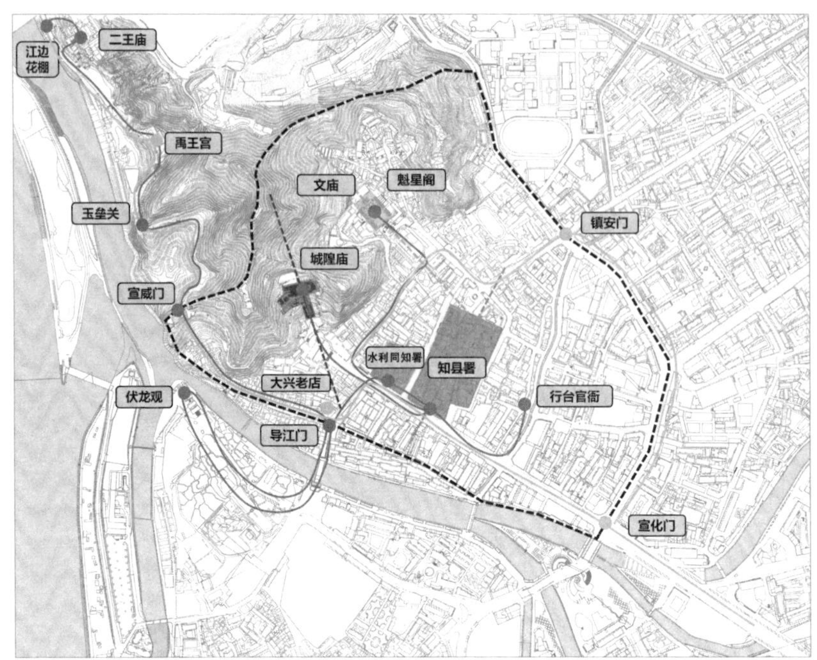

图 6　整体文化景观基本结构要素及其关联性叠加

（1）城墙是古代城市防御和凸显国家权力的重要设施，同时限定城市轮廓，展现城市与山川地势结合的边界特征。目前灌县古城墙基本无存，只能依靠山、水、城市环路辨别古城边界。为增强古城可识别性，建议沿城墙遗址形成文化展示空间，一方面结合现状公共空间，在城门旧址处打造历史文化节点；另一方面以多种形式的视觉标识展现城墙走势，讲述城墙的兴衰变迁。

（2）作为古代城市形态和职能的中心，各种文化和商业活动在知县署和水利同知署交汇，建议对相关建筑群进行必要的空间标识，并引入适当的文化功能，以此为基础重新设计开水大典及城隍庙、文庙的祭祀活动路线，将目前仅在景区内举行的庆典活动和游览人群引入古城。

（3）由西街通向宣威门的松茂古道起始段，是开水大典和松茂古道贸易交流的重要相关段落，现已不存。建议重新疏通这段路径作为游客进出景区的主要出入口，以这一重要的游览、商业和仪式路线连接景区和古城。

基于"城堰一体"整体文化景观结构的空间路径梳理和文化活动设置，一方面能够有效提升古城定位，促进古城再生与活化，恢复都江堰水利工程与古城的互依共生

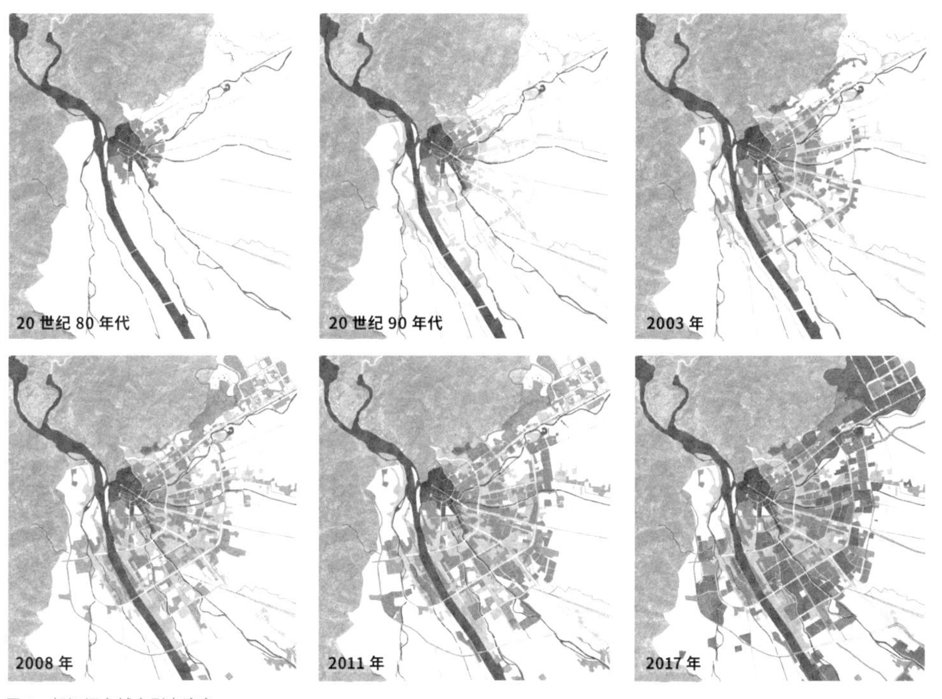

图 7　都江堰市城市形态演变

关系；另一方面也将促进传统城市活动与现代文创、旅游产业相结合，使游览线路由景区扩展到古城，留住游客，推动国际性旅游城市建设。

新城扩张与控制

将视野拓展到都江堰新城区域的发展和建设。自民国时期开始，城市发展逐步突破城墙限制，沿水系和道路延伸；20 世纪 90 年代陆续修建放射状主路和两条环线，建设用地沿道路两侧发展；2000 年都江堰市总体规划中提出“城市沿水系和主要放射道路呈手指状发展”的规划控制原则，至 2003 年一环内的城市用地基本填充完成，一、二环之间城市用地沿水系、道路线性发展；2008 年大地震之后，新城建设提速，城市建设范围不断呈扇形扩张，建成区域与山体、水系、农田之间的关系愈发模糊（图 7）。

回顾传统地图中描绘的城市与自然的关系：邛崃、龙门山脉护卫城市东、北两翼；岷江水系经水利工程一分为二，经内江再分为四，呈辐射状灌溉成都平原；松茂古道自松潘、茂县通至灌县古城，由宣化门出城，分为 5 条平坝区古道，通达成都、彭县

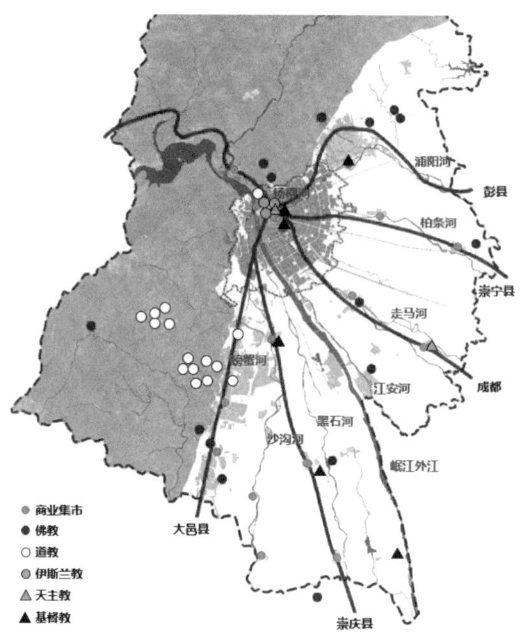

图 8　都江堰市域范围内明清时期的市集城镇和宗教建筑分布

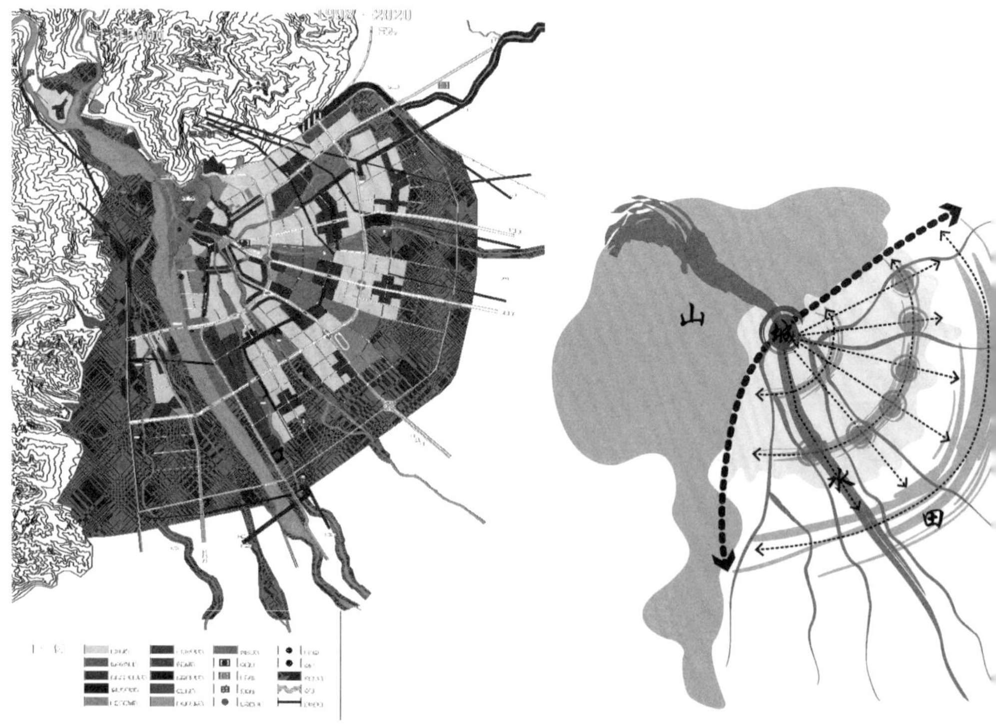

图 9　2000 年都江堰市总体规划

图 10　都江堰市总体城市设计思路

等地；市域范围内各类市集城镇、宗教建筑分散布局在水系和古道沿线[图8]。这种结合自然环境的城市营造理念在 2000 年都江堰市总体规划的“手指状发展”原则中得到了很好的体现，在 8 个城市组团之间沿水系和道路设置楔形绿地，既改善城市的环境质量，又防止城市连片发展。

基于传统营造理念和 2000 年版总体规划[图9]，本次总体城市设计提出“天府开源，堰分九水，羽扇串珠，青绿灵秀”的设计目标，以“天府之源”的历史文化资源和“山水城田”的自然特质为基础，对山城边界、城田边界、水绿廊道、重点区块提出控制和引导要求，塑造“山为扇柄，水路为骨，一核多点，城田相容”的羽扇形城市形态[图10]。

5 结语

在入遗效应和灾后重建的双重影响下，都江堰古城的历史地位和文化价值没有得到深入发掘和有效保护，相反，由于不恰当的功能定位和片面追求短期效益，古城形态与城市职能都遭受了不同程度的破坏。这也是国内不少历史文化名城和历史文化街区保护与再生工作的通病。

中国古人在传统城市营造中秉持的人与自然和谐共生的价值观与文化景观、城市历史景观视角下的整体性景观方法非常契合。在都江堰的案例研究中，本文尝试回归传统，从历史地图和文献记载出发，梳理城市内外各类要素及其关联性，重新建立“城堰一体”整体性文化景观体系，并为城市设计提供有效的思路和建议。这种从历史要素出发的方法体系，不仅可以更好地发掘并展示世界文化遗产和历史文化城市的互依共生关系，提出联合保护和发展的要求，也能够最大化遗产价值，为城市发展注入新的活力。

利用操作

中国「20 世纪遗产」保护再利用中的「前策划」与「后评估」：以建筑师介入的视角

基金资助：国家自然科学基金重点项目（52038007），主持：孔宇航；国家社会科学基金研究专项项目（20vmz008），主持：张彤。原文刊载：蒋楠、沈旸《中国「20 世纪遗产」保护再利用中的「前策划」与「后评估」：以建筑师介入的视角》，《建筑师》2020 年 10 月（总第 207 期）。

近半个世纪以来，随着现代遗产运动的进步与发展，遗产的“时间认同”亦在发生变化，其数量与类型也在不断扩展之中[1]。在此趋势下，建筑遗产在一定程度上已跳出“越老越珍贵”的禁锢，转而去发现和挖掘“真实的、特别的存在过程”以及“历史的记忆”，“20 世纪遗产”[2] 正得到越来越多的关注，而对于它们来说，绝不可能简单套用我国既有的遗产保护对策，应在不影响其多元价值的前提下进行活化利用并使其融入当代生活，这也是当前中国遗产保护工作亟待应对的新问题。

1 建筑师：成为执行主体的可能及其技术路径

“20 世纪遗产”是城市化建设的重要帮手与特有形式，它不仅是反思并记录 20

1　张松．20 世纪遗产与晚近建筑的保护 [J]．建筑学报，2008（12）：6-9.

2　“20 世纪遗产”顾名思义是以时间阶段进行划分的文化遗产集合，包括产生于 20 世纪的不同类型的遗产。国际社会关于 20 世纪遗产的详细定义以及甄别方法的探讨仍在继续，尚未形成明确的理论成果，但是对于 20 世纪遗产的保护实践早已迫在眉睫。本文的研究主要聚焦于 20 世纪建筑遗产。

世纪社会发展进步的轨迹的度量，更是当代建筑师创作实践的文化坐标[1]。对20世纪遗产的保护，已不再局限于传统的文物保护领域，更需要全社会，特别是建筑师和规划师的倾力参与[2]。2010年“UIA第四区（亚澳地区）建筑遗产保护国际会议”上达成的《西安共识》亦指出：在快速城市化进程中，建筑师对建筑遗产的保护和传承肩负有不可推卸的责任；我们应以创造性的设计联系起历史与未来，使我们的建筑创作深深地扎根于地域文脉；我们也认识到建筑文化总是在发展的，建筑文化的传承蕴含在建筑的创造之中[3]。

长期以来，包括文物建筑修缮加固及保护规划、历史城市历史地段保护规划等内容的遗产保护工作，多由具备遗产保护设计资质的设计院所以及开设遗产保护专业的高校及科研机构来完成。但事实上，一方面这些科研院所的数量并不算多，且其业务多已处于饱和状态，另一方面，需要进行保护利用的20世纪遗产日益增多，如果仅仅依靠这些科研院所来应对广义遗产的保护利用工作，势必并已显捉襟见肘。在此情形下，很多之前专注于新建项目的建筑设计单位也积极投身于遗产保护实践之中，甚至还专门下设了遗产保护部门，设计院最主要的专业群体——建筑师也深度介入到遗产保护与活化利用的工作之中，也越来越有主动权去完成社会赋予他们的责任，去重塑社会认同感[4]。

放眼世界，其实这一趋势早已十分普遍，不仅不乏专注于遗产保护再利用工作的设计事务所，甚至于很多耳熟能详的知名建筑师，如卡洛·斯卡帕（Carlo Scarpa）、伦佐·皮亚诺（Renzo Piano）、拉斐尔·莫内欧（Rafael Moneo）等，其赖以成名的作品大多数都是遗产保护利用的绝佳案例。

那么，建筑师如果可以成为20世纪遗产保护再利用工作中的执行主体，其可兹参照的技术路径是什么——“前策划”与“后评估”。它们作为建筑全生命周期闭环中一首一尾两个重要环节，在以往国内建筑师的工作中常常被忽视，存在“掐头去尾”且无法与国际接轨等情况。庄惟敏等在《建筑策划与后评估》[5]中提出了“前策划—后评估”的理念与方法，试图从改善设计程序、实现以人为本的城市发展目标，以及改进行为反馈和树立标准等角度，形成建筑流程闭环的整体机制。该书作为2018年全

1 单霁翔．20世纪遗产保护的发展与特点[J]．当代建筑，2020（04）：11-13.

2 陈同滨．建筑师与20世纪遗产及其保护的关联[J]．世界建筑，2008（07）：12-15.

3 西安共识——亚澳建筑师在建筑遗产保护中的责任[J]．建筑与文化，2010（10）：6.

4 安娜·托斯托艾斯，奥尔伯特·杜博勒，刘克成，等．保护现代建筑遗产是建筑师肩负的社会责任[J]．城市环境设计，2013（12）：240-241.

5 庄惟敏，张维，梁思思．建筑策划与后评估[M]．北京：中国建筑工业出版社，2018.

国注册建筑师继续教育的必修教材，在建筑师群体中得到日益广泛的关注。

在工程项目“建筑师负责制”开展试点并逐渐成为可能的背景下，在建筑师们逐渐开始运用策划与评估的一系列理念方法，对项目设计质量与建成环境品质提出更高要求之时，20 世纪遗产保护再利用作为一类特殊的工程项目，是否也可作类似借鉴，在遗产现状评估及价值评估等目前已广受重视的基础上，补足前后两端的短板，发挥前策划与后评估的优势，进一步提升遗产再利用工作的科学性与系统性呢？

将“前策划—后评估”作为 20 世纪遗产再利用工作的技术路径之一，其实针对的正是建筑师作为遗产再利用执行主体时面临的种种现实问题。概而言之，这些问题主要包括：

一是建筑师缺乏遗产保护的相关经验。大部分建筑师在进行遗产再利用设计之前主要从事新建建筑设计与增量规划设计，因此在遗产保护领域的知识储备与专业经验明显不足，对遗产保护利用的基本流程也不够了解，这就容易导致“设计性破坏”的发生。

二是缺乏有效的操作流程指引。建筑师面对这样一个不甚熟悉的领域，无法按部就班地按照既定的操作流程与技术规程进行工作，仍然倚重其经验与直觉，再利用工作缺乏科学性和系统性。

三是工作效率有待提升。从审查机制来说，建筑师完成的遗产再利用方案一般将提交规划管理部门进行评审讨论，一些方案在遗产保护专家眼中或是违背了保护原则、破坏了遗产价值，或是操作性欠缺、在现有条件下无法实现，于是方案会反复修改而难以通过，这就导致效率低下并阻碍了遗产保护利用工作的顺利实施。

四是我国现行的遗产保护法规标准中对保护的重视远大于改造及再利用，其评判标准对于需要动态更新的 20 世纪遗产往往并不完全适用，建筑师、城市规划管理者、项目业主等相关方在遗产再利用项目完成之后，也缺乏一套全面、系统的后评估体系来检验项目各项目标的完成程度和再利用的最终效果，通常对照的仅是建筑工程竣工验收标准等，这类纯工程技术的硬性指标显然无法覆盖遗产再利用中涉及的历史、文化、功能、空间、艺术、环境、经济等诸多方面。

正如朱光亚[1]所指出的：在 20 世纪建筑遗产保护与利用工作中，国际上既有宪章、宣言、文告，还有行动指南，各个国家还有具体的技术规范，我国不仅仅需要发宣言，还要按照宣言的精神制定操作性规则。遗产保护处置措施的前提是对遗产建筑本身的

1　朱光亚．20 世纪建筑遗产保护和利用工作要急迫解决的几个问题 [N]．中国建设报，2012-08-31（3）．

历史价值、现状安全质量等有清晰的了解或有正确的评估结论，但是大部分建筑及规划专业的人士不具备这类知识，在这种情况下必须通过引入其他专业人士的学科交叉的方式，以及至少是通过对典型遗产的剖析得出的具体方案的提炼，才可能得出有意义的处置措施。

在 20 世纪遗产再利用工作中尝试“前策划—后评估”的技术方法与“闭环流程”[1]，为建筑师提供一整套清晰完整的操作流程与技术规程，无疑将利于遗产保护再利用工作效率与品质的进一步提升。如果说“前策划”是为科学的再利用决策提供保障，“后评估”则是对再利用结果的适用性及合理性进行探讨与评判。

2“前策划”指引利用：设计流程及其决策思维

基本程序

雷姆·库哈斯（Rem Koolhaas）在其《保护正在成为我们的压倒性关切》（*Preservation Is Overtaking Us*）一书中告诫建筑师，遗产保护正从一个追溯性的活动转变为前瞻性的活动[2]；其在 2016 年美国建筑师协会（AIA）年会上与莫森·莫斯塔法维（Mohsen Mostafavi）的访谈中也曾谈及对“保护”（preservation）问题的看法：保护的美妙之处就在于你从已经存在的事物开始，从定义上讲，保护性工程是对早期文化和状态的一种致敬，同时为之增加新的维度、新的功能、新的美或者说感染力[3]。其实，这正是一种典型的当代建筑师对待遗产保护的思维方式，再利用即是为遗产注入“新的维度、新的功能、新的美或者说感染力”的最佳方式，而遗产保护的“前瞻性”则需要充分的前期策划工作予以支撑。

---

1 庄惟敏，张维，梁思思. 建筑策划与后评估.

2 陈曦，张鹏. 为什么我们仍然要阅读里格尔？——关于构建建筑遗产价值体系的反思 [J]. 华中建筑，2018, 36（12）：1-5.

3 知乎光明城思想专栏. 王骏阳：我更愿意将库哈斯视为建筑界的福柯，而不是当今的柯布 [A/OL].（2018-04-13）[2020-11-15]. https://zhuanlan.zhihu.com/p/35628349.

“项目策划之父”威廉·M. 培尼亚（William M.Pena）在《建筑项目策划指导手册：问题探查》（*Problem Seeking: An Architectural Programming Primer*）一书中详细地介绍了建设项目策划的基本理念、原则与工作方法，通过大量的一手资料展示项目策划的全景，并与建筑师思维实现了良好对接。书中提出的策划的“五步法”对建设项目的策划工作具有指导意义，即对于常规建设项目而言，在实施之前需经过一系列策划程序，一般包括五个步骤：①建立目标；②收集和分析相关事实；③提出并检验相关理念；④决定基本需求；⑤说明问题[1]。而 20 世纪遗产的保护利用项目作为一种特定类型的建设项目，也遵循类似的程序，但在具体内容与要求上会更为严苛和明确，具体如下：

（1）建立目标:业主、使用者及公众想通过再利用实现的诉求，更新改造的类型，更新改造后的使用要求与功能安排等。

（2）调研分析：建筑师掌握的信息（区位特征、建筑现状、价值特色、再利用潜力等），业主提供的信息（基础资料、任务要求、原始图纸等）。

（3）提出概念：业主、使用者及公众欲实现的更新理念与设想（包括城市与建筑的关系、外部形态特色、内部空间与景观环境等）。

（4）确定需求：再利用项目的容积率、面积等技术指标，项目资金预算，空间质量要求，功能活动要求等。

（5）阐明问题：再利用应遵循的策略与方向，更新改造预期采用的技术方法，限制更新设计的主要因素等。

决策对接

事实上，遗产再利用项目的实施过程始终伴随着决策行为的发生，而项目策划工作也与设计决策直接相关，根据项目策划中的决策明确符合要求的方案，减少替代方案，设计问题将进一步简化，而建筑师在其熟悉的决策思维指引下工作效率也将得以提升。20 世纪遗产再利用项目策划中涉及的决策问题包括功能决策、形式决策、经济决策以及时间决策等四个方面[表1]。

1　威廉·M. 培尼亚，史蒂文·A. 帕歇尔．建筑项目策划指导手册：问题探查 [M]. 王晓京，译．北京：中国建筑工业出版社，2010.

表1　20世纪遗产再利用项目策划中对应的决策问题			
功能决策	形式决策	经济决策	时间决策
A. 制定改造项目目标（改造后的新功能）	H. 设计的创造性和完善度（想象、创造性、标志性）	O. 合理的维护与运营（建筑的全寿命周期）	V. 历史和文化价值的维护（重要性、连续性、代表性）
B. 确立总体改造概念（功能提升与再利用）	I. 新旧关系的清晰表达（和谐或是对比）	P. 改造投资回报（投入产出比）	W. 材料与技术创新（新材料、新技术）
C. 空间的改善优化策略（功能与空间的关系）	J. 整体形式的全面表现（完整性、表现力、可塑性）	Q. 在平衡预算的条件下切合实际的改造方案（成本控制）	X. 具体活动的固定空间场所（静态活动）
D. 交通与流线组织（流线、出入口、方向）	K. 对场地自然条件的回应（自然的、人文的、美学的）	R. 最少的资源和最大的效果（资源效率与可持续更新）	Y. 适应功能变化的可变空间（动态活动）
E. 设想空间满足度（有计划的和无计划的）	L. 心理健康环境（统一、变化、色彩、尺度）	S. 适宜性技术应用（地域性、适应性、经济性）	Z. 预留发展条件（扩展性）
F. 对用户物理需求的满足度（舒适、安全、便捷、私密）	M. 新旧交接部分的形式设计（楼地面、顶部、细节）	T. 节能减排效果（能源效率、环保技术）	Z1. 确立长效更新机制（可持续的更新）
G. 对用户社会需求的满足度（互动、卫生、归属感）	N. 与城市环境的有机关系（顺应融合与特征表达）	U. 环保建材应用（生态、再生材料）	Z2. 时序安排与分期实施（优先次序、分期步骤）

流程指引

建筑师深化推进20世纪遗产再利用项目工作时，在遵循基本程序的基础上，为了更好地解决上述四方面的决策问题，还需要一套全面细致的流程指引[表2]。根据项目推进的典型步骤，可以将遗产保护再利用这样一个复杂的系统工程进一步细化分解为一个个目标指向明确的技术要点，并参照决策问题的类型分为功能、形式、经济与时间四个方面。于是，改造再利用方方面面的各项工作可以被分解为多个层次清晰、要求具体的“执行单元”，更有利于那些原本并不熟悉或不擅长遗产保护工作的建筑师等专业人员的整体把握，按部就班地开展相关工作，从而最大程度减少主观因素对决策的影响，增强保护利用的客观性。

表 2　20 世纪遗产再利用项目策划流程指引		
	功能	形式
建立目标	1. 理解遗产再利用的原因和动机； 2. 明确改造后的功能类型、质量等级、安全防控目标等； 3. 明确空间属性，包括公共性与私密性的划分； 4. 明确内部功能组织、流线安排、交通停车以及功能效率目标； 5. 明确需要满足的法规、规范、标准、章程	1. 明确对场地及周边现有环境的态度； 2. 调研与改造再利用相关的土地使用政策、上位规划以及与城市的关系； 3. 明确使用安全问题（结构加固、使用安全等）； 4. 明确遗产再利用体现的外部形象特征及标志性； 5. 明确遗产再利用的内部空间优化目标
调研分析	1. 根据改造前后的功能对比，评估空间使用与人员数量和活动的关系； 2. 分析面积指标，确定改造方式（室内改造、增层、扩建等）； 3. 评估现状建筑残损、变形、病害特征； 4. 分析建筑使用者、行人、机动车的不同交通流线需求； 5. 分析业主 / 使用者的行为模式与使用需求	1. 分析场地条件与建筑现状以决定改造后的建筑轮廓、形式、景观、出入口、公用设施、体量面积等； 2. 分析温度、湿度、降水、日照、风向等地域气候特征，确定适宜的环境改造策略； 3. 评估场地周边因素以及法规、规划等对遗产再利用的形态影响，如限高、退让等； 4. 分析评估空间形态优化的可能性
提出概念	1. 确定新旧关系的处理方式，理顺内部优先次序； 2. 提出用于建筑改造、结构加固、防护减灾等的安全措施； 3. 研究建筑可达性提升策略，包括内外交通、流线标识、便捷性等； 4. 明确在改造中功能与空间的优化方式，包括公共空间、交通空间、休憩空间等	1. 明确需要保留和改造的内容； 2. 明确遗产再利用针对形式的各种限制因素； 3. 根据现状条件确定建筑面向城市的开放共享程度； 4. 研究建筑景观朝向需求，将重要功能空间置于景观面
确定需求	1. 根据功能活动的类型、特点、空间和使用要求等确定详细的面积分配表； 2. 确定场地环境景观设计、交通停车、设施配套等要求； 3. 确定遗产再利用功能提升的细节要求	1. 研究建筑改造形态的总体特征、风格意向等； 2. 明确建筑拟容纳的各项活动的空间类型和使用特点，使之与改造升级的质量要求相一致
阐明问题	1. 说明特殊的遗产再利用和功能提升要求，以满足业主 / 使用者 / 公众等的使用需求； 2. 说明特殊的建筑性能要求，以满足主要活动的开展，并适应内部的空间组织关系	1. 提出并明确场地内对建筑改造形态具有重要影响的因素； 2. 明确对遗产再利用具有重要影响的环境景观因素

续表		
	经济	时间
建立目标	1. 明确改造资金预算； 2. 调查最大资金回报率目标； 3. 与新建相比，明确改造的经济效益预期； 4. 明确节能减排以及维护运营等成本目标； 5. 明确优先考虑全寿命成本还是初始成本； 6. 明确业主对改造可持续性的要求与目标	1. 明确管理者、业主、公众等对建筑遗产保护的态度和要求； 2. 明确管理者、业主、公众等对遗产再利用更新效果的预期； 3. 明确业主希望改造完成的时限； 4. 明确改造更新过程的分期实施时序以及各时期资金需求的目标
调研分析	1. 了解各项改造投入（功能变更、生态节能、设施更新、污染治理、环境升级等），试确定单位造价和总体预算； 2. 探讨新的能源使用方式的可能性，如太阳能等； 3. 在全寿命周期内分析建筑损耗水平，评估遗产再利用后的运营成本； 4. 评估市场分析报告，考察改造项目的效益预期与可操作性	1. 充分阐述现有建筑和周边环境在历史、社会、文化、审美、情感等多方面的价值； 2. 比对原先功能与改造功能在空间尺度、面积、体量、氛围等方面的差异性，确定改造内容与重点； 3. 以动态更新的方式进行功能预测，保证一定的功能适应性和灵活性； 4. 提出改造项目实施全过程的可行进度表
提出概念	1. 在评估相关客观条件的基础上对成本进行实际测算； 2. 评估时间–使用因素，通过空间合并重组提高灵活性与适应性； 3. 提出节能环保措施，确定其对改造设计和成本的影响； 4. 提出降低成本同时又实际有效的改造方案	1. 提出对建筑遗产的保护利用概念，以适应新的功能与活动； 2. 强调改造中的可变性，适应将来建筑可能发生的变化； 3. 强调改造中的可扩展性，以满足将来建筑更新的需要； 4. 根据时间和资金的限制条件，考虑分阶段实施改造过程
确定需求	1. 分析改造成本评估报告，检验其全面性和真实性； 2. 在空间要求、预算和质量之间建立平衡； 3. 评估能源预算、运营成本概算、可持续性等级、全寿命成本报告（如有需要）等	1. 确定一个切合实际的改造建设进度表； 2. 评估成本调整系数的可靠性，以涵盖项目策划和施工期间的时滞影响
阐明问题	1. 明确预算对建筑改造形态的影响； 2. 明确运营成本在遗产再利用决策中的重要程度； 3. 比照改造与新建的投入产出比，确定改造策略	1. 说明历史与人文环境对遗产再利用的具体影响； 2. 评估建筑功能退化机制，在全寿命周期内考虑对建筑改造更新的影响

注　表 2 根据（美）威廉·M. 培尼亚、史蒂文·A. 帕歇尔《建筑项目策划指导手册：问题探查》中的相关资料进行整理和修改，其余图表均为作者绘制。

3“后评估”跟踪利用：设计优化及其评价反馈

方案优化

在 20 世纪遗产实施保护再利用的过程之中，对其利用策略、设计方案、技术手段、建设时序、施工进程等进行跟踪式调查和评价，目的在于帮助建筑师对改造再利用全过程进行有效掌控，发现问题随时进行调整。

如建筑师在进行设计方案后评估时，需要根据该建筑遗产的价值指标与现状情况来确定保护利用的干预层级以及改造再利用的具体方案。具体而言，从修缮维护到允许适当新材料、元素的运用，从内部设施更换到整体空间更新，从保护为主到引入新功能进行适应性再利用等，设计的可能性与灵活性逐渐提高，其对应的设计评估难度与深度也会随之增加。技术评估与设计评估相比则相对较为客观，这需要根据项目当时的社会经济与技术发展条件来对实施的具体技术方案作出审慎评估，选出技术操作性较强、相对经济高效、对原有建筑及环境的负面影响较小的技术手段，并在后期实施过程中通过跟踪评价来及时反馈并调整优化，以确保项目的顺利推进。

评价反馈

当遗产再利用工作完成以后，还需要对更新改造结果及其影响进行衡量、检验和评判，这属于“使用后评估”（POE）[1] 的范畴。对建筑师来说，在改造再利用项目完成并投入使用一段时间后进行跟踪回访以及评价反馈，一方面可以通过及时检验项目改造更新后的各项性能与指标，检视改造策略方案的合理性，并提出相应改进措施；另一方面可以对实施应用的具体策略和技术手段进行验证，并通过数据库等手段进行成果归档，有助于有效推广项目成果和经验，并形成开放共享的遗产利用技术交流平台，提升建筑师介入遗产保护利用工作的实践水准。

1　国外自 20 世纪 60 年代之后便开始了使用后评估（Post-Occupancy Evaluation，POE）的研究，代表性人物有普莱塞（Wolfgang Preiser）、齐姆林（Craig M. Zimring）、弗里德曼（A. Friedman）等学者。POE 主要针对经历一段时间的使用后的建筑进行评价，并以功能和日常使用等方面为主要关注点，如涉及房间的布置、室内环境质量、空间使用、安全性、私密性、舒适性等指标。

在评价指标方面，可利用层次分析法（AHP）建立“20世纪遗产再利用后评价指标体系”，其主要的二级指标可分为历史文化延续、公共形象提升、使用功能改善、空间形态优化、艺术审美提升、室内外环境升级、绿色环保改造、经济效益提升[1]等8个方面[表3]。

在指标权重方面，可先对该遗产的功能类别、改造目标、地域差异等进行类型判定，每种类型分别对应不同的权重设置，在评估体系基本不变的情况下通过准则层指标的权重调整来体现不同类型的差异，从而提高后评估工作流程的针对性与合理性。

在评价标准方面，具体制定时应体现因时因地制宜的原则，考虑20世纪遗产的现实状况、人们的功能需求和经济及技术发展水平，在后评估时既需总结出不同地区、不同类型建筑遗产保护利用的共性标准，也应适当体现地域特征、功能类别等方面的差异。

在评估执行层面，保护利用中涉及的不同社会角色和价值主体都会根据各自的价值取向和评判角度，来对遗产再利用后评估工作提出不同的要求，其中难免产生利益的冲突和价值目标的分歧。如建筑师多会关注保护改造理念的完全实现以及功能、技术、美学三者的和谐统一等；城市管理者关注建筑遗产的动态更新、价值延续以及对城市空间与环境的贡献等；使用者期待建筑在改造后实现功能效用及环境景观的全面提升；项目业主期望在一定的预算经费框架内进行遗产再利用工作，同时也希望建筑在改造后更加节能环保，符合可持续发展的时代要求，等等。此时，作为遗产保护利用执行主体的建筑师应协调以上多个角色的矛盾与需求，寻求多方共赢，以保证后评估工作的有效性。

价值实现

近年来，随着20世纪遗产保护日益受到重视，其涵盖的多元价值正在得到不断挖掘和拓展，人们逐渐意识到，遗产价值不仅仅局限于历史、艺术、科学等少数方面，而是呈现出综合化、多元化的趋势[2]；同时，保护再利用进程中以遗产价值为核心和准

1 蒋楠. 近现代建筑遗产适应性再利用后评价——以南京3个典型建筑遗产再利用项目为例[J]. 建筑学报, 2017（08）：89–94.

2 2015新版《中国文物古迹保护准则》提出，文化价值与社会价值也同样是文化遗产所应具备的重要价值。笔者在《近现代建筑遗产保护与再利用综合评价》（东南大学出版社，2016）一书中，也提出了基于适应性再利用的近现代建筑遗产综合价值评价体系，确定了包括历史价值、文化价值、社会价值、艺术价值、技术价值、经济价值、环境价值以及使用价值在内的八大价值指标。

表 3　20 世纪遗产再利用后评估指标体系		
一级指标	二级指标	三级指标
20 世纪遗产再利用后评估指标体系	A. 历史文化延续	A1. 历史信息保留（历史建筑印记、原真性）
		A2. 历史文脉延续（历史人物、历史事件）
		A3. 传统文化传承（文化情感认同、文化多样性维护）
		A4. 地域特征表达（地域性材料、技术、工艺、元素等）
	B. 公共形象提升	B1. 外部公共空间（建筑形态、公共开放空间）
		B2. 内部公共空间（室内形态、公共可达区域）
		B3. 建筑的标志性与识别性
		B4. 公众参与（直接使用或间接参与）
	C. 使用功能改善	C1. 可达性改善（场地交通、内部交通、流线与标识、便捷性等）
		C2. 功能效率提升（布局、出入口、面积、尺度、材料等）
		C3. 使用灵活性提升（动态性、灵活性、可变性、多样性）
		C4. 使用安全性提升（结构安全、构件安全、材料安全、建造安全）
	D. 空间形态优化	D1. 空间的功能置换
		D2. 空间形态的水平调整（水平划分、垂直划分）
		D3. 空间形态的垂直调整（屋中屋、结构重组、立体更新等）
		D4. 空间体验与氛围感受
	E. 艺术审美提升	E1. 外在美（整体和谐、环境宜人、形式美等）
		E2. 内在美（逻辑性、情感与体验等）
		E3. 审美的艺术转化（审美转化、时间变化）
		E4. 新旧关系的审美评价（新旧和谐、新旧对比等）
	F. 室内外环境升级	F1. 视觉与声音环境改善（照明、采光、私密性、噪声、观景等）
		F2. 温度环境与室内空气改善（保温隔热、通风换气、空气质量等）
		F3. 景观品质提升（园林绿化、院落庭院、共享空间等）
		F4. 服务设施升级（水电、暖通、电气、消防、安保等）

续表

一级指标	二级指标	三级指标
	G. 绿色环保改造	G1. 绿色生态改造（自然环境改善、人文环境改善）
		G2. 生态环保建材应用（循环再生材料、建筑垃圾资源化利用等）
		G3. 建筑能耗降低（材料节能、技术节能、设计节能、节水等）
		G4. 适宜生态技术（布局、空间、材质、构造、细部等）
	H. 经济效益提升	H1. 降低造价与保值增值（改造投入产出比、经济分析）
		H2. 节省运营费用（能耗与运营费用降低）
		H3. 增加出售出租收益（改扩建后面积增加获得收益）
		H4. 建筑使用寿命延长（结构寿命、使用寿命）

绳的理念与原则也正在逐步确立。对于 20 世纪遗产来说，其保护策略的形成、利用方案的论证、介入力度的确定、改造技术的运用，以及改造再利用完成后的总结与反思均应以价值评判为标准和依据，价值观念应贯穿其保护再利用的全过程。

从本质上来说，遗产保护再利用的目的也正是为了更好地实现其综合价值，遗产的多元价值能否得到最大程度的保护、呈现乃至提升，成为衡量遗产再利用工作质量与水平的重要标准。在建筑师介入 20 世纪遗产保护再利用的过程中，通过建筑设计与遗产保护的学科互动，引入“前策划”与“后评估”等技术方法，并紧密衔接遗产保护再利用中“价值评估—价值维护—价值挖掘—价值创造—价值提升—价值实现”各环节，有助于进一步发挥跨学科、多专业[1]的协同互动优势，推动遗产多元价值的最终实现。

1 遗产保护研究早已不仅仅局限于历史领域，“再利用”促成了遗产保护维度和空间的拓展，“前策划”与“后评估”的引入不仅体现了建筑历史、遗产保护与建筑设计的学科专业互动，其涉及的内容还延伸到建筑物理环境、景观设计、城市设计乃至社会学、经济学、环境学等诸多领域，跨学科研究势在必行。

4 结语

在建筑遗产更多地交由遗产保护专家及文物保护工程责任设计师等专业人士进行保护修缮更新工作的同时，随着 20 世纪遗产保护再利用日益成为一种常态行为，城市建设行业最主要的专业群体——建筑师必然责无旁贷，理应提升自身的遗产保护专业素养，在存量更新时代发挥更大作用。

以建筑师的视角介入 20 世纪遗产保护利用，引入“前策划”“后评估”这些便于建筑师群体掌握的技术路径与工作方法，进一步完善遗产保护利用理念与技术的操作方法与决策系统，探索构建适应中国当下现实的遗产保护利用闭环流程及其整体机制，进而逐步带动业界遗产保护水平的整体提高，应该是完全能够实现的。

需要指出的是，本文提出的技术方法在有助于建筑师介入遗产保护利用工作的同时，并不会对更新利用设计的创造性造成伤害。一个优秀的保护再利用设计方案，在总体保护策略、保留利用的范围与比例划定、城市及周边环境的关系处理、景观视廊保留等方面的决策应通过翔实周全的遗产现状调研、价值评估以及前期策划等工作综合得出，在这些主要的原则、策略、方向确立之后，建筑师还可以在新旧关系、立面造型、材料运用、细部构造等诸多方面进行创新设计，由此实现遗产保护再利用项目合理性与创造性的兼得。

图书在版编目（CIP）数据

丛华集：多维视角与多重价值中的中国遗产保护 / 沈旸等著 . -- 上海：同济大学出版社，2022.7
ISBN 978-7-5765-0202-2

Ⅰ . ①丛… Ⅱ . ①沈… Ⅲ . ①建筑－文化遗产－保护－中国－文集 Ⅳ . ① TU-87

中国版本图书馆 CIP 数据核字 (2022) 第 069045 号

丛华集

多维视角与多重价值中的中国遗产保护

沈旸 等 著

出 版 人：金英伟
策 划：秦蕾 / 群岛工作室
责任编辑：李争
责任校对：徐逢乔
装帧设计：付超
版 次：2022 年 7 月第 1 版
印 次：2022 年 7 月第 1 次印刷
印 刷：上海安枫印务有限公司
开 本：710mm × 1000mm 1/16
印 张：18
字 数：360 000
书 号：978-7-5765-0202-2
定 价：88.00 元
出版发行：同济大学出版社
地 址：上海市杨浦区四平路 1239 号
邮政编码：200092
网 址：http://www.tongjipress.com.cn
经 销：全国各地新华书店

本书由以下基金资助：

国家自然科学基金重点项目（52038007）：基于中华语境"建筑 - 人 - 环境"融贯机制的当代营建体系重构研究

国家社会科学基金"铸牢中华民族共同体意识"研究专项项目（20vmz008）：中华民族共同体视觉形象聚类分析与图谱建构

luminocity.cn

光 明 城

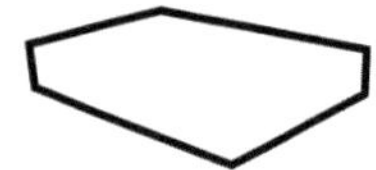

LUMINOCITY

“光明城”是同济大学出版社城市、建筑、设计专业出版品牌，致力以更新的出版理念、更敏锐的视角、更积极的态度，回应今天中国城市、建筑与设计领域的问题。